2014
中国科技统计年鉴
CHINA STATISTICAL YEARBOOK ON SCIENCE AND TECHNOLOGY

国 家 统 计 局
科 学 技 术 部 编

Compiled By

National Bureau of Statistics
Ministry of Science and Technology

中国统计出版社
China Statistics Press

图书在版编目（ＣＩＰ）数据

中国科技统计年鉴. 2014 : 汉英对照 / 国家统计局科学技术部编. -- 北京 : 中国统计出版社, 2014.12
ISBN 978-7-5037-7331-0

Ⅰ. ①中… Ⅱ. ①国… Ⅲ. ①科技统计－中国－2014－年鉴－汉、英 Ⅳ. ①G322-66

中国版本图书馆 CIP 数据核字(2014)第 240313 号

中国科技统计年鉴. 2014

作　　者/国家统计局　科学技术部
责任编辑/徐　涛　赵利婧
封面设计/李雪燕
出版发行/中国统计出版社
通信地址/北京市丰台区西三环南路甲 6 号　邮政编码/100073
电　　话/邮购（010）63376909　书店（010）68783171
网　　址/http://csp.stats.gov.cn
印　　刷/河北天普润印刷厂
经　　销/新华书店
开　　本/880mm×1230mm　1/16
字　　数/544 千字
印　　张/17
版　　别/2014 年 12 月第 1 版
版　　次/2014 年 12 月第 1 次印刷
定　　价/260.00 元

本书附同版本 CD-ROM 一张，光盘内容以书面文字为准。
如有印装差错，由本社发行部调换。

《中国科技统计年鉴-2014》
编辑委员会和编辑部

CHINA STATISTICAL YEARBOOK ON SCIENCE AND TECHNOLOGY—2014

Editorial Board and Editorial Staff

编者说明

《中国科技统计年鉴－2014》是国家统计局和科技部共同编辑的反映我国科技活动情况的统计资料书，收录了全国31个省、自治区、直辖市以及国务院有关部门2013年度科技统计数据。

全书内容分为九个部分。第一部分为反映全社会科技活动的综合统计资料。第二、三、四部分分别为工业企业、研究与开发机构和高等学校科技活动统计资料，其中工业企业的口径为规模以上工业企业，指年主营业务收入为2000万元及以上的法人工业企业；研究与开发机构的口径为地级及以上独立核算的政府属科学研究与技术开发机构、科学技术信息和文献机构；高等学校包括全日制高校及其附属医院。第五部分为高技术产业发展统计资料。第六部分为国家科技计划统计资料。第七部分为科技活动成果统计资料。第八部分为综合技术服务部门和科协活动有关资料。第九部分为国际科技统计资料。最后附有主要统计指标解释。

本书有关符号说明："空格"表示该项统计指标数据不足本表最小单位数、不详或无该项数据；"#"表示是其中的主要项；"*"或"①"表示本表下有注解。

本书中因小数取舍而产生的误差均未做配平处理。

参与本书编辑的单位还有教育部、国防科技工业局、财政部、人力资源和社会保障部、国土资源部、商务部、国家质量监督检验检疫总局、国家知识产权局、中国科学院、中国工程院、中国地震局、中国气象局、国家海洋局、国家测绘地理信息局、中国科协。我们对上述单位有关人员在本书的编辑过程中给予的大力支持与合作，表示衷心感谢。

FOREWORD

China Statistical Yearbook on Science and Technology-2014 is prepared jointly by the National Bureau of Statistics and the Ministry of Science and Technology. The Yearbook, which covers data series at the national, provincial and local levels, and autonomous regions, as well as departments directly under the State Council, reports on the development of China's science and technology activities.

The yearbook contains the following nine parts. The first part reflects general science and technology(S&T) information on whole society; The second part, the third part and the forth part reflect respectively S&T information about Industrial Enterprises, Independent Research Institutions and Institutions of Higher Education. Industrial Enterprises cover Industrial Enterprises above Designated Size, with the sales revenue above 20 million RMB; Independent Research Institutions cover the municipal and above and independent accounting scientific research and technological development institutions which belong to government; Institutions of Higher Education cover Institutions of Higher Education and affiliated hospitals. The fifth part contains information on High Technology Industry. The sixth part contains information on National Program for Science and Technology. The seventh part contains information on results of S&T activities. The eighth part covers Scientific and Technologic Service and S&T activities of China Associations for S&T. The ninth part contains information on the international comparisons.

Notations used in this book:"(blank space)"indicates that the figure is not large enough to be measured with the smallest unit in the table or data are unknown or are not available;"#"indicates a major breakdown of the total; and "*" or "①" indicates footnotes at the end of the table.

Statistical discrepancies due to rounding are not adjusted in the yearbook.

The institutions participating editing this volume include: Ministry of Education, Sate Administration of Science, Technology and Industry for National Defense, Ministry of Finance, Ministry of Human Resources and Social Security,Ministry of Land and Resources, Ministry of Commerce, General Administration of Quality Supervision, Inspection and Quarantine, State Intellectual Property Office, Chinese Academy of Sciences, Chinese Academy of Engineering, China Earthquake Administration, China Meteorological Administration, State Oceanic Administration,National Administration of Surveying, Mapping and Geoinformation, China Association for Science and Technology. We would like to express our gratitude to these institutions of the State Council for their cooperation and support in sparing no effort to provide all the required data.

目 录 Contents

一、综合
General

二、工业企业
Industrial Enterprises

三、研究与开发机构
R&D Institutions

四、高等学校
Higher Education

五、高技术产业
High-tech Industry

六、国家科技计划
National Program for Science and Technology Development

七、科技活动成果
Results of Science and Technology Activities

八、科技服务
Scientific and Technologic Services

九、国际比较
International Comparison

一、综合
General

1-1　研究与试验发展(R&D)人员(2013年)

R&D Personnel (2013)

单位：人　　　　(person)

项　目	Item	R&D人员 Total	#女性 Female	#全时人员 Full-time Equivalent	#博士毕业 Doctor	#硕士毕业 Master	#本科毕业 Under-graduate
全　国	**National Total**	**5018218**	**1250289**	**3154356**	**287480**	**661250**	**1388171**
按执行部门分	**by Performer**						
企　业	Enterprises	3712375	766988	2472638	36805	239189	991512
#规上工业企业	Industrial Enterprises above Designated Size	3375912	698435	2233774	30168	196698	899391
研究与开发机构	R&D Institutions	409032	133880	329293	62907	127070	147328
高等学校	Higher Education	715430	277034	294211	179529	267466	221423
其　他	Others	181381	72387	58214	8239	27525	27908
按地区分	**by Region**						
东部地区	Eastern Region	3124633	762224	2045155	173907	373771	854071
中部地区	Middle Region	896790	206124	537516	42557	115397	239102
西部地区	Western Region	678101	186038	387443	44366	115316	209913
东北地区	Northeast Region	318694	95903	184242	26650	56766	85085
北　京	Beijing	334194	109747	242595	60068	76525	81389
天　津	Tianjin	143667	38256	81814	8598	19475	35045
河　北	Hebei	136615	39810	77284	3998	18220	44455
山　西	Shanxi	73896	19294	41323	3495	10290	18230
内蒙古	Inner Mongolia	48366	14089	26909	1898	6485	15680
辽　宁	Liaoning	154370	40841	90671	11481	22931	37135
吉　林	Jilin	74577	27300	36476	8002	17544	23845
黑龙江	Heilongjiang	89747	27762	57095	7167	16291	24105
上　海	Shanghai	226829	59526	154494	22226	37955	56282
江　苏	Jiangsu	626882	142056	404738	25382	64924	209162
浙　江	Zhejiang	416010	95204	256639	13478	31641	106070
安　徽	Anhui	180632	37133	109197	8047	22163	52750
福　建	Fujian	167041	41794	104663	6360	12677	39907
江　西	Jiangxi	70928	17503	40891	2883	8075	20851
山　东	Shandong	409441	101483	274390	14478	43445	130601
河　南	Henan	215608	47921	125546	6051	21849	56778
湖　北	Hubei	204682	49278	128342	13498	29167	49709
湖　南	Hunan	151044	34995	92217	8583	23853	40784
广　东	Guangdong	652405	130690	441806	18387	67155	149027
广　西	Guangxi	65783	18575	34010	4327	12079	20781
海　南	Hainan	11549	3658	6732	932	1754	2133
重　庆	Chongqing	83722	21156	51574	5665	12837	26419
四　川	Sichuan	173914	42216	100743	11719	28929	49279
贵　州	Guizhou	36113	11588	18582	2067	5934	11969
云　南	Yunnan	49585	15967	23322	3894	9915	15655
西　藏	Tibet	2318	683	963	219	826	826
陕　西	Shaanxi	132570	37404	85929	8434	22488	39473
甘　肃	Gansu	37046	9455	21645	3142	6641	14309
青　海	Qinghai	7322	1885	3643	415	894	1930
宁　夏	Ningxia	14412	3926	6996	541	1760	5020
新　疆	Xinjiang	26950	9094	13127	2045	6528	8572

1-2 全国研究与试验发展(R&D)人员全时当量
Full-time Equivalent of R&D Personnel

单位：万人年 (10 000 man-year)

年 份 Year	R&D人员全时当量 Total	基础研究 Basic Research	应用研究 Applied Research	试验发展 Experimental Development
1992	67.43	5.84	20.90	40.70
1993	69.78	6.33	21.49	41.96
1994	78.32	7.64	24.20	46.48
1995	75.17	6.66	22.79	45.71
1996	80.40	6.96	23.65	49.79
1997	83.12	7.17	25.27	50.68
1998	75.52	7.87	24.97	42.68
1999	82.17	7.60	24.15	50.42
2000	92.21	7.96	21.96	62.28
2001	95.65	7.88	22.60	65.17
2002	103.51	8.40	24.73	70.39
2003	109.48	8.97	26.03	74.49
2004	115.26	11.07	27.86	76.33
2005	136.48	11.54	29.71	95.23
2006	150.25	13.13	29.97	107.14
2007	173.62	13.81	28.60	131.21
2008	196.54	15.40	28.94	152.20
2009	229.13	16.46	31.53	181.14
2010	255.38	17.37	33.56	204.46
2011	288.29	19.32	35.28	233.73
2012	324.68	21.22	38.38	265.09
2013	353.28	22.32	39.56	291.40

1-3 按执行部门分研究与试验发展(R&D)人员全时当量(2013年)
Full-time Equivalent of R&D Personnel by Performer(2013)

单位：万人年 (10 000 man-year)

项 目	Item	R&D人员全时当量 Total	#研究人员 Researchers	基础研究 Basic Research	应用研究 Applied Research	试验发展 Experimental Development
全 国	**National Total**	**353.28**	**148.40**	**22.32**	**39.56**	**291.40**
企 业	Enterprises	274.06	92.27	0.29	5.56	268.21
#规上工业企业	Industrial Enterprises above Designated Size	249.40	81.50	0.17	4.25	244.98
研究与开发机构	R&D Institutions	36.37	23.59	6.09	12.97	17.32
高等学校	Higher Education	32.49	27.27	14.66	15.91	1.92
其 他	Others	10.36	5.28	1.28	5.12	3.96

1-4 各地区研究与试验发展(R&D)人员全时当量(2013年)
Full-time Equivalent of R&D Personnel by Region (2013)

单位：人年 (man-year)

地 区	Region	R&D人员全时当量 Total	#研究人员 Researchers	基础研究 Basic Research	应用研究 Applied Research	试验发展 Experimental Development
全 国	**National Total**	**3532817**	**1484040**	**223192**	**395619**	**2914045**
东部地区	Eastern Region	2285449	844450	114493	212991	1957985
中部地区	Middle Region	600615	278356	34184	65491	500952
西部地区	Western Region	441201	241064	47961	80577	312669
东北地区	Northeast Region	205552	120170	26553	36561	142440
北 京	Beijing	242175	127649	35933	59253	146991
天 津	Tianjin	100219	40325	5662	13864	80693
河 北	Hebei	89546	46803	5043	12615	71888
山 西	Shanxi	49035	28232	3511	7400	38127
内蒙古	Inner Mongolia	37280	21201	2527	4192	30562
辽 宁	Liaoning	94885	51873	8392	15670	70824
吉 林	Jilin	48008	27247	7686	12732	27591
黑龙江	Heilongjiang	62660	41050	10476	8159	44025
上 海	Shanghai	165755	72137	15407	25524	124831
江 苏	Jiangsu	466159	147688	12299	23944	429919
浙 江	Zhejiang	311042	82406	7148	11935	291962
安 徽	Anhui	119342	47603	8870	13670	96800
福 建	Fujian	122544	34498	4185	9455	108904
江 西	Jiangxi	43512	21041	2519	5467	35526
山 东	Shandong	279331	111041	13597	22883	242851
河 南	Henan	152252	65479	3948	7548	140760
湖 北	Hubei	133061	66495	8512	18216	106332
湖 南	Hunan	103414	49507	6825	13189	83407
广 东	Guangdong	501718	179605	14438	32796	454484
广 西	Guangxi	40664	19740	5280	11366	24017
海 南	Hainan	6962	2300	781	721	5460
重 庆	Chongqing	52612	25085	3667	6891	42054
四 川	Sichuan	109708	57956	11746	18989	78976
贵 州	Guizhou	23888	12067	3080	3070	17736
云 南	Yunnan	28483	15660	4802	7331	16350
西 藏	Tibet	1203	790	362	492	349
陕 西	Shaanxi	93494	56694	8038	16740	68718
甘 肃	Gansu	25047	15132	3702	5174	16171
青 海	Qinghai	4767	2788	758	1064	2946
宁 夏	Ningxia	8234	3516	1232	1140	5865
新 疆	Xinjiang	15822	10437	2766	4129	8925

1-5 全国研究与试验发展(R&D)经费内部支出

Intramural Expenditure on R&D

单位：亿元,% (100 million yuan,%)

年 份 Year	R&D经费内部支出 Total	基础研究 Basic Research	应用研究 Applied Research	试验发展 Experimental Development	与国内生产总值之比 of GDP	R&D经费内部支出现价增长 Growth at Current Price	R&D经费内部支出可比价增长 Growth at Constant Price
1995	348.69	18.06	92.02	238.60	0.57		38.10
1996	404.48	20.24	99.12	285.12	0.57	16.00	8.99
1997	509.16	27.44	132.46	349.26	0.64	25.88	24.00
1998	551.12	28.95	124.62	397.54	0.65	8.24	9.18
1999	678.91	33.90	151.55	493.46	0.76	23.19	24.75
2000	895.66	46.73	151.90	697.03	0.90	31.93	29.26
2001	1042.49	55.60	184.85	802.03	0.95	16.39	14.05
2002	1287.64	73.77	246.68	967.20	1.07	23.52	22.80
2003	1539.63	87.65	311.45	1140.52	1.13	19.57	16.53
2004	1966.33	117.18	400.49	1448.67	1.23	27.71	19.46
2005	2449.97	131.21	433.53	1885.24	1.32	24.60	19.88
2006	3003.10	155.76	488.97	2358.37	1.39	22.58	18.11
2007	3710.24	174.52	492.94	3042.78	1.40	23.55	14.82
2008	4616.02	220.82	575.16	3820.04	1.47	24.41	15.41
2009	5802.11	270.29	730.79	4801.03	1.70	25.70	26.45
2010	7062.58	324.49	893.79	5844.30	1.76	21.72	14.10
2011	8687.01	411.81	1028.39	7246.81	1.84	23.00	14.10
2012	10298.41	498.81	1161.97	8637.63	1.98	18.55	16.40
2013	11846.60	554.95	1269.12	10022.53	2.08	15.03	—

1-6 按执行部门分组的研究与试验发展(R&D)经费内部支出(2013年)

Intramural Expenditure on R&D by Performer(2013)

单位：亿元 (100 million yuan)

项 目	Item	R&D经费内部支出 Total	基础研究 Basic Research	应用研究 Applied Research	试验发展 Experimental Development
全 国	**National Total**	**11846.60**	**554.95**	**1269.12**	**10022.53**
企 业	Enterprises	9075.85	8.61	249.20	8818.04
#规上工业企业	Industrial Enterprises above Designated Size	8318.40	4.37	196.00	8118.03
研究与开发机构	R&D Institutions	1781.40	221.59	525.84	1033.97
高等学校	Higher Education	856.71	307.61	441.32	107.78
其 他	Others	132.64	17.14	52.76	62.74

1-7　各地区研究与试验发展(R&D)经费内部支出(2013年)
Intramural Expenditure on R&D by Region (2013)

单位：万元　　　　(10 000 yuan)

地　区	Region	R&D经费内部支出 Total	基础研究 Basic Research	应用研究 Applied Research	试验发展 Experimental Development
全　国	**National Total**	**118465980**	**5549512**	**12691151**	**100225316**
东部地区	Eastern Region	79246429	3487299	7522748	68236383
中部地区	Middle Region	17711145	730346	1887484	15093314
西部地区	Western Region	14204364	898605	2102806	11202953
东北地区	Northeast Region	7304042	433263	1178114	5692666
北　京	Beijing	11850469	1372366	2580388	7897716
天　津	Tianjin	4280921	180320	535021	3565580
河　北	Hebei	2818551	79114	308879	2430558
山　西	Shanxi	1549799	60430	182667	1306702
内蒙古	Inner Mongolia	1171877	35923	77922	1058032
辽　宁	Liaoning	4459322	157328	555940	3746053
吉　林	Jilin	1196882	117288	364760	714834
黑龙江	Heilongjiang	1647838	158646	257414	1231778
上　海	Shanghai	7767847	548726	1026727	6192394
江　苏	Jiangsu	14874466	436863	799200	13638403
浙　江	Zhejiang	8172675	189309	398068	7585297
安　徽	Anhui	3520833	221279	334878	2964676
福　建	Fujian	3140589	63232	147321	2930036
江　西	Jiangxi	1354972	38312	103953	1212707
山　东	Shandong	11758027	264467	686417	10807143
河　南	Henan	3553246	81826	166057	3305363
湖　北	Hubei	4462043	218994	679011	3564037
湖　南	Hunan	3270253	109505	420919	2739830
广　东	Guangdong	14434527	338248	1027674	13068606
广　西	Guangxi	1076790	54832	122770	899187
海　南	Hainan	148357	14653	13053	120651
重　庆	Chongqing	1764911	69563	160252	1535096
四　川	Sichuan	3999702	277790	747814	2974098
贵　州	Guizhou	471850	53888	49680	368282
云　南	Yunnan	798371	82184	125624	590563
西　藏	Tibet	23033	2420	5651	14961
陕　西	Shaanxi	3427454	168234	586250	2672971
甘　肃	Gansu	669194	89716	100065	479413
青　海	Qinghai	137541	15989	29090	92463
宁　夏	Ningxia	209042	17853	13258	177932
新　疆	Xinjiang	454598	30213	84430	339955

1-8 各地区研究与试验发展(R&D)经费投入强度
The R&D Expenditure Input Intensity by Region

单位：% (%)

地　区	Region	2006	2007	2008	2009	2010	2011	2012	2013
全　国	**National Total**	**1.39**	**1.40**	**1.47**	**1.70**	**1.76**	**1.84**	**1.98**	**2.08**
北　京	Beijing	5.33	5.13	4.95	5.50	5.82	5.76	5.95	6.08
天　津	Tianjin	2.13	2.18	2.32	2.37	2.49	2.63	2.80	2.98
河　北	Hebei	0.67	0.66	0.68	0.78	0.76	0.82	0.92	1.00
山　西	Shanxi	0.74	0.82	0.86	1.10	0.98	1.01	1.09	1.23
内蒙古	Inner Mongolia	0.33	0.38	0.40	0.53	0.55	0.59	0.64	0.70
辽　宁	Liaoning	1.46	1.48	1.39	1.53	1.56	1.64	1.57	1.65
吉　林	Jilin	0.96	0.96	0.82	1.12	0.87	0.84	0.92	0.92
黑龙江	Heilongjiang	0.92	0.93	1.04	1.27	1.19	1.02	1.07	1.15
上　海	Shanghai	2.45	2.46	2.53	2.81	2.81	3.11	3.37	3.60
江　苏	Jiangsu	1.59	1.65	1.88	2.04	2.07	2.17	2.38	2.51
浙　江	Zhejiang	1.43	1.50	1.61	1.73	1.78	1.85	2.08	2.18
安　徽	Anhui	0.97	0.98	1.11	1.35	1.32	1.40	1.64	1.85
福　建	Fujian	0.89	0.89	0.94	1.11	1.16	1.26	1.38	1.44
江　西	Jiangxi	0.78	0.84	0.91	0.99	0.92	0.83	0.88	0.94
山　东	Shandong	1.07	1.21	1.40	1.53	1.72	1.86	2.04	2.15
河　南	Henan	0.65	0.67	0.68	0.90	0.91	0.98	1.05	1.11
湖　北	Hubei	1.24	1.19	1.32	1.65	1.65	1.65	1.73	1.81
湖　南	Hunan	0.70	0.78	0.98	1.18	1.16	1.19	1.30	1.33
广　东	Guangdong	1.18	1.27	1.37	1.65	1.76	1.96	2.17	2.32
广　西	Guangxi	0.38	0.38	0.47	0.61	0.66	0.69	0.75	0.75
海　南	Hainan	0.20	0.21	0.22	0.35	0.34	0.41	0.48	0.47
重　庆	Chongqing	0.94	1.00	1.04	1.22	1.27	1.28	1.40	1.39
四　川	Sichuan	1.24	1.32	1.27	1.52	1.54	1.40	1.47	1.52
贵　州	Guizhou	0.62	0.48	0.53	0.68	0.65	0.64	0.61	0.59
云　南	Yunnan	0.52	0.54	0.54	0.60	0.61	0.63	0.67	0.68
西　藏	Tibet	0.17	0.20	0.31	0.33	0.29	0.19	0.25	0.29
陕　西	Shaanxi	2.14	2.11	1.96	2.32	2.15	1.99	1.99	2.14
甘　肃	Gansu	1.05	0.95	1.00	1.10	1.02	0.97	1.07	1.07
青　海	Qinghai	0.52	0.48	0.38	0.70	0.74	0.75	0.69	0.65
宁　夏	Ningxia	0.69	0.81	0.63	0.77	0.68	0.73	0.78	0.81
新　疆	Xinjiang	0.28	0.28	0.38	0.51	0.49	0.50	0.53	0.54

1-9 按执行部门分组的研究与试验发展(R&D)经费内部支出
Intramural Expenditure on R&D by Performer

单位：亿元 (100 million yuan)

年 份 Year	R&D经费内部支出 Total	企 业 Enterprises	#规上工业企业 Industrial Enterprises above Designated Size	#大中型工业企业 Large & Medium-sized Industrial Enterprises	研究与开发机构 R&D Institutions	高等学校 Higher Education	其 他 Others
1995	348.7			141.7	146.4	42.3	
1996	404.5			160.5	172.9	47.8	
1997	509.2			188.3	206.4	57.7	
1998	551.1			197.1	234.3	57.3	
1999	678.9			249.9	260.5	63.5	
2000	895.7	537.0		353.4	258.0	76.7	24.0
2001	1042.5	630.0		442.3	288.5	102.4	21.6
2002	1287.6	787.8		560.2	351.3	130.5	18.0
2003	1539.6	960.2		720.8	399.0	162.3	18.1
2004	1966.3	1314.0	1104.5	954.4	431.7	200.9	19.7
2005	2450.0	1673.8		1250.3	513.1	242.3	20.8
2006	3003.1	2134.5		1630.2	567.3	276.8	24.5
2007	3710.2	2681.9		2112.5	687.9	314.7	25.7
2008	4616.0	3381.7	3073.1	2681.3	811.3	390.2	32.9
2009	5802.1	4248.6	3775.7	3210.2	995.9	468.2	89.4
2010	7062.6	5185.5		4015.4	1186.4	597.3	93.4
2011	8687.0	6579.3	5993.8	5030.7	1306.7	688.9	112.1
2012	10298.4	7842.2	7200.6	5992.3	1548.9	780.6	126.7
2013	11846.6	9075.8	8318.4	6744.1	1781.4	856.7	132.6

1-10 按执行部门和支出用途分R&D经费内部支出(2013年)
Intramural Expenditure on R&D by Performer and Use (2013)

单位：亿元 (100 million yuan)

项 目	Item	R&D经费内部支出 Total	日常性支出 Routine Expenses	#人员劳务费 Labor Cost	资产性支出 Assets Expenditure	#仪器和设备 Equipment
全 国	**National Total**	**11846.6**	**10173.8**	**3157.4**	**1672.8**	**1411.2**
企 业	Enterprises	9075.8	8030.0	2631.6	1045.8	998.4
#规上工业企业	Industrial Enterprises above Designated Size	8318.4	7362.0	2271.3	956.4	926.6
研究与开发机构	R&D Institutions	1781.4	1345.1	344.5	436.3	258.6
高等学校	Higher Education	856.7	693.6	125.6	163.1	133.4
其 他	Others	132.6	105.1	55.7	27.5	20.8

1-11 各地区按支出用途分研究与试验发展(R&D)经费内部支出(2013年)
Intramural Expenditure on R&D by Region and Use (2013)

单位：万元　　　　　　　　　　　　　　　　　　　　　　(10 000 yuan)

地　区	Region	R&D经费内部支出 Total	日常性支出 Routine Expenses	#人员劳务费 Labor Cost	资产性支出 Assets Expenditure	#仪器和设备 Equipment
全　国	**National Total**	**118465980**	**101738140**	**31574397**	**16727840**	**14111821**
东部地区	Eastern Region	79246429	68413622	22915368	10832806	9364978
中部地区	Middle Region	17711145	15204158	4146176	2506987	2137454
西部地区	Western Region	14204364	11630461	3132554	2573903	1980377
东北地区	Northeast Region	7304042	6489899	1380298	814144	629012
北　京	Beijing	11850469	10020407	3222578	1830062	1340780
天　津	Tianjin	4280921	3428356	922354	852565	628933
河　北	Hebei	2818551	2423975	650692	394576	353694
山　西	Shanxi	1549799	1314543	286451	235256	192171
内蒙古	Inner Mongolia	1171877	1033339	258739	138539	120903
辽　宁	Liaoning	4459322	4060808	750737	398514	312133
吉　林	Jilin	1196882	1011925	271402	184957	139293
黑龙江	Heilongjiang	1647838	1417165	358159	230673	177586
上　海	Shanghai	7767847	6725971	2389533	1041876	866876
江　苏	Jiangsu	14874466	12703099	4065334	2171366	2022447
浙　江	Zhejiang	8172675	7274870	2583069	897805	830440
安　徽	Anhui	3520833	2934654	865982	586179	435427
福　建	Fujian	3140589	2652805	903171	487784	464009
江　西	Jiangxi	1354972	1135530	300161	219442	196280
山　东	Shandong	11758027	10251492	2591477	1506534	1376942
河　南	Henan	3553246	3036171	866067	517075	488665
湖　北	Hubei	4462043	3896737	1022411	565306	480432
湖　南	Hunan	3270253	2886525	805105	383728	344479
广　东	Guangdong	14434527	12800248	5545608	1634279	1466158
广　西	Guangxi	1076790	864559	283417	212230	199199
海　南	Hainan	148357	132400	41553	15958	14699
重　庆	Chongqing	1764911	1448575	478775	316336	274124
四　川	Sichuan	3999702	3133297	873670	866405	632693
贵　州	Guizhou	471850	399301	109830	72548	51185
云　南	Yunnan	798371	688491	178088	109881	88432
西　藏	Tibet	23033	17997	8471	5036	3189
陕　西	Shaanxi	3427454	2830302	601018	597153	377732
甘　肃	Gansu	669194	565229	169377	103965	87543
青　海	Qinghai	137541	91522	18984	46019	41961
宁　夏	Ningxia	209042	169150	53706	39893	39430
新　疆	Xinjiang	454598	388700	98479	65898	63986

1-12 按资金来源分研究与试验发展(R&D)经费内部支出
Intramural Expenditure on R&D by Sources

单位：亿元 (100 million yuan)

年 份 Year	R&D经费内部支出 Total	政府资金 Government Funds	企业资金 Self-raised Funds by Enterprises	国外资金 Foreign Funds	其他资金 Other Funds
2003	1539.6	460.6	925.4	30.0	123.8
2004	1966.3	523.6	1291.3	25.2	126.2
2005	2450.0	645.4	1642.5	22.7	139.4
2006	3003.1	742.1	2073.7	48.4	138.9
2007	3710.2	913.5	2611.0	50.0	135.8
2008	4616.0	1088.9	3311.5	57.2	158.4
2009	5802.1	1358.3	4162.7	78.1	203.0
2010	7062.6	1696.3	5063.1	92.1	211.0
2011	8687.0	1883.0	6420.6	116.2	267.2
2012	10298.4	2221.4	7625.0	100.4	351.6
2013	11846.6	2500.6	8837.7	105.9	402.5

1-13 按执行部门和来源构成分研究与试验发展(R&D)经费内部支出(2013年)
Intramural Expenditure on R&D by Performer and Sources (2013)

单位：亿元 (100 million yuan)

项 目	Item	R&D经费内部支出 Total	政府资金 Government Funds	企业资金 Self-raised Funds by Enterprises	国外资金 Foreign Funds	其他资金 Other Funds
全 国	**National Total**	**11846.6**	**2500.6**	**8837.7**	**105.9**	**402.5**
企 业	Enterprises	9075.8	409.0	8461.0	94.3	111.5
#规上工业企业	Industrial Enterprises above Designated Size	8318.4	359.7	7821.7	47.6	89.3
研究与开发机构	R&D Institutions	1781.4	1481.2	60.9	5.7	233.5
高等学校	Higher Education	856.7	516.9	289.3	5.5	45.0
其 他	Others	132.6	93.5	26.5	0.4	12.3

1-14 各地区按资金来源分研究与试验发展(R&D)经费内部支出(2013年)

Intramural Expenditure on R&D by Region and Sources(2013)

单位：万元 (10 000 yuan)

地区	Region	R&D经费内部支出 Total	政府资金 Government Funds	企业资金 Self-raised Funds by Enterprises	国外资金 Foreign Funds	其他资金 Other Funds
全　国	**National Total**	**118465980**	**25005673**	**88377198**	**1058604**	**4024505**
东部地区	Eastern Region	79246429	14901279	60989201	943249	2412700
中部地区	Middle Region	17711145	3137638	13992055	36762	544690
西部地区	Western Region	14204364	4881848	8365048	31423	926046
东北地区	Northeast Region	7304042	2084908	5030894	47170	141069
北　京	Beijing	11850469	6795421	4011290	381571	662188
天　津	Tianjin	4280921	726278	3293539	100631	160474
河　北	Hebei	2818551	387866	2372607	1232	56846
山　西	Shanxi	1549799	248049	1263702	111	37936
内蒙古	Inner Mongolia	1171877	150599	967234	114	53931
辽　宁	Liaoning	4459322	965438	3399255	28383	66246
吉　林	Jilin	1196882	426647	715303	4198	50734
黑龙江	Heilongjiang	1647838	692823	916336	14590	24089
上　海	Shanghai	7767847	2455541	4811300	194676	306330
江　苏	Jiangsu	14874466	1415778	12808726	85382	564579
浙　江	Zhejiang	8172675	661568	7336160	23783	151164
安　徽	Anhui	3520833	828870	2579296	6459	106208
福　建	Fujian	3140589	259176	2795710	5633	80070
江　西	Jiangxi	1354972	242340	1041009	2820	68803
山　东	Shandong	11758027	985532	10559249	51981	161265
河　南	Henan	3553246	432970	2998950	8299	113027
湖　北	Hubei	4462043	924432	3388422	8988	140201
湖　南	Hunan	3270253	460977	2720676	10086	78515
广　东	Guangdong	14434527	1162162	12907069	98286	267011
广　西	Guangxi	1076790	210060	804800	237	61692
海　南	Hainan	148357	51959	93552	74	2773
重　庆	Chongqing	1764911	241133	1453276	4516	65987
四　川	Sichuan	3999702	1527764	2001899	12320	457719
贵　州	Guizhou	471850	123526	315922	323	32079
云　南	Yunnan	798371	248782	503444	3968	42177
西　藏	Tibet	23033	18029	4798		206
陕　西	Shaanxi	3427454	1920210	1328656	2142	176446
甘　肃	Gansu	669194	239490	410131	1587	17986
青　海	Qinghai	137541	39089	92659		5793
宁　夏	Ningxia	209042	44142	162096	227	2578
新　疆	Xinjiang	454598	119023	320131	5991	9453

1-15 研究与试验发展(R&D)经费外部支出(2013年)

External Expenditure on R&D (2013)

单位：万元 (10 000 yuan)

项 目	Item	R&D经费外部支出 Total	对境内研究机构支出 to Domestic Research Institutions	对境内高等学校支出 to Domestic Higher Education	对境内企业支出 to Domestic Enterprises	对境外机构支出 to Foreign Institutions
全 国	**National Total**	**6072162**	**2481270**	**1234717**	**1420746**	**806834**
按执行部门分	**by Performer**					
企 业	Enterprises	4805828	1936182	963553	1118753	780637
#规上工业企业	Industrial Enterprises above Designated Size	4231573	1705690	869812	915972	740102
研究与开发机构	R&D Institutions	539570	296643	50700	74513	435
高等学校	Higher Education	668067	219189	206510	214006	25281
其 他	Others	58697	29256	13954	13474	481
按地区分	**by Region**					
东部地区	Eastern Region	4134972	1538754	718559	1061961	698626
中部地区	Middle Region	794995	369979	218798	159463	42515
西部地区	Western Region	716342	385157	170429	114746	38975
东北地区	Northeast Region	425853	187380	126931	84576	26719
北 京	Beijing	973162	440291	133607	237503	55079
天 津	Tianjin	117967	47800	28244	20154	20066
河 北	Hebei	119993	57926	49304	8115	4648
山 西	Shanxi	81823	38382	23466	18933	934
内 蒙 古	Inner Mongolia	37282	19984	9792	1171	6333
辽 宁	Liaoning	172160	64263	41982	53177	12660
吉 林	Jilin	185498	95053	64429	20691	5165
黑 龙 江	Heilongjiang	68195	28064	20520	10709	8894
上 海	Shanghai	592587	143200	44877	136977	266825
江 苏	Jiangsu	541216	217610	112998	124003	85741
浙 江	Zhejiang	362319	150877	75095	92543	43653
安 徽	Anhui	189619	62888	43012	77875	5121
福 建	Fujian	212216	89842	19217	51931	50328
江 西	Jiangxi	119842	57904	17363	23034	21495
山 东	Shandong	573486	256027	183895	78068	53062
河 南	Henan	109194	63060	37062	6811	2261
湖 北	Hubei	150172	66204	49402	25550	6147
湖 南	Hunan	144345	81541	48494	7260	6557
广 东	Guangdong	626919	121133	70524	312555	119076
广 西	Guangxi	40368	26194	9891	770	3496
海 南	Hainan	15107	14049	799	111	148
重 庆	Chongqing	84550	51767	13879	11537	7080
四 川	Sichuan	218473	110982	60045	36972	5487
贵 州	Guizhou	17132	7294	4558	4334	737
云 南	Yunnan	54641	37619	11631	4461	807
西 藏	Tibet	1794	821	529	99	345
陕 西	Shaanxi	153495	72362	28621	49019	2147
甘 肃	Gansu	70365	37446	19610	1592	11718
青 海	Qinghai	7456	4913	2049	164	329
宁 夏	Ningxia	10499	5022	4253	801	422
新 疆	Xinjiang	20288	10754	5571	3825	75

1-16 研究与试验发展(R&D)项目情况(2013年)
R&D Projects(2013)

项　目	Item	R&D项目(课题)数(项) R&D Projects (item)	R&D项目(课题)参加人员折合全时当量(人年) Participants (man-year)	R&D项目(课题)经费内部支出(万元) Expenditure (10 000 yuan)
全　国	**National Total**	**1164993**	**3211432**	**98305522**
按执行部门分	**by Performer**			
企　业	Enterprises	346795	2483801	78820615
#规上工业企业	Industrial Enterprises above Designated Size	322567	2270204	72944902
研究与开发机构	R&D Institutions	85069	327466	12216646
高等学校	Higher Education	711010	324494	6626928
其　他	Others	22119	75671	641334
按地区分	**by Region**			
东部地区	Eastern Region	658813	2093524	66979967
中部地区	Middle Region	209905	539711	14643326
西部地区	Western Region	208090	395274	10871293
东北地区	Northeast Region	88185	182923	5810937
北　京	Beijing	118710	221745	8976148
天　津	Tianjin	34983	91294	3360543
河　北	Hebei	26232	79787	2389129
山　西	Shanxi	13655	44112	1280831
内蒙古	Inner Mongolia	10454	32517	963386
辽　宁	Liaoning	37221	85158	3537197
吉　林	Jilin	26029	40895	963298
黑龙江	Heilongjiang	24935	56870	1310442
上　海	Shanghai	69432	150837	6357885
江　苏	Jiangsu	107080	433037	12904453
浙　江	Zhejiang	92729	292713	7445594
安　徽	Anhui	45183	110010	2838253
福　建	Fujian	33860	110489	2718758
江　西	Jiangxi	22112	37834	1161089
山　东	Shandong	69937	254772	9978414
河　南	Henan	32931	136746	3187925
湖　北	Hubei	53039	119508	3433360
湖　南	Hunan	42985	91500	2741869
广　东	Guangdong	101450	452613	12745050
广　西	Guangxi	22585	36915	873445
海　南	Hainan	4400	6239	103992
重　庆	Chongqing	24792	46239	1426118
四　川	Sichuan	50269	99495	2944635
贵　州	Guizhou	14284	21000	399251
云　南	Yunnan	16507	25405	569285
西　藏	Tibet	782	983	13794
陕　西	Shaanxi	39594	85125	2627539
甘　肃	Gansu	13403	21834	487653
青　海	Qinghai	1658	4200	103726
宁　夏	Ningxia	4632	7408	163465
新　疆	Xinjiang	9130	14152	298995

1-17 科技进步贡献率
MFP Contribution on Economic Growth

单位：% (%)

项 目	Item	1998-2003	1999-2004	2000-2005	2001-2006	2002-2007	2003-2008	2004-2009	2005-2010	2006-2011	2007-2012
GDP年均增速	The Annual Growth Rate of GDP	8.7	9.2	9.6	10.0	10.4	10.8	10.6	10.3	11.1	9.3
科技进步贡献率	MFP Contribution on Economic Growth	39.7	42.2	43.2	44.3	46.0	48.8	48.4	50.9	51.7	52.2

1-18 国家财政科技支出
Government Expenditure for Science and Technology

单位：亿元 (100 million yuan)

年 份 Year	国家公共财政支出 Total Government Budgetary Expenditure (A)	国家财政科技拨款 Appropriation for Science and Technology (B)	中央 Central Government	地方 Local Government	科学技术支出 Expenditure for Science and Technology	其他功能支出中用于科学技术的支出 Others	科技拨款占公共财政支出的比重 % of Total Government Budgetary Expenditure (B/A)
1980	1228.8	64.6					5.26
1981	1138.4	61.6					5.41
1982	1230.0	65.3					5.31
1983	1409.5	79.0					5.61
1984	1701.0	94.7					5.57
1985	2004.3	102.6					5.12
1986	2204.9	112.6					5.11
1987	2262.2	113.8					5.03
1988	2491.2	121.1					4.86
1989	2823.8	127.9					4.53
1990	3083.6	139.1	97.6	41.6			4.51
1991	3386.6	160.7	115.4	45.3			4.74
1992	3742.2	189.3	133.6	55.7			5.06
1993	4642.3	225.6	167.6	58.0			4.86
1994	5792.6	268.3	199.0	69.3			4.63
1995	6823.7	302.4	215.6	86.8			4.43
1996	7937.6	348.6	242.8	105.8			4.39
1997	9233.6	408.9	273.9	134.0			4.43
1998	10798.2	438.6	289.7	148.9			4.06
1999	13187.7	543.9	355.6	188.3			4.12
2000	15886.5	575.6	349.6	226.0			3.62
2001	18902.6	703.3	444.3	258.9			3.72
2002	22053.2	816.2	511.2	305.0			3.70
2003	24650.0	944.6	609.9	335.6			3.83
2004	28486.9	1095.3	692.4	402.9			3.84
2005	33930.3	1334.9	807.8	527.1			3.93
2006	40422.7	1688.5	1009.7	678.8			4.18
2007	49781.4	2135.7	1044.1	1091.6	1783.0	352.6	4.29
2008	62592.7	2611.0	1287.2	1323.8	2129.2	481.8	4.17
2009	76299.9	3276.8	1653.3	1623.5	2744.5	532.3	4.29
2010	89874.2	4196.7	2052.5	2144.2	3250.2	946.5	4.67
2011	109247.8	4797.0	2343.3	2453.7	3828.0	969.0	4.39
2012	125953.0	5600.1	2613.6	2986.5	4452.6	1147.5	4.45
2013	140212.1	6184.9	2728.5	3456.4	5084.3	1100.6	4.41

注：1.为规范财政科技支出统计，2013年对财政科学技术支出统计口径重新作了界定，并追溯调整了2007-2011年数据，以保持数据的可比性。
2.本表中财政科学技术支出的统计范围为公共财政支出安排的科技项目。
3.2012年中央国有资本经营支出中安排30亿元用于科学技术项目。

Note: a) To standardize the fiscal expenditure on S&T, we redifine statistical calibre of the fiscal expenditure on S&T and adjust the data of the year from 2007 to 2011 for the comparability of data.
b) In this table,statistical calibre of the fiscal expenditure on S&T is S&T projects of public fiscal expenditure.
c) There are 3000 million yuan used for S&T projects in central state-owned capital operating expenditure.

1-19 公有经济企事业单位专业技术人员
Technical Personnel in State-owned and Collective-owned Enterprises and Institutions

单位：人 (person)

年 份 Year	合 计 Total	小 计 Subtotal	工程技术 Engineering	农业技术 Agriculture	科学研究 Scientific Research	卫生技术 Health Care	教学人员 Teaching	公有企事业单位在岗职工（万人） Staff and Workers in State-owned Enterprises (10 000 persons)	平均每万名职工中专业技术人员 Technical Personnel per 10 000 Employees
1995	27053663	19133834	5625850	535731	302879	3035335	9634039	9975	2712
1996	28019313	19920785	5745367	579157	303177	3130788	10162296	9919	2825
1997	28603117	20495006	5719337	611458	302684	3213762	10647765	9723	2942
1998	28773511	20913343	5656735	635929	290537	3254958	11075184	7766	3705
1999	29042988	21430140	5654863	654138	283532	3329706	11507901	7286	3986
2000	28874159	21650807	5551098	670105	274506	3371966	11783132	6820	4234
2001	28477431	21698037	5316327	674644	265554	3390233	12051279	6355	4481
2002	28344158	21860024	5289166	666998	262692	3402326	12238842	5890	4812
2003	27745585	21739699	4992867	683437	275496	3441109	12346790	5575	4977
2004	27504073	21783019	4807869	704576	282002	3532282	12456290	5375	5117
2005	27567260	21978684	4791227	705720	311166	3581181	12589390	5161	5341
2006	27739287	22298171	4893672	701930	326728	3612091	12763750	5085	5455
2007	28014657	22545110	5017747	701481	349208	3640554	12836120	5044	5554
2008	28635696	23098880	5176798	715774	368655	3888273	12949380	5006	5720
2009	28879635	23211769	5310622	714720	388150	3929037	12869240	5508	5244
2010	28157323	22697107	5415126	688651	339676	3840124	12413530	5525	5096
2011	29186650	23569312	5715561	714489	403853	4107373	12628036	5707	5114
2012	29774237	23874234	5950025	711841	416231	4144889	12651248	5764	5166
2013	30259517	24389488	6140240	733474	432018	4276401	12807355	5257	5756

注：2008年及以前年份统计口径为“国有企事业单位”，不包含集体企事业单位情况。

Note: The statistics range before 2008 contain only state-owned enterprises and institutions and does not contain collective-owned enterprises and institutions.

1-20 公有经济企事业单位分行业专业技术人员(2013年)
Technical Personnel in State-owned and Collective-owned Enterprises and Institutions by Industrial Sector (2013)

单位：万人 (10 000 persons)

行 业	Industry	合 计 Total	企 业 Enterprise	事 业 Institution
总 计	**Total**	**3026.0**	**955.7**	**2070.3**
农林牧渔业	Farming, Forestry, Animal Husbandry and Fishery	108.6	18.8	89.8
采矿业	Mining	95.6	95.2	0.4
制造业	Manufacturing	188.7	188.5	0.2
电力、煤气及水的生产和供应业	Production and Distribution of Electricity,Gas and Water	70.8	69.5	1.3
建筑业	Construction	126.0	118.3	7.6
批发和零售业	Wholesale and Retail Trade	34.4	34.1	0.3
交通运输、仓储和邮政业	Traffic,Transport, Storage and Post	95.9	72.4	23.5
住宿和餐饮业	Information Transfer,Software and Information	4.1	3.6	0.5
信息传输、软件和信息技术服务业	Information Transfer,Software and Information Technology Services	53.1	50.8	2.3
金融业	Finance	221.4	217.1	4.4
房地产业	Real Estate	15.4	12.1	3.3
租赁和商务服务业	Tenancy and Business Services	6.6	5.5	1.2
科学研究和技术服务业	Scientific Research, Technical Service	107.7	33.1	74.6
水利、环境和公共设施管理业	Management of Water Conservancy, Environment	47.1	5.3	41.9
居民服务、修理和其他服务业	Resident Services and Other Services	11.5	6.1	5.4
教育	Education	1310.1	2.2	1307.9
卫生和社会工作	Sanitation and Social Works	405.5	5.7	399.8
文化、体育和娱乐业	Culture, Sports and Entertainment	61.7	9.6	52.1
公共管理、社会保障和社会组织	Public Management and Social Organization	61.5	7.6	53.9
国际组织	International Organizations			

1-21 各地区公有经济企事业单位专业技术人员(2013年)

Technical Personnel in State-owned and Collective-owned Enterprises and Institutions by Region (2013)

单位：人 (person)

地 区	Region	合 计 Total	小 计 Subtotal	工程技术 Engineering	农业技术 Agriculture	科学研究 Scientific Research	卫生技术 Health Care	教学人员 Teaching
全 国	**National Total**	**30259517**	**24389488**	**6140240**	**733474**	**432018**	**4276401**	**12807355**
东部地区	Eastern Region	8814423	7551339	1182983	162702	68649	1581527	4555478
中部地区	Middle Region	5665927	5061296	631643	155809	29558	1001799	3242487
西部地区	Western Region	6550738	5922898	856264	280222	36065	1057664	3692683
东北地区	Northeast Region	2107974	1840853	295408	96408	21237	389299	1038501
北 京	Beijing	491320	388073	118810	4738	6989	93611	163925
天 津	Tianjin	320820	262002	72991	3058	3885	59824	122244
河 北	Hebei	1182031	1052812	130986	28096	4023	186519	703188
山 西	Shanxi	900284	757435	167161	25931	4077	123205	437061
内 蒙 古	Inner Mongolia	553400	497355	63919	28404	3183	90202	311647
辽 宁	Liaoning	784581	676668	113714	25434	6258	147671	383591
吉 林	Jilin	570969	508073	72169	30211	6902	104941	293850
黑 龙 江	Heilongjiang	752424	656112	109525	40763	8077	136687	361060
上 海	Shanghai	650331	399928	127830	3587	6284	99198	163029
江 苏	Jiangsu	1171131	1036985	109861	25782	8166	223667	669509
浙 江	Zhejiang	941912	814099	110547	15844	5437	221251	461020
安 徽	Anhui	845531	748081	91611	23202	3629	137646	491993
福 建	Fujian	648832	567818	74872	13001	8485	103566	367894
江 西	Jiangxi	720607	657017	72163	19245	3348	138389	423872
山 东	Shandong	1805096	1580703	289900	52077	20750	294259	923717
河 南	Henan	1363070	1249538	120234	33498	7574	215495	872737
湖 北	Hubei	824379	752417	80713	26481	3441	180955	460827
湖 南	Hunan	1012056	896808	99761	27452	7489	206109	555997
广 东	Guangdong	1455605	1314267	139807	12538	3813	269147	888962
广 西	Guangxi	806227	737906	161385	19495	4133	125585	427308
海 南	Hainan	147345	134652	7379	3981	817	30485	91990
重 庆	Chongqing	470146	414904	56151	13461	2316	74937	268039
四 川	Sichuan	1127667	1036121	116149	44722	8328	201690	665232
贵 州	Guizhou	619145	569757	60686	23847	1888	90980	392356
云 南	Yunnan	808973	744388	114532	40198	4062	119308	466288
西 藏	Tibet	66431	58598	3754	5142	342	10686	38674
陕 西	Shaanxi	804232	688590	130246	26841	3911	134664	392928
甘 肃	Gansu	552340	504239	65753	29285	2637	84921	321643
青 海	Qinghai	129892	118183	21310	9027	1444	25725	60677
宁 夏	Ningxia	120304	106644	14412	9193	965	15805	66269
新 疆	Xinjiang	491981	446213	47967	30607	2856	83161	281622

注：全国数据包含中央属及地方属单位的专业技术人员，分地区数据只含地方属单位。

Note: The national data indude the professional technical personnel belonging to the central government and local units,and the regional data contain only local units.

1-22 分学科研究生情况（2013年）
Number of Postgraduate Students by Field of Study (2013)

单位：人 (person)

项 目	Item	毕业生数 Graduates	博 士 Doctor's Degree	硕 士 Master's Degree	招生数 Entrants	博 士 Doctor's Degree	硕 士 Master's Degree	在校学生数 Enrolment	博 士 Doctor's Degree	硕 士 Master's Degree
分学科研究生数（总计）	**Total**	**513626**	**53139**	**460487**	**611381**	**70462**	**540919**	**1793953**	**298283**	**1495670**
#女	Female	257314	19980	237334	305184	26896	278288	878484	110076	768408
#学术型学位	Academic Degree	381854	51248	330606	384803	68743	316060	1247567	291123	956444
#专业学位	Professional Degree	131772	1891	129881	226578	1719	224859	546386	7160	539226
哲 学	Philosophy	4523	708	3815	4402	894	3508	14669	3790	10879
经济学	Economics	23226	2328	20898	28007	2919	25088	77548	12612	64936
法 学	Law	40375	2828	37547	41723	3604	38119	121414	15416	105998
教育学	Education	24890	938	23952	32594	1353	31241	85246	5455	79791
文 学	Literature	31581	1952	29629	31623	2415	29208	93482	10258	83224
历史学	History	5273	822	4451	5642	957	4685	17805	4100	13705
理 学	Science	49992	10396	39596	60202	14158	46044	183997	52683	131314
工 学	Engineering	176436	18331	158105	217338	26588	190750	648218	122475	525743
农 学	Agriculture	17464	2435	15029	23388	3092	20296	63778	12570	51208
医 学	Medicine	58550	8228	50322	66525	9090	57435	196621	32422	164199
军事学	Military Science	226	16	210	246	34	212	888	178	710
管理学	Administrators	65791	3698	62093	81313	4701	76612	238834	23982	214852
艺术学	Art	15299	459	14840	18378	657	17721	51453	2342	49111
分学科研究生数（普通高校）	**Regular HEIs**	**502426**	**49405**	**453021**	**596368**	**65785**	**530583**	**1749864**	**281959**	**1467905**
#女	Female	253132	18739	234393	299371	25280	274091	861561	104522	757039
#学术型学位	Academic Degree	371817	47514	324303	372211	64073	308138	1209306	274808	934498
#专业学位	Professional Degree	130609	1891	128718	224157	1712	222445	540558	7151	533407
哲 学	Philosophy	4401	677	3724	4277	854	3423	14266	3650	10616
经济学	Economics	22790	2124	20666	27280	2668	24612	75437	11740	63697
法 学	Law	39571	2685	36886	40823	3447	37376	118904	14912	103992
教育学	Education	24890	938	23952	32594	1353	31241	85246	5455	79791
文 学	Literature	31484	1918	29566	31535	2381	29154	93157	10118	83039
历史学	History	5193	797	4396	5514	927	4587	17491	4033	13458
理 学	Science	47020	8855	38165	55965	12233	43732	171310	45999	125311
工 学	Engineering	171966	17162	154804	211562	25044	186518	630803	116804	513999
农 学	Agriculture	16625	2195	14430	22380	2809	19571	60758	11606	49152
医 学	Medicine	57798	8006	49792	65573	8829	56744	193878	31615	162263
军事学	Military Science	222	16	206	242	34	208	876	178	698
管理学	Administrators	65337	3626	61711	80422	4606	75816	236827	23694	213133
艺术学	Art	15129	406	14723	18201	600	17601	50911	2155	48756
分学科研究生数（科研机构）	**Research Institutions**	**11200**	**3734**	**7466**	**15013**	**4677**	**10336**	**44089**	**16324**	**27765**
#女	Female	4182	1241	2941	5813	1616	4197	16923	5554	11369
#学术型学位	Academic Degree	10037	3734	6303	12592	4670	7922	38261	16315	21946
#专业学位	Professional Degree	1163		1163	2421	7	2414	5828	9	5819
哲 学	Philosophy	122	31	91	125	40	85	403	140	263
经济学	Economics	436	204	232	727	251	476	2111	872	1239
法 学	Law	804	143	661	900	157	743	2510	504	2006
教育学	Education									
文 学	Literature	97	34	63	88	34	54	325	140	185
历史学	History	80	25	55	128	30	98	314	67	247
理 学	Science	2972	1541	1431	4237	1925	2312	12687	6684	6003
工 学	Engineering	4470	1169	3301	5776	1544	4232	17415	5671	11744
农 学	Agriculture	839	240	599	1008	283	725	3020	964	2056
医 学	Medicine	752	222	530	952	261	691	2743	807	1936
军事学	Military Science	4		4	4		4	12		12
管理学	Administrators	454	72	382	891	95	796	2007	288	1719
艺术学	Art	170	53	117	177	57	120	542	187	355

1-23 普通本科分学科学生数（2013年）

Number of Students Regular Enrolled in Full Undergraduate Course by Field of Study (2013)

单位：人 (person)

项 目	Item	毕业生数 Graduates	招生数 Entrants	在校学生数 Enrolment
总 计	**Total**	**3199716**	**3814331**	**14944353**
#女	Female	1623403	2090027	7738044
#师范	Teacher Training	342076	351062	1436507
哲 学	Philosophy	2034	2930	9205
经济学	Economics	193530	223473	882890
法 学	Law	122676	138050	535423
教育学	Education	104691	139887	517344
文 学	Literature	355662	366416	1479974
#外语	Foreign Languages	200312	199856	813777
历史学	History	15773	18370	70836
理 学	Science	248790	277254	1076027
工 学	Engineering	1058768	1274915	4953334
农 学	Agriculture	58752	68658	259837
医 学	Medicine	192344	238919	1064363
管理学	Administrators	575152	697484	2750404
艺术学	Art	271544	367975	1344716

1-24 普通专科分学科学生数（2013年）

Number of Students Regular Enrolled in Specialized Courses by Field of Study (2013)

单位：人 (person)

项 目	Item	毕业生数 Graduates	招生数 Entrants	在校学生数 Enrolment
总 计	**Total**	**3187494**	**3183999**	**9736373**
#女	Female	1650653	1753198	5031155
#师范	Teacher Training	176354	151276	521576
农林牧渔大类	Agriculture, Forestry,Husbandry and Fishing	56295	55578	169938
交通运输大类	Transportation and Communication	137055	160095	466262
生化与药品大类	Biochemistry and Medicine	78844	68115	217477
资源开发与测绘大类	Resources Development and Survey	48329	45210	145409
材料与能源大类	Material and Energy	45039	39379	125455
土建大类	Civil Engineering	313035	398400	1138612
水利大类	Water Resources	12388	14678	42744
制造大类	Manufacturing	422106	403256	1242864
电子信息大类	Electronic Information	325817	290916	892212
环保、气象与安全大类	Environment Protection,Meteorology and Safety	15114	14778	44913
轻纺食品大类	Light,Textile and Food	57604	51005	159004
财经大类	Finance	668469	676475	2078204
医药卫生大类	Medicine and Health	308106	324759	995420
旅游大类	Tourism	104287	107128	320920
公共事业大类	Public Service	32218	32966	96907
文化教育大类	Culture and Education	358222	297318	992417
艺术设计传媒大类	Artistic Design and Mass Media	154159	156091	457030
公安大类	Public Security	9514	11259	34675
法律大类	Law	40893	36593	115910

1-25 中国科学院院士和中国工程院院士
Academicians of China Academy of Sciences and Academicians of China Academy of Engineering

单位：人 (person)

项目	Item	1995	2000	2001	2002	2003	2004	2005	2006	2007	2008	2009	2010	2011	2012	2013
中国科学院院士合计[①]	**Academicians of China Academy of Sciences**	**571**	**617**	**653**	**639**	**685**	**672**	**706**	**692**	**709**	**692**	**714**	**694**	**727**	**710**	**750**
数学物理学部	Division of Mathematics and Physics	113	115	124	122	128	126	130	130	135	134	137	133	139	136	143
化学部	Division of Chemistry	99	107	113	110	119	119	125	121	124	120	125	121	126	123	128
生命科学和医学学部	Division of Life Sciences and Medical Sciences	96	107	114	112	122	117	126	123	129	124	126	120	128	124	132
地学部	Division of Earth Sciences	102	110	115	110	117	113	119	117	117	113	116	112	119	116	124
信息技术科学部	Division of Information Technological Sciences						76	81	79	80	79	83	82	83	82	88
技术科学部	Division of Technological Sciences	161	178	187	185	199	121	125	122	124	122	127	126	132	129	135
中国工程院院士合计	**Academicians of China Academy of Engineering**	**327**	**542**	**613**	**609**	**660**	**655**	**701**	**694**	**718**	**711**	**749**	**736**	**766**	**763**	**802**
机械与运载工程学部	Division of Mechanical and Vehicle Engineering	49	78	89	88	96	96	104	102	105	103	106	105	110	110	117
信息与电子工程学部	Division of Information and Electronic Engineering	59	94	102	100	105	104	107	106	105	105	108	106	110	109	114
化工、冶金与材料工程学部	Division of Chemical, Metallurgic and Material	46	74	81	81	88	88	93	92	94	92	95	93	98	98	101
能源与矿业工程学部	Division of Energy and Mining Engineering	42	71	81	81	88	88	95	94	95	95	100	98	102	102	107
土木、水利与建筑工程学部	Division of Civil , Hydraulic and Architecture Engineering	41	71	80	80	87	86	93	93	97	96	100	98	101	101	105
环境与轻纺工程学部[②]	Division of Environment, Light and Textile Industries Engineering	42	74	86	85	92	91	97	95	37	36	42	41	43	43	47
农业学部	Division of Agriculture									64	64	70	70	71	71	74
医药与卫生学部	Division of Medical and Health	48	80	89	89	96	94	101	101	107	107	112	109	112	110	115
工程管理学部[③]	Division of Engineering Management			33	33	36	36	39	39	41	41	44	44	46	46	48

注：① 2006年中国科学院另有53位外籍院士。

② 2007年以前数据包括农业学部。

③ 2010年工程管理学部中有28人是跨学部院士；2011年和2012年工程管理学部中有27人是跨学部院士。

1-26　中国科学院全体院士名单

一、数学物理学部(143人)

丁伟岳	丁夏畦	于　敏	于　渌	万哲先	马志明	王乃彦	王广厚	王　元	王世绩
王业宁（女）	王　迅	王诗宬	王恩哥	王梓坤	王绶琯	王鼎盛	文　兰	方　成	方守贤
甘子钊	艾国祥	石钟慈	龙以明	叶叔华（女）	叶朝辉	田　刚	白以龙	邝宇平	冯　端
邢定钰	曲钦岳	吕　敏	朱邦芬	向　涛	刘应明	汤定元	孙义燧	孙昌璞	孙　鑫
严加安	苏定强	苏肇冰	李大潜	李方华（女）	李邦河	李安民	李荫远	李家明	李家春
李惕碚	李德平	杨　乐	杨应昌	杨国桢	杨福家	励建书	吴文俊	吴岳良	何祚庥
邹广田	闵乃本	汪承灏	汪景琇	沈文庆	沈学础	张仁和	张伟平	张　杰	张宗烨（女）
张恭庆	张家铝	张焕乔	张淑仪（女）	张涵信	张维岩	张裕恒	张殿琳	张肇西	陆启铿
陆　埮	陈十一	陈木法	陈永川	陈式刚	陈和生	陈佳洱	陈建生	陈恕行	陈难先
陈　彪	武向平	范海福	林　群	欧阳钟灿	欧阳颀	罗　俊	周又元	周光召	周向宇
周　恒	周毓麟	冼鼎昌	郑厚植	郑晓静（女）	赵光达	赵忠贤	赵政国	郝柏林	胡仁宇
胡和生（女）	俞昌旋	姜伯驹	洪家兴	洪朝生	贺贤土	袁亚湘	夏道行	徐至展	徐叙瑢
高鸿钧	郭尚平	郭柏灵	席南华	唐孝威	陶瑞宝	黄祖洽	龚昌德	鄂维南	崔向群（女）
章　综	彭实戈	葛墨林	程开甲	童秉纲	谢家麟	詹文龙	解思深	熊大闰	潘建伟
霍裕平	戴元本	魏宝文							

二、化学部(128人)

丁奎岭	万立骏	万惠霖	王方定	王佛松	王　夔	支志明	方维海	计亮年	卢佩章
申泮文	田中群	田　禾	田昭武	白春礼	包信和	冯小明	冯守华	朱起鹤	朱清时
朱道本	任詠华（女）	刘元方	刘有成	刘若庄	刘忠范	江　龙	江　明	江桂斌	江　雷
麦松威	严东生	严纯华	苏　锵	李永舫	李亚栋	李　灿	李洪钟	李静海	杨玉良
杨秀荣（女）	杨学明	吴云东	吴　奇	吴养洁	吴新涛	何国钟	何鸣元	佟振合	余国琮
闵恩泽	汪尔康	沙国河	沈之荃（女）	沈家骢	宋礼成	张玉奎	张礼和	张存浩	张　希
张俐娜（女）	张洪杰	张　涛	张乾二	陆婉珍（女）	陆熙炎	陈小明	陈庆云	陈凯先	陈俊武
陈洪渊	陈家镛	陈新滋	陈　懿	林励吾	林国强	卓仁禧	周同惠	周其凤	周其林
郑兰荪	赵玉芬（女）	赵东元	赵进才	胡宏纹	胡　英	查全性	段　雪	侯建国	俞汝勤
洪茂椿	费维扬	姚守拙	姚建年	袁　权	袁承业	柴之芳	钱逸泰	倪嘉缵	徐光宪
徐如人	徐晓白（女）	高　松	郭景坤	唐本忠	唐有祺	涂永强	黄乃正	黄本立	黄志镗
黄春辉（女）	黄维垣	曹　镛	麻生明	梁敬魁	彭少逸	蒋锡夔	韩布兴	程津培	程镕时
游效曾	谢毓元	谢　毅（女）	蔡启瑞	黎乐民	颜德岳	戴立信			

三、生命科学和医学学部(132人)

王大成	王文采	王正敏	王世真	王志珍（女）	王志新	王恩多（女）	毛江森	方荣祥	方精云
尹文英（女）	孔祥复	邓子新	石元春	卢永根	叶玉如（女）	田　波	印象初	匡廷云（女）	朱玉贤
朱兆良	朱作言	庄文颖（女）	庄巧生	刘以训	刘允怡	刘建康	刘新垣	许智宏	孙大业
孙汉董	孙曼霁	孙儒泳	苏国辉	李　林	李季伦	李振声	李家洋	李朝义	杨焕明
杨雄里	杨福愉	吴　旻	吴孟超	吴祖泽	吴常信	汪忠镐	沈允钢	沈自尹	沈　岩
沈善炯	张友尚	张永莲（女）	张亚平	张启发	张明杰	张学敏	张春霆	张树政（女）	张新时
陆士新	陈子元	陈文新（女）	陈可冀	陈　竺	陈宜张	陈宜瑜	陈晓亚	陈润生	陈　霖
武维华	林其谁	林鸿宣	尚永丰	金　力	金国章	周　俊	郑光美	郑守仪（女）	郑儒永（女）
孟安明	赵玉沛	赵尔宓	赵进东	赵国屏	赵继宗	段树民	侯凡凡（女）	饶子和	施一公
施教耐	施蕴渝（女）	洪国藩	洪德元	姚开泰	贺　林	贺福初	桂建芳	高　福	郭爱克
唐守正	唐崇惕（女）	黄路生	曹文宣	戚正武	龚岳亭	常文瑞	康　乐	梁栋材	梁智仁
隋森芳	葛均波	蒋有绪	韩启德	韩济生	韩家淮	韩　斌	程和平	舒红兵	童坦君
曾益新	曾　毅	谢华安	谢联辉	强伯勤	赫　捷	裴　钢	翟中和	薛社普	鞠　躬
魏于全	魏江春								

四、地学部(124人)

丁仲礼	丁国瑜	万卫星	马宗晋	马　瑾（女）	王　水	王成善	王会军	王铁冠	王　颖（女）
王德滋	文圣常	丑纪范	邓起东	石广玉	石耀霖	叶大年	叶嘉安	田在艺	冯士筰
戎嘉余	吕达仁	朱日祥	朱显谟	伍荣生	任纪舜	刘丛强	刘光鼎	刘昌明	刘宝珺
刘振兴	刘嘉麒	安芷生	许志琴（女）	许厚泽	孙　枢	孙鸿烈	苏纪兰	李小文	李吉均
李廷栋	李崇银	李德仁	李德生	李曙光	杨元喜	杨文采	肖序常	吴立新	吴国雄
吴新智	邱占祥	汪品先	汪集旸	沈其韩	张本仁	张国伟	张弥曼（女）	张　经	张培震
张彭熹	陆大道	陈　旭	陈运泰	陈俊勇	陈　骏	陈　颙	林学钰（女）	欧阳自远	金之钧
金振民	周卫健（女）	周成虎	周志炎	周秀骥	周忠和	於崇文	郑永飞	郑　度	赵其国
赵柏林	赵鹏大	胡敦欣	钟大赉	姚振兴	姚檀栋	秦大河	秦蕴珊	袁道先	莫宣学
贾承造	徐冠华	殷鸿福	高　山	高　俊	郭正堂	郭令智	郭华东	涂传诒	陶　澍
黄荣辉	龚健雅	常印佛	崔　鹏	符淙斌	巢纪平	彭平安	程国栋	傅伯杰	傅家谟
焦念志	舒德干	童庆禧	曾庆存	曾融生	谢学锦	翟明国	翟裕生	滕吉文	薛禹群
穆　穆	戴金星	魏奉思							

五、信息技术科学部(88人)

干福熹	王之江	王占国	王立军	王　圩	王守武	王守觉	王阳元	王启明	王育竹
王家骐	王　越	王　巍	尹　浩	包为民	匡定波	吕　建	朱中梁	刘永坦	刘国治
刘颂豪	刘盛纲	许宁生	李　未	李启虎	李树深	李衍达	杨芙清（女）	杨学军	吴一戎
吴宏鑫	吴培亨	吴德馨（女）	何积丰	沈绪榜	怀进鹏	宋　健	张　钹	张效祥	张景中
张　煦	张嗣瀛	陆元九	陆汝钤	陈国良	陈定昌	陈星旦	陈星弼	陈俊亮	陈桂林
陈翰馥	林为干	林惠民	林尊琪	金亚秋	周兴铭	周炳琨	周巢尘	郑有炓	郑建华
郑耀宗	郝　跃	保　铮	侯　洵	侯朝焕	姚建铨	秦国刚	夏建白	夏培肃（女）	徐宗本
郭光灿	郭　雷	黄民强	黄宏嘉	黄　维	黄　琳	梅　宏	龚旗煌	梁思礼	彭堃墀
董韫美	雷啸霖	简水生	阙端麟	褚君浩	谭铁牛	薛永祺	戴汝为		

六、技术科学部(135人)

丁　汉	于起峰	王大中	王立鼎	王光谦	王自强	王希季	王补宣	王崇愚	王淀佐
王锡凡	王　曦	方岱宁	卢　柯	卢　强	叶恒强	叶培建	申长雨	邢球痕	过增元
成会明	师昌绪	朱位秋	朱　荻	朱森元	朱　静（女）	伍小平（女）	任新民	任露泉	庄逢辰
刘广均	刘竹生	刘宝镛	刘维民	齐　康	许学彦	孙　钧	孙家栋	严陆光	李　天
李应红	李述汤	李依依（女）	李济生	杨　卫	杨叔子	杨　槱	肖纪美	吴良镛	吴承康
吴硕贤	邱大洪	邱　勇	何满潮	余梦伦	邹世昌	闵桂荣	汪　耕	沈志云	沈保根
宋玉泉	宋振骐	宋家树	张兴钤	张佑启	张　泽	张统一	张楚汉	陈　达	陈创天
陈学俊	陈祖煜	陈能宽	范守善	林　皋	欧阳予	金红光	金展鹏	周干峙	周尧和
周　远	周孝信	周国治	郑　平	郑时龄	郑哲敏	赵淳生	胡文瑞	胡聿贤	胡海岩
南策文	柯　俊	柳百新	钟万勰	钟香崇	俞鸿儒	闻邦椿	姜中宏	祝世宁	姚　熹
都有为	顾秉林	顾诵芬	顾逸东	徐采栋	徐性初	徐建中	徐祖耀	高镇同	高德利
唐叔贤	陶文铨	黄克智	曹春晓	曹楚南	彭一刚	葛昌纯	韩祯祥	程时杰	程耿东
温诗铸	谢光选	赖远明	路甬祥	蔡其巩	蔡睿贤	雒建斌	翟婉明	熊有伦	颜鸣皋
潘际銮	薛其坤	魏寿昆	魏炳波						

1-27 中国工程院全体院士名单

一、机械与运载工程学部(117人)

陈福田	陈懋章	丁荣军	董春鹏	杜善义	范本尧	樊会涛	冯培德	甘晓华	高金吉
顾国彪	关 杰	关 桥	郭东明	郭孔辉	胡正寰	黄崇祺	黄瑞松	黄先祥	蒋庄德
金东寒	乐嘉陵	李椿萱	李鹤林	李鸿志	李 骏	李 明	李培根	李 钊	林忠钦
刘大响	刘连元	刘人怀	刘怡昕	刘永才	刘友梅	龙乐豪	卢秉恒	路甬祥	马伟明
孟执中	潘健生	钱清泉	饶芳权	苏哲子	谭建荣	唐长红	王 浚	汪顺亭	王兴治
王玉明	王哲荣	吴有生	徐德民	徐芑南	杨凤田	杨华勇	杨绍卿	尹泽勇	尤 政
曾广商	张福泽	张金麟	张 军	张立同(女)	张彦仲	赵 煦	钟掘(女)	钟群鹏	钟志华
周 济	朱能鸿	朱英富							

资深院士:

艾 兴	陈士橹	陈一坚	陈予恕	崔国良	丁衡高	段正澄	朵英贤	高伯龙	顾诵芬
管 德	郭重庆	何友声	胡正寰	黄文虎	黄旭华	梁晋才	林尚扬	林宗虎	柳百成
陆元九	闵桂荣	潘镜芙	戚发轫	阮雪榆	沈闻孙	沈志云	石 屏	宋文骢	孙敬良
唐任远	涂铭旌	屠善澄	王永志	汪槱生	温俊峰	谢友柏	徐滨士	徐志磊	杨士莪
于本水	臧克茂	张贵田	周勤之	朱英浩					

二、信息与电子工程学部(114人)

贲 德	蔡吉人	柴天佑	陈 鲸	陈良惠	陈志杰	陈左宁(女)	戴 浩	邓中翰	丁文华
段宝岩	范滇元	方滨兴	方家熊	费爱国	封锡盛	高 洁	高 文	龚惠兴	宫先仪
龚知本	桂卫华	郭桂蓉	何新贵	何 友	黄培康	姜景山	姜文汉	李伯虎	李德仁
李德毅	李国杰	李三立	李天初	李同保	李幼平	梁骏吾	凌永顺	刘 玠	刘尚合
刘永坦	刘韵洁	卢锡城	吕跃广	马远良	倪光南	牛憨笨	潘云鹤	沈昌祥	苏君红
孙家广	孙优贤	孙 玉	孙忠良	王天然	王小谟	韦 钰(女)	魏正耀	魏子卿	吴 澄
邬贺铨	邬江兴	吴曼青	吾守尔.斯拉木		徐扬生	许祖彦	杨士中	杨小牛	叶尚福
于 全	张广军	张光义	张明高	张尧学	张钟华	赵沁平	郑南宁	周寿桓	周仲义
朱高峰	庄松林								

资深院士:

蔡鹤皋	陈敬熊	陈俊亮	何德全	胡光镇	胡启恒(女)	金国藩	金怡濂	李乐民	林祥棣
林永年	陆建勋	毛二可	潘君骅	宋 健	童志鹏	汪成为	王任享	王 越	王子才
吴佑寿	许居衍	姚骏恩	叶铭汉	叶声华	俞大光	张履谦	张乃通	张锡祥	赵伊君
赵梓森	钟 山	周立伟							

三、化工、冶金与材料工程学部(101人)

才鸿年	曹湘洪	陈丙珍(女)	陈 景	陈立泉	陈祥宝	陈蕴博	丁传贤	丁文江	付贤智
干 勇	高从堦	顾真安	何季麟	胡永康	黄伯云	蹇锡高	姜德生	江东亮	金 涌
李大东	李冠兴	李龙土	李言荣	李元元	李仲平	刘炯天	欧阳平凯	钱旭红	邱定蕃
邱冠周	桑凤亭	沈寅初	舒兴田	孙传尧	谭天伟	屠海令	王国栋	王海舟	王静康(女)
汪旭光	王一德	王泽山	王震西	魏可镁	翁宇庆	武 胜	吴以成	徐德龙	徐惠彬
徐匡迪	徐南平	薛群基	殷瑞钰	袁晴棠(女)	袁渭康	张生勇	张文海	张兴栋	张耀明
赵连城	赵振业	周光耀	周克崧	周廉周玉	邹竞(女)	左铁镛			

资深院士:

陈清如	崔 崑	戴永年	傅恒志	关兴亚	侯芙生	胡壮麒	柯 伟	李东英	李恒德
李俊贤	李正邦	李正名	刘伯里	刘业翔	陆钟武	毛炳权	闵恩泽	师昌绪	唐明述
王淀佐	汪燮卿	吴慰祖	徐承恩	徐更光	严东生	杨启业	殷国茂	余永富	曾苏民
张国成	张寿荣	朱永濬							

四、能源与矿业工程学部(107人)

安继刚	陈清泉	蔡美峰	岑可法	陈念念	陈森玉	陈 勇	陈毓川	杜祥琬	多 吉
樊明武	范维澄	范维唐	古德生	顾金才	顾心怿	郭剑波	韩英铎	何多慧	何继善
胡思得	黄其励	蒋洪德	金庆焕	康玉柱	雷清泉	李立浧	李晓红	李 阳	李焯芬
罗平亚	马永生	欧阳晓平	潘自强	彭苏萍	彭先觉	钱绍钧	邱爱慈(女)	沈国荣	苏万华
苏义脑	孙承纬	孙龙德	孙玉发	唐西生	汤中立	童晓光	万元熙	王德民	王思敬
闻雪友	夏佳文	谢和平	谢克昌	徐大懋	徐 銤	薛禹胜	杨奇逊	叶奇蓁	衣宝廉
于俊崇	余贻鑫	袁 亮	袁士义	岳光溪	曾恒一	张铁岗	张信威	张勇传	张玉卓
赵文智	赵宪庚	郑健超	郑绵平	周邦新	周守为				

资深院士:

常印佛	傅依备	韩大匡	洪伯潜	胡见义	李庆忠	梁维燕	刘宝珺	刘广志	毛用泽
倪维斗	潘 垣	裴荣富	彭士禄	钱皋韵	钱鸣高	乔登江	秦裕琨	邱中建	阮可强
沈忠厚	王仲奇	翁史烈	鲜学福	许绍燮	杨裕生	于润沧	翟光明	赵文津	周世宁
周永茂									

五、土木、水利与建筑工程学部(105人)

程泰宁	崔俊芝	崔 愷	杜彦良	龚晓南	郭仁忠	何华武	何镜堂	胡春宏	黄 卫
江欢成	江 亿	雷志栋	李建成	梁文灏	廖振鹏	林元培	刘加平	刘经南	刘先林
吕志涛	马国馨	马洪琪	缪昌文	聂建国	钮新强	欧进萍	钱七虎	秦顺全	任南琪
沈祖炎	孙伟(女)	王 超	王 浩	王家耀	王景全	王梦恕	王瑞珠	王小东	吴中如
项海帆	肖绪文	谢礼立	谢世楞	许其凤	杨秀敏	杨永斌	叶可明	张超然	张建云
张 杰	张锦秋(女)	张祖勋	郑皆连	郑守仁	钟登华	周丰峻	周福霖	周绪红	邹德慈

资深院士:

曹楚生	陈厚群	陈吉余	陈肇元	戴复东	董石麟	范立础	方秦汉	冯叔瑜	傅熹年
葛修润	关肇邺	韩其为	黄熙龄	李道增	李圭白	李 玶	李猷嘉	梁应辰	刘建航
龙驭球	卢耀如	罗绍基	马克俭	茆 智	孟兆祯	宁津生	钱正英(女)	容柏生	沙庆林
沈世钊	施仲衡	谭靖夷	王光远	魏敦山	文伏波	吴良镛	曾庆元	赵国藩	郑颖人
郑哲敏	钟训正	周 镜	周君亮	朱伯芳					

六、环境与轻纺工程学部(47人)

蔡道基	陈克复	丁德文	丁一汇	段 宁	方国洪	郝吉明	侯保荣	侯立安	蒋士成
金翔龙	李泽椿	刘文清	孟 伟	潘德炉	庞国芳	钱易(女)	瞿金平	曲久辉	石 碧
宋君强	孙宝国	孙晋良	王如松	魏复盛	谢剑平	许健民	徐祥德	俞建勇	袁业立
张全兴	张 偲	张懿(女)	周国泰	周翔(女)	朱蓓薇(女)				

资深院士:

陈联寿	季国标	金鉴明	刘鸿亮	伦世仪	任阵海	汤鸿霄	唐孝炎(女)	王文兴	姚 穆
郁铭芳									

七、农业学部(74人)

陈焕春	陈剑平	陈温福	陈学庚	程顺和	戴景瑞	邓秀新	方智远	傅廷栋	盖钧镒
官春云	管华诗	康绍忠	雷霁霖	李德发	李 坚	李 宁	李佩成	李 玉	林浩然
刘兴土	刘秀梵	刘 旭	罗锡文	马建章	麦康森	南志标	荣廷昭	石玉林	宋湛谦
孙九林	唐启升	吴孔明	夏咸柱	向仲怀	辛世文	旭日干	徐洵(女)	颜龙安	尹伟伦
印遇龙	喻树迅	于振文	张改平	张齐生	赵法箴	赵振东	朱英国	朱有勇	

资深院士:

陈宗懋	范云六(女)	冯宗炜	郭予元	侯 锋	蒋亦元	李文华	刘大钧	刘守仁	刘 筠
卢良恕	任继周	山 仑	沈国舫	石元春	束怀瑞	汪懋华	王明庥	吴明珠(女)	熊远著
余松烈	袁隆平	曾士迈	张福绥	张子仪					

八、医药卫生学部(115人)

巴德年	曹雪涛	陈君石	陈赛娟(女)	陈香美(女)	陈亚珠(女)	陈肇隆	陈志南	程 京	程书钧
丛 斌	丁 健	樊代明	范上达	付小兵	高润霖	顾玉东	韩德民	韩雅玲(女)	郝希山
侯惠民	胡盛寿	胡之璧(女)	郎景和	李春岩	李大鹏	李兰娟(女)	李连达	廖万清	林东昕
刘昌孝	刘德培	刘 耀	刘志红(女)	邱贵兴	阮长耿	桑国卫	沈倍奋(女)	沈祖尧	石学敏
王 辰	王广基	王红阳(女)	王威琪	王学浩	王永炎	王正国	吴天一	吴以岭	夏家辉
夏照帆(女)	项坤三	谢立信	徐建国	杨宝峰	杨胜利	姚新生	于金明	俞梦孙	袁国勇
曾溢滔	詹启敏	张伯礼	张心湜	张 运	郑树森	钟南山	周宏灏	周良辅	庄 辉

资深院士:

安静娴(女)	陈灏珠	陈洪铎	陈冀胜	程莘农	程天民	池志强	戴尅戎	葛宝丰	顾健人
郭应禄	洪 涛	侯云德	胡亚美(女)	黄志强	黎介寿	李载平	刘彤华(女)	刘玉清	陆道培
卢世璧	彭司勋	秦伯益	邱蔚六	沈家祥	沈渔邨(女)	盛志勇	孙 燕	唐希灿	汤钊猷
王琳芳(女)	王振义	闻玉梅(女)	吴德昌	吴咸中	肖碧莲(女)	肖培根	于德泉	俞永新	张涤生
张金哲	赵 铠	甄永苏	钟世镇	朱晓东					

九、工程管理学部(48人,其中26 人为跨学部院士)

巴德年	陈清泉	曹耀峰	杜祥琬	傅志寰	郭桂蓉	何继善	胡文瑞	黄维和	蒋士成
刘德培	刘 玠	刘人怀	栾恩杰	钱七虎	饶芳权	沈荣骏	孙永福	王 安	王基铭
王礼恒	王陇德	王玉普	徐匡迪	杨善林	叶可明	袁晴棠(女)	赵晓哲	郑静晨	郑南宁
周建平	朱高峰								

资深院士:

程天民	郭重庆	金鉴明	李东英	李京文	卢良恕	陆佑楣	罗绍基	汪应洛	王众托
徐滨士	许庆瑞	徐寿波	翟光明	张寿荣	朱晓东				

二、工业企业

Industrial Enterprises

2-1 规模以上工业企业的科技活动基本情况

Basic Statistics on Science and Technology Activities of Industrial Enterprises above Designated Size

指 标	Item	2000	2004	2008	2009	2011	2012	2013
企业基本情况	**Statistics on Industrial Enterprises**							
有R&D活动企业数(个)	Number of Enterprises Having R&D Activities(unit)	17272	17075	27278	36387	37467	47204	54832
有R&D活动企业所占比重(%)	Percentage of Enterprises Having R&D Activities to Total Number of Enterprises(%)	10.6	6.2	6.5	8.5	11.5	13.7	14.8
研究与试验发展(R&D)活动情况	**Statitstics on R&D Activities**							
R&D人员全时当量(万人年)	Full-time Equivalent of R&D Personnel (10 000 man-years)	43.9	54.2	123.0	144.7	193.9	224.6	249.4
R&D经费内部支出(亿元)	Expenditure on R&D(100 million yuan)	489.7	1104.5	3073.1	3775.7	5993.8	7200.6	8318.4
R&D经费内部支出与主营业务收入之比 (%)	Percentage of Expenditure on R&D to Sales Revenue(%)	0.58	0.56	0.61	0.69	0.71	0.77	0.80
R&D项目数(项)	R&D Projects(item)	65289	53641	143448	194400	232158	287524	322567
R&D项目经费内部支出 (亿元)	Expenditure on R&D Projects (100 million yuan)	417.6	921.2	2902.0	3185.9	5052.0	6230.6	7294.5
企业办R&D机构情况	**Statistics on R&D Institutions**							
机构数(个)	Number of R&D Institutions(unit)	15529	17555	26177	29879	31320	45937	51625
机构人员数(万人)	R&D Personnel(10 000 persons)	60.1	64.4	130.4	155.0	181.6	226.8	238.8
机构经费支出(亿元)	Expenditure on R&D(100 million yuan)	435.8	841.6	2634.8	2983.6	3957.0	5233.4	5941.5
新产品开发及生产情况	**Statitstics on New Products Development and Production**							
新产品开发项目数(个)	Number of New Products(unit)	91880	76176	184859	237754	266232	323448	358287
新产品开发经费支出(亿元)	Expenditure on New Products Development (100 million yuan)	529.5	965.7	3676.0	4482.0	6845.9	7998.5	9246.7
新产品销售收入(亿元)	Sales Revenue of New Products (100 million yuan)	9369.5	22808.6	57027.1	65838.2	100582.7	110529.8	128460.7
#新产品出口	Export	1728.4	5312.2	14081.6	11572.5	20223.1	21894.2	22853.5
专利情况	**Statistics on Patents**							
专利申请数(件)	Patent Applications(piece)	26184	64569	173573	265808	386075	489945	560918
#发明专利	Inventions	7970	20456	59254	92450	134843	176167	205146
有效发明专利数(件)	Inventions In Force(piece)	15333	30315	80252	118245	201089	277196	335401
技术获取和技术改造情况	**Statistics on Technology Acquisition and Technology Reconstruction**							
引进国外技术经费支出(亿元)	Expenditure for Acquisition of Foreign Technology (100 million yuan)	304.9	397.4	466.9	422.2	449.0	393.9	393.9
引进技术消化吸收经费支出(亿元)	Expenditure for Assimilation of Technology (100 million yuan)	22.8	61.2	122.7	182.0	202.2	156.8	150.6
购买国内技术经费支出(亿元)	Expenditure for Purchase of Domestic Technology (100 million yuan)	34.5	82.5	184.2	203.4	220.5	201.7	214.4
技术改造经费支出(亿元)	Expenditure for Technical Renovation (100 million yuan)	1291.5	2953.5	4672.7	4344.7	4293.7	4161.8	4072.1

注：从2011年起，规模以上工业企业的统计范围从年主营业务收入为500万元及以上的法人工业企业调整为年主营业务收入为2000万元及以上的法人工业企业。以下各表同。

Note: From 2011, the statistics range of industrial enterprises above designated size change form the industrial enterprises with the sales revenue above 5 million RMB to the industrial enterprises with the sales revenue above 20 million RMB. The same applies to the following table.

2-2 按企业规模及登记注册类型分

Basic Statistics on Industrial Enterprises above

单位：个，人，万元

注册类型	Type of Registration	企业数 Number of Industrial Enterprises above Designated Size	#有研发机构的企业数 Number of Enterprises Having R&D Institutions	#有R&D活动的企业数 Number of Enterprises Having R&D Activities
总　计	**Total**	**369741**	**43055**	**54832**
#大型企业	Large-sized Industrial Enterprises	9740	4482	5259
中型企业	Medium-sized Industrial Enterprises	55656	12727	15149
内资企业	**Domestic Funded**	**312378**	**34165**	**43564**
国有企业	State-owned Enterprises	3957	433	660
集体企业	Collective-owned Enterprises	3777	133	171
股份合作企业	Cooperative Enterprises	1424	98	173
联营企业	Joint Ownership Enterprises	233	10	16
国有联营企业	State Joint Ownership Enterprises	29	5	7
集体联营企业	Collective Joint Ownership Enterprises	88	1	3
国有与集体联营企业	Joint State-collective Enterprises	45	3	6
其他联营企业	Other Joint Ownership Enterprises	71	1	
有限责任公司	Limited Liability Corporations	82245	9052	12662
国有独资公司	State Sole Funded Corporations	2805	585	805
其他有限责任公司	Other Limited Liability Corporations	79440	8467	11857
股份有限公司	Share-holding Corporations Ltd.	10307	3024	3724
私营企业	Private Enterprises	208400	21319	26036
私营独资企业	Private-funded Enterprises	18649	730	872
私营合伙企业	Private Partnership Enterprises	3411	108	149
私营有限责任公司	Private Limited Liability Corporations	177452	19195	23411
私营股份有限公司	Private Share-holding Corporations Ltd.	8888	1286	1604
其他企业	Other Enterprises	2035	96	122
港澳台商投资企业	**Enterprises with Funds from Hong Kong, Macau and Taiwan**	**26451**	**3910**	**5115**
与港澳台商合资经营企业	Joint-venture Enterprises with Funds from Hong Kong, Macau and Taiwan	8382	1851	2333
与港澳台商合作经营企业	Cooperative Enterprises with Funds from Hong Kong, Macau and Taiwan	784	75	113
港澳台商独资经营企业	Enterprises with Sole Funds from Hong Kong, Macau and Taiwan	16759	1853	2497
港澳台商投资股份有限公司	Share-holding Corporations Ltd. with Funds from Hong Kong, Macau and Taiwan	491	125	163
外商投资企业	**Foreign Funded Enterprises**	**30912**	**4980**	**6153**
中外合资经营企业	Joint-venture Enterprises	11247	2275	3041
中外合作经营	Cooperation Enterprises	789	98	129
外资企业	Enterprises with Sole Foreign Funds	18308	2485	2841
外商投资股份有限公司	Share-holding Corporations Ltd.with Foreign Funds	496	114	130

注：大型企业指同时满足年末从业人员人数在1000人及以上、年主营业务收入在4亿元及以上的工业企业；中型企业指年末从业人员人数介于300人(含)至1000人(不含),并且年主营业务收入介于2000万元(含)至4亿元(不含)的工业企业。

规上工业企业基本情况(2013年)

Designated Size by Scale and Registration Status (2013)

(unit, person, 10 000 yuan)

资产总计 Total Assets	主营业务收入 Revenue from Principal Business	#新产品 New Products	利润总额 Total Profits
8670625513	**10372893469**	**1284606903**	**683216581**
4148152689	4167968028	875686017	266248825
2060737490	2460002983	249933046	173992686
6785955306	**7942669838**	**837421640**	**525186546**
691330561	527429456	30625353	29272118
42139415	77172005	8416162	5796725
12693816	16626647	974706	1359797
4016363	5263922	882324	292437
2698833	2155796	827755	74332
475201	1189779	15956	65797
296973	506677	21247	26799
545356	1411670	17366	125509
2988323438	2840337044	358674343	171884179
684304630	465735740	62989978	19227741
2304018808	2374601304	295684365	152656438
1145914998	1017883890	208367328	80265464
1876886339	3420467721	228237348	233296624
84767898	238426524	3528748	19883236
16818962	39349099	627188	3412254
1608342330	2907914060	192013653	192022596
166957150	234778037	32067759	17978539
24650376	37489153	1244076	3019203
728910829	**887740564**	**140216756**	**54569021**
276591103	304383780	57357357	19769492
16688436	21677786	973700	1968986
393126934	523053543	73835409	30371595
41692427	37461789	7764856	2414193
1155759379	**1542483066**	**306968508**	**103461014**
539432821	705217500	192316152	55632694
25094502	31514215	3281700	2426848
527709348	746529969	101077562	40686788
60727403	54489919	10080713	4372833

Note: Large-sized industrial enterprises cover industrial enterprises with employed persons at the year-end above 1 000 and annual revenue from principal business above 400 million RMB; Medium-sized industrial enterprises cover industrial enterprises with employed persons between 300 and 1 000 and annual revenue from principal business between 20 million and 400 million RMB.

2-3 按行业分规上工业

Basic Statistics on Industrial Enterprises above

单位：个，人，万元

行　业	Industry	企业数 Number of Industrial Enterprises above Designated Size
总　计	**Total**	**369741**
煤炭开采和洗选业	Mining and Washing of Coal	7929
石油和天然气开采业	Extraction of Petroleum and Natural Gas	144
黑色金属矿采选业	Mining of Ferrous Metal Ores	3614
有色金属矿采选业	Mining of Non-ferrous Metal Ores	2106
非金属矿采选业	Mining and Processing of Nonmetal Ores	3717
农副食品加工业	Processing of Food from Agricultural Products	23963
食品制造业	Manufacture of Foods	7870
酒、饮料和精制茶制造业	Manufacture of Liquor, Beverages and Refined Tea	5895
烟草制品业	Manufacture of Tobacco	130
纺织业	Manufacture of Textile	21170
纺织服装、服饰业	Manufacture of Textile, Apparel and Accessories	15710
皮革、毛皮、羽毛及其制品和制鞋业	Manufacture of Leather, Fur, Feather and Related Products and Shoes	8467
木材加工和木、竹、藤、棕、草制品业	Processing of Timbers and Manufacture of Wood,Bamboo, Rattan, Palm and Straw	8878
家具制造业	Manufacture of Furniture	5089
造纸和纸制品业	Manufacture of Paper and Paper Products	7082
印刷和记录媒介复制业	Printing,Reproduction of Recording Media	5050
文教、工美、体育和娱乐用品制造业	Manufacture of Artworks, and Articles for Culture, Education, Sports and Recreation	8122
石油加工、炼焦和核燃料加工业	Processing of Petroleum ,Coking and Processing of Nucleus Fuel	2078
化学原料和化学制品制造业	Manufacture of Chemical Raw Material and Chemical Products	25035
医药制造业	Manufacture of Medicines	6839
化学纤维制造业	Manufacture of Chemical Fiber	2002
橡胶和塑料制品业	Manufacture of Rubber and Plastic	17659
非金属矿物制品业	Manufacture of Non-metallic Mineral Products	32174
黑色金属冶炼和压延加工业	Manufacture and Processing of Ferrous Metals	11010
有色金属冶炼和压延加工业	Manufacture and Processing of Non-ferrous Metals	7340
金属制品业	Manufacture of Metal Products	20111
通用设备制造业	Manufacture of General Purpose Machinery	23984
专用设备制造业	Manufacture of Special Purpose Machinery	16713
汽车制造业	Manufacture of Motor Vehicles	12522
铁路、船舶、航空航天和其他运输设备制造业	Manufacture of Railway Equipment, Ships, Aerospace Equipment and Other Transport Equipment	4917
电气机械和器材制造业	Manufacture of Electrical Machinery and Equipment	22586
计算机、通信和其他电子设备制造业	Manufacture of Computer, Communication and Other Electronic Equipment	13544
仪器仪表制造业	Manufacture of Measuring Instrument and Meter	4079
其他制造业	Other Manufacturing	1695
金属制品、机械和设备修理业	Repaire Service of Metal Products, Machinery and Equipment	429
电力、热力生产和供应业	Production and Supply of Electric Power and Heat Power	6010
燃气生产和供应业	Production and Distribution of Gas	1132
水的生产和供应业	Production and Distribution of Water	1376

企业基本情况(2013年)
Designated Size by Industrial Sector (2013)

(unit, person, 10 000 yuan)

#有研发机构的企业数 Number of Enterprises Having R&D Institutions	#有R&D活动的企业数 Number of Enterprises Having R&D Activities	资产总计 Total Assets	主营业务收入 Revenue from Principal Business	#新产品 New Products	利润总额 Total Profits
43055	**54832**	**8670625513**	**10372893469**	**1284606903**	**683216581**
136	196	490594746	329481006	11393446	26514085
26	30	189719409	115900755	61155	36442812
49	72	93826042	98517920	385563	11366438
51	107	47172629	61925494	3113696	6658754
91	114	31630731	49150405	475533	4258081
1538	1800	277174544	601250680	21216453	34738811
749	983	115835300	185363389	10968404	16463043
524	647	131466193	153476345	11337692	17180649
35	57	79795898	83080779	15913130	12226104
2038	2062	223506437	361837349	40512571	21559532
1078	1047	111819416	194630372	14766136	12735209
486	470	68528598	126438494	7389407	8900413
506	491	52462419	120050683	3355674	8685546
253	342	41830167	66496392	3910685	4325003
426	593	128639954	129462769	13822520	7778698
385	459	45891067	59651978	4360006	4862953
754	898	64018047	129179665	8721707	7423159
179	252	230317993	409098760	26469416	6302646
3844	4958	612674699	766075620	91376298	45182635
1935	2586	184783717	205263426	36061674	21397671
382	398	62053680	70551974	15093388	2742449
1618	2114	186413955	278534419	29316616	19013910
1915	2601	414851598	519977527	24108128	40430074
1025	1174	647004646	761978519	79719166	20644736
975	1258	321935071	470101875	51915643	17793061
1966	2589	220668390	331686845	27219666	20955793
4211	5470	358922416	435031342	72693613	30696375
3397	4503	306557381	327012137	58947065	23348071
2032	2710	466166583	595404428	150840960	52257689
872	1043	179030692	154439134	47561595	9061928
4656	6061	474445558	615858702	138605058	38259403
3215	4284	522117324	788301188	241635186	38365136
1187	1632	63427769	75122812	14898717	6600122
124	180	17725879	21822423	1778923	1500873
47	68	12175842	9172219	939178	492981
173	330	1024683936	560807595	2221948	39437792
19	34	50080581	40593171	158475	3757469
58	87	75203610	15031732	132749	1041302

2-4 各地区规上工业

Basic Statistics on Industrial Enterprises above

单位：个，人，万元

地　区	Region	企业数 Number of Industrial Enterprises above Designated Size	#有研发机构的企业数 Number of Enterprises Having R&D Institutions	#有R&D活动的企业数 Number of Enterprises Having R&D Activities
全　国	**National Total**	**369741**	**43055**	**54832**
东部地区	Eastern Region	219383	33036	40199
中部地区	Middle Region	77111	6201	8983
西部地区	Western Region	46176	2851	3967
东北地区	Northeast Region	27071	967	1683
北　京	Beijing	3641	498	1059
天　津	Tianjin	5499	775	1732
河　北	Hebei	13968	777	853
山　西	Shanxi	3979	232	327
内蒙古	Inner Mongolia	4404	168	258
辽　宁	Liaoning	17297	562	1100
吉　林	Jilin	5376	177	252
黑龙江	Heilongjiang	4398	228	331
上　海	Shanghai	9796	725	1661
江　苏	Jiangsu	48771	15775	12283
浙　江	Zhejiang	39552	7737	10824
安　徽	Anhui	16184	2076	2369
福　建	Fujian	16120	1270	2286
江　西	Jiangxi	8126	606	954
山　东	Shandong	40467	2757	3747
河　南	Henan	20573	1201	1705
湖　北	Hubei	14650	903	1714
湖　南	Hunan	13599	1183	1914
广　东	Guangdong	41181	2692	5691
广　西	Guangxi	5488	331	456
海　南	Hainan	388	30	63
重　庆	Chongqing	5559	417	668
四　川	Sichuan	13001	700	819
贵　州	Guizhou	3590	124	179
云　南	Yunnan	3537	279	394
西　藏	Tibet	76	6	9
陕　西	Shaanxi	4751	382	574
甘　肃	Gansu	1981	182	291
青　海	Qinghai	521	25	40
宁　夏	Ningxia	1044	113	127
新　疆	Xinjiang	2224	124	152

企业基本情况(2013年)
Designated Size by Region (2013)

(unit, person, 10 000 yuan)

资产总计 Total Assets	主营业务收入 Revenue from Principal Business	#新产品 New Products	利润总额 Total Profits
8670625513	**10372893469**	**1284606903**	**683216581**
4654818155	5940443458	903413129	381401847
1618920203	2091410226	222598436	135847490
1711642076	1467070043	104806663	111562505
685245079	873969741	53788675	54404740
308007299	186886314	36727656	12828840
217614928	268033200	55696886	22473795
375971159	463456529	29160256	27347038
283398979	183933277	10272735	6145866
243763957	201890205	6285040	19852726
386307734	515109153	40931774	29765954
156779607	221849941	7031878	12783917
142157738	137010647	5825023	11854868
328743065	342736021	76883835	23844144
940728799	1334713239	197142112	83725491
604514867	613212009	148820993	35640667
258092954	338140768	43790809	21118120
249784873	331263095	34400997	22274465
140578737	270351063	16829309	18022359
815347755	1321303408	142841782	87153560
429993831	598139280	47914474	45283284
306350359	382300345	46544784	24800247
200505344	318545492	57246324	20477613
791225106	1063195177	180137410	64882204
132957970	170886134	15866038	10136040
22880306	15644468	1601202	1231642
129280218	153051478	26961130	9056146
362984989	357677780	24758761	23489033
102023001	72914026	3683200	6373862
157444815	99809345	4433810	6274024
5545520	981000	23454	73423
228071490	181519094	10154791	21513719
101794859	85801528	6185275	2954405
47916737	20893558	125430	1488135
56545981	34457847	2796416	1799690
143312542	87188048	3533318	8551303

2-5 按企业规模及登记注册类型分

R&D Personnel in Industrial Enterprises above

单位：人，人年

注册类型	Type of Registration	R&D人员 R&D Personnel
总　计	**Total**	**3375912**
#大型企业	Large-sized Industrial Enterprises	1749056
中型企业	Medium-sized Industrial Enterprises	884860
内资企业	**Domestic Funded**	**2564162**
国有企业	State-owned Enterprises	120504
集体企业	Collective-owned Enterprises	11899
股份合作企业	Cooperative Enterprises	4080
联营企业	Joint Ownership Enterprises	2030
国有联营企业	State Joint Ownership Enterprises	1904
集体联营企业	Collective Joint Ownership Enterprises	62
国有与集体联营企业	Joint State-collective Enterprises	64
其他联营企业	Other Joint Ownership Enterprises	
有限责任公司	Limited Liability Corporations	1107130
国有独资公司	State Sole Funded Corporations	215194
其他有限责任公司	Other Limited Liability Corporations	891936
股份有限公司	Share-holding Corporations Ltd.	569540
私营企业	Private Enterprises	742847
私营独资企业	Private-funded Enterprises	12698
私营合伙企业	Private Partnership Enterprises	1811
私营有限责任公司	Private Limited Liability Corporations	639789
私营股份有限公司	Private Share-holding Corporations Ltd.	88549
其他企业	Other Enterprises	6132
港澳台商投资企业	**Enterprises with Funds from Hong Kong, Macau and Taiwan**	**352698**
与港澳台商合资经营企业	Joint-venture Enterprises with Funds from Hong Kong, Macau and Taiwan	147939
与港澳台商合作经营企业	Cooperative Enterprises with Funds from Hong Kong, Macau and Taiwan	4274
港澳台商独资经营企业	Enterprises with Sole Funds from Hong Kong, Macau and Taiwan	179377
港澳台商投资股份有限公司	Share-holding Corporations Ltd. with Funds from Hong Kong, Macau and Taiwan	20628
外商投资企业	**Foreign Funded Enterprises**	**459052**
中外合资经营企业	Joint-venture Enterprises	230517
中外合作经营	Cooperation Enterprises	6976
外资企业	Enterprises with Sole Foreign Funds	197993
外商投资股份有限公司	Share-holding Corporations Ltd.with Foreign Funds	22796

规上工业企业R&D人员(2013年)

Designated Size by Scale and Registration Status(2013)

(person, man-year)

#女性 Female	R&D人员 全时当量 Full-time Equivalent	#研究人员 Researchers
698435	**2493958**	**814984**
370322	1337653	493329
190319	639083	176545
526153	**1865328**	**677370**
26329	85572	43690
2611	7402	2779
792	2899	778
425	1590	1101
407	1516	1088
7	40	3
11	34	11
224042	807435	341694
47100	157465	78959
176942	649969	262735
125168	432027	150128
145396	523551	134304
2149	8711	2740
235	1224	335
124996	451123	114740
18016	62492	16490
1390	4853	2896
78973	**274173**	**58294**
31763	113624	24519
1001	3290	608
41387	139676	29703
4761	17329	3431
93309	**354457**	**79320**
45982	175110	43068
1104	4451	912
40447	156742	30003
5530	17588	5145

2-6 按行业分规上工业企业R&D人员(2013年)
R&D Personnel in Industrial Enterprises above Designated Size by Industrial Sector(2013)

单位：人，人年 (person, man-year)

行业	Industry	R&D人员 R&D Personnel	#女性 Female	R&D人员全时当量 Full-time Equivalent	#研究人员 Researchers
总　计	**Total**	**3375912**	**698435**	**2493958**	**814984**
煤炭开采和洗选业	Mining and Washing of Coal	84470	7428	53713	25389
石油和天然气开采业	Extraction of Petroleum and Natural Gas	37433	11007	25487	18812
黑色金属矿采选业	Mining of Ferrous Metal Ores	3830	520	2725	986
有色金属矿采选业	Mining of Non-ferrous Metal Ores	6633	899	3955	1288
非金属矿采选业	Mining and Processing of Nonmetal Ores	4687	934	3131	1232
农副食品加工业	Processing of Food from Agricultural Products	57646	13795	38162	11329
食品制造业	Manufacture of Foods	41366	12705	27389	7667
酒、饮料和精制茶制造业	Manufacture of Liquor, Beverages and Refined Tea	31301	7863	21113	7054
烟草制品业	Manufacture of Tobacco	6805	1337	4246	2289
纺织业	Manufacture of Textile	79009	28219	53289	13218
纺织服装、服饰业	Manufacture of Textile, Apparel and Accessories	44534	14572	34322	7084
皮革、毛皮、羽毛及其制品和制鞋业	Manufacture of Leather, Fur, Feather and Related Products and Shoes	19365	6309	13532	2614
木材加工和木、竹、藤、棕、草制品业	Processing of Timbers and Manufacture of Wood,Bamboo, Rattan, Palm and Straw	12473	1987	8208	2001
家具制造业	Manufacture of Furniture	13071	2411	9383	1500
造纸和纸制品业	Manufacture of Paper and Paper Products	31420	6500	20557	4533
印刷和记录媒介复制业	Printing,Reproduction of Recording Media	16853	3693	11363	2461
文教、工美、体育和娱乐用品制造业	Manufacture of Artworks, and Articles for Culture, Education, Sports and Recreation	29538	7149	20909	4139
石油加工、炼焦和核燃料加工业	Processing of Petroleum ,Coking and Processing of Nucleus Fuel	19651	4044	13993	6855
化学原料和化学制品制造业	Manufacture of Chemical Raw Material and Chemical Products	231345	48811	170087	51757
医药制造业	Manufacture of Medicines	163248	62397	123200	38661
化学纤维制造业	Manufacture of Chemical Fiber	23524	5458	16563	4138
橡胶和塑料制品业	Manufacture of Rubber and Plastic	87205	17811	64068	14963
非金属矿物制品业	Manufacture of Non-metallic Mineral Products	108859	18812	73646	20211
黑色金属冶炼和压延加工业	Manufacture and Processing of Ferrous Metals	148418	22519	107190	49190
有色金属冶炼和压延加工业	Manufacture and Processing of Non-ferrous Metals	82691	12593	57560	20244
金属制品业	Manufacture of Metal Products	112816	20353	79315	25264
通用设备制造业	Manufacture of General Purpose Machinery	267000	46536	191916	59901
专用设备制造业	Manufacture of Special Purpose Machinery	239842	40700	178461	58929
汽车制造业	Manufacture of Motor Vehicles	251289	44971	195682	51622
铁路、船舶、航空航天和其他运输设备制造业	Manufacture of Railway Equipment, Ships, Aerospace Equipment and Other Transport Equipment	139382	32202	105869	45580
电气机械和器材制造业	Manufacture of Electrical Machinery and Equipment	340031	67074	255835	67868
计算机、通信和其他电子设备制造业	Manufacture of Computer, Communication and Other Electronic Equipment	476612	96438	390977	145595
仪器仪表制造业	Manufacture of Measuring Instrument and Meter	90992	19769	69174	21550
其他制造业	Other Manufacturing	8764	2187	7082	2684
金属制品、机械和设备修理业	Repaire Service of Metal Products, Machinery and Equipment	6873	1437	5115	1580
电力、热力生产和供应业	Production and Supply of Electric Power and Heat Power	41212	3953	26873	9548
燃气生产和供应业	Production and Distribution of Gas	1117	243	811	250
水的生产和供应业	Production and Distribution of Water	2707	656	1653	964

2-7 各地区规上工业企业R&D人员(2013年)

R&D Personnel in Industrial Enterprises above Designated Size by Region(2013)

单位：人，人年 (person, man-year)

地 区	Region	R&D人员 R&D Personnel	#女性 Female	R&D人员全时当量 Full-time Equivalent	#研究人员 Researchers
全 国	**National Total**	**3375912**	**698435**	**2493958**	**814984**
东部地区	Eastern Region	2223842	463045	1697659	489063
中部地区	Middle Region	616936	118529	434017	164647
西部地区	Western Region	355183	75775	242188	102184
东北地区	Northeast Region	179951	41086	120095	59090
北 京	Beijing	79368	21304	58036	18766
天 津	Tianjin	93313	20165	68175	20475
河 北	Hebei	94021	23446	65049	27411
山 西	Shanxi	46544	8958	34024	17236
内 蒙 古	Inner Mongolia	32210	8299	26990	14371
辽 宁	Liaoning	95912	19909	59090	25738
吉 林	Jilin	32841	9185	23709	11473
黑 龙 江	Heilongjiang	51198	11992	37296	21879
上 海	Shanghai	116806	25798	92136	27777
江 苏	Jiangsu	510930	103785	393942	99469
浙 江	Zhejiang	337155	70337	263507	56443
安 徽	Anhui	127627	22017	86000	26120
福 建	Fujian	130227	30679	100200	23922
江 西	Jiangxi	46599	9468	29519	11287
山 东	Shandong	326793	73472	227403	78442
河 南	Henan	168212	31757	125091	46472
湖 北	Hubei	128952	28257	85826	33747
湖 南	Hunan	99002	18072	73558	29786
广 东	Guangdong	530551	92562	426330	135809
广 西	Guangxi	30205	5757	20700	7005
海 南	Hainan	4678	1497	2882	549
重 庆	Chongqing	53781	11309	36605	13544
四 川	Sichuan	92424	16291	58148	20954
贵 州	Guizhou	20026	5249	16049	6327
云 南	Yunnan	20323	3602	11811	4426
西 藏	Tibet	228	45	81	18
陕 西	Shaanxi	67210	17037	45809	22801
甘 肃	Gansu	17565	3270	12472	6807
青 海	Qinghai	2940	530	2039	831
宁 夏	Ningxia	8638	2006	4817	1566
新 疆	Xinjiang	9633	2380	6668	3533

2-8 按企业规模及登记注册类型分规上

Intramural Expenditure on R&D in Industrial Enterprises

单位：万元

注册类型	Type of Registration	R&D经费内部支出 Intramural Expenditure on R&D	#试验发展支出 Experimental Development	日常性支出 Routine Expenses
总　计	**Total**	**83184005**	**81180334**	**73619821**
#大型企业	Large-sized Industrial Enterprises	49299948	47756973	44388743
中型企业	Medium-sized Industrial Enterprises	18140698	17910797	15821687
内资企业	**Domestic Funded**	**63032811**	**61278660**	**55720519**
国有企业	State-owned Enterprises	3084397	2866581	2820686
集体企业	Collective-owned Enterprises	586977	580523	542142
股份合作企业	Cooperative Enterprises	87854	86137	64777
联营企业	Joint Ownership Enterprises	70305	68894	69308
国有联营企业	State Joint Ownership Enterprises	68261	67215	67579
集体联营企业	Collective Joint Ownership Enterprises	1526	1213	1293
国有与集体联营企业	Joint State-collective Enterprises	518	467	436
其他联营企业	Other Joint Ownership Enterprises			
有限责任公司	Limited Liability Corporations	28309099	27421843	25195944
国有独资公司	State Sole Funded Corporations	5883235	5717870	5241519
其他有限责任公司	Other Limited Liability Corporations	22425863	21703974	19954425
股份有限公司	Share-holding Corporations Ltd.	13855023	13459377	12527287
私营企业	Private Enterprises	16901374	16659818	14389290
私营独资企业	Private-funded Enterprises	295094	290101	251891
私营合伙企业	Private Partnership Enterprises	38818	34479	32771
私营有限责任公司	Private Limited Liability Corporations	14511091	14305307	12308816
私营股份有限公司	Private Share-holding Corporations Ltd.	2056371	2029931	1795813
其他企业	Other Enterprises	137783	135486	111085
港澳台商投资企业	**Enterprises with Funds from Hong Kong, Macau and Taiwan**	**7722329**	**7641433**	**6951181**
与港澳台商合资经营企业	Joint-venture Enterprises with Funds from Hong Kong, Macau and Taiwan	3321508	3274874	2990048
与港澳台商合作经营企业	Cooperative Enterprises with Funds from Hong Kong, Macau and Taiwan	92979	87740	84782
港澳台商独资经营企业	Enterprises with Sole Funds from Hong Kong, Macau and Taiwan	3821303	3793345	3433376
港澳台商投资股份有限公司	Share-holding Corporations Ltd. with Funds from Hong Kong, Macau and Taiwan	482588	481522	439718
外商投资企业	**Foreign Funded Enterprises**	**12428864**	**12260241**	**10948121**
中外合资经营企业	Joint-venture Enterprises	6776642	6677764	5909902
中外合作经营	Cooperation Enterprises	228881	228063	203192
外资企业	Enterprises with Sole Foreign Funds	4663841	4608233	4205549
外商投资股份有限公司	Share-holding Corporations Ltd.with Foreign Funds	740443	727123	613857

工业企业R&D经费内部支出(2013年)

above Designated Size by Scale and Registration Status(2013)

(10 000 yuan)

#人员劳务费 Labor Cost	资产性支出 Assets Expenditure	#仪器和设备 Equipment	政府资金 Government Funds	企业资金 Self-raised Funds by Enterprises	国外资金 Foreign Funds	其他资金 Other Funds
22712753	**9564184**	**9265693**	**3597485**	**78217423**	**475736**	**893361**
13818479	4911204	4730879	2209869	46425948	292494	371637
4983751	2319011	2262571	774340	17015652	114634	236072
16603626	**7312292**	**7070186**	**3202889**	**59049113**	**111163**	**669646**
700807	263711	254099	276473	2743364	1113	63447
144430	44835	41089	10055	573217	142	3564
19236	23076	22926	1576	82637		3641
17855	997	845	79	70226		
17172	683	548	69	68192		
479	233	218	10	1516		
204	82	80		518		
7724488	3113155	2999424	1757815	26239005	64981	247297
1316294	641716	612113	496714	5336021	13902	36598
6408193	2471439	2387311	1261101	20902984	51079	210699
3894584	1327736	1276987	636974	13080263	13882	123904
4051443	2512084	2450692	511007	16132663	30671	227033
68243	43203	42106	6851	283313	446	4484
9268	6047	5962	1712	36476	133	496
3487719	2202276	2147803	414084	13865854	26511	204643
486213	260558	254821	88361	1947021	3580	17409
50784	26698	24125	8909	127739	374	761
2259454	**771148**	**753258**	**190891**	**7409649**	**61149**	**60640**
883021	331460	321837	71678	3206720	10068	33042
23346	8197	7436	2798	89847	174	160
1191709	387927	381697	98756	3647261	49601	25685
159740	42870	41593	17515	462041	1306	1726
3849673	**1480743**	**1442250**	**203705**	**11758661**	**303425**	**163075**
1914188	866740	841033	118542	6449522	147326	61252
56390	25689	25386	13975	210631	816	3459
1647363	458293	449536	53961	4358029	155283	96567
226735	126586	122910	16193	722454		1796

2-9 按行业分规上工业

Intramural Expenditure on R&D in Industrial Enterprises

单位：万元

行　业	Industry	R&D经费内部支出 Intramural Expenditure on R&D	#试验发展支出 Experimental Development	日常性支出 Routine Expenses
总　计	**Total**	**83184005**	**81180334**	**73619821**
煤炭开采和洗选业	Mining and Washing of Coal	1565542	1439238	1423224
石油和天然气开采业	Extraction of Petroleum and Natural Gas	806879	695814	764446
黑色金属矿采选业	Mining of Ferrous Metal Ores	77399	74221	69664
有色金属矿采选业	Mining of Non-ferrous Metal Ores	217517	210602	182759
非金属矿采选业	Mining and Processing of Nonmetal Ores	71520	70065	61285
农副食品加工业	Processing of Food from Agricultural Products	1729827	1677220	1487182
食品制造业	Manufacture of Foods	985302	971669	843205
酒、饮料和精制茶制造业	Manufacture of Liquor, Beverages and Refined Tea	827430	779170	719244
烟草制品业	Manufacture of Tobacco	221056	201457	180006
纺织业	Manufacture of Textile	1584878	1574641	1328867
纺织服装、服饰业	Manufacture of Textile, Apparel and Accessories	692870	689059	614866
皮革、毛皮、羽毛及其制品和制鞋业	Manufacture of Leather, Fur, Feather and Related Products and Shoes	338923	336211	310324
木材加工和木、竹、藤、棕、草制品业	Processing of Timbers and Manufacture of Wood, Bamboo, Rattan, Palm and Straw	271582	262749	228116
家具制造业	Manufacture of Furniture	224650	223923	200014
造纸和纸制品业	Manufacture of Paper and Paper Products	877917	840046	738947
印刷和记录媒介复制业	Printing,Reproduction of Recording Media	303888	301621	249369
文教、工美、体育和娱乐用品制造业	Manufacture of Artworks, and Articles for Culture, Education, Sports and Recreation	495880	493830	432626
石油加工、炼焦和核燃料加工业	Processing of Petroleum ,Coking and Processing of Nucleus Fuel	893194	871134	794154
化学原料和化学制品制造业	Manufacture of Chemical Raw Material and Chemical Products	6603728	6479565	5774537
医药制造业	Manufacture of Medicines	3476553	3413175	3036711
化学纤维制造业	Manufacture of Chemical Fiber	667897	665956	571552
橡胶和塑料制品业	Manufacture of Rubber and Plastic	1994578	1982575	1716449
非金属矿物制品业	Manufacture of Non-metallic Mineral Products	2150329	2110499	1834504
黑色金属冶炼和压延加工业	Manufacture and Processing of Ferrous Metals	6330374	6241757	5703471
有色金属冶炼和压延加工业	Manufacture and Processing of Non-ferrous Metals	3011081	2957223	2610597
金属制品业	Manufacture of Metal Products	2300165	2254960	1977081
通用设备制造业	Manufacture of General Purpose Machinery	5478932	5414306	4745764
专用设备制造业	Manufacture of Special Purpose Machinery	5123164	5052900	4591039
汽车制造业	Manufacture of Motor Vehicles	6802237	6628096	6035935
铁路、船舶、航空航天和其他运输设备制造业	Manufacture of Railway Equipment, Ships, Aerospace Equipment and Other Transport Equipment	3720932	3631713	3406266
电气机械和器材制造业	Manufacture of Electrical Machinery and Equipment	8153895	8055992	7283989
计算机、通信和其他电子设备制造业	Manufacture of Computer, Communication and Other Electronic Equipment	12525008	11984041	11334105
仪器仪表制造业	Manufacture of Measuring Instrument and Meter	1492889	1465348	1356485
其他制造业	Other Manufacturing	145262	144747	132969
金属制品、机械和设备修理业	Repaire Service of Metal Products, Machinery and Equipment	77867	77802	72294
电力、热力生产和供应业	Production and Supply of Electric Power and Heat Power	584488	569168	485328
燃气生产和供应业	Production and Distribution of Gas	35789	35789	32415
水的生产和供应业	Production and Distribution of Water	39293	39237	30218

企业R&D经费内部支出(2013年)

above Designated Size by Industrial Sector(2013)

(10 000 yuan)

#人员劳务费 Labor Cost	资产性支出 Assets Expenditure	#仪器和设备 Equipment	政府资金 Government Funds	企业资金 Self-raised Funds by Enterprises	国外资金 Foreign Funds	其他资金 Other Funds
22712753	**9564184**	**9265693**	**3597485**	**78217423**	**475736**	**893361**
522857	142318	135381	21169	1530073		14299
334672	42433	37295	67790	738121	8	960
16555	7735	7553	2580	74802		18
32067	34759	30779	8034	207165		2319
15699	10235	9975	2730	68463		328
312535	242645	235286	58010	1645980	1260	24577
240670	142097	136915	30999	916722	2115	35466
194621	108186	99609	28259	788620	4575	5976
68216	41050	38650	438	207216		13402
389710	256011	251881	36192	1524587	2144	21954
233070	78005	74218	8902	673683	901	9385
111065	28599	27875	3566	324797	1260	9300
58944	43466	42695	9562.8	256991	280	4748
72930	24636	24329	1421	219859	864	2506
154878	138970	136289	10163	865040		2714
91673	54519	53477	2844	296500	116	4429
146856	63254	61276	12030	478568	1332	3950
127621	99040	94159	20356	862975	5457	4407
1451688	829191	804760	175158	6302923	51351	74296
926401	439842	425837	204243	3223942	11818	36550
124732	96345	94787	10362	651238	495	5802
449079	278129	269999	38167	1924219	3189	29002
505110	315825	306746	72631	2048797	3321	25580
960671	626903	596616	43287	6270718	3242	13127
465578	400484	390834	96386	2850507	5178	59010
581743	323084	314314	104177	2161644	3298	31047
1540279	733168	716923	279486	5084825	33781	80840
1506019	532124	515758	254489	4795848	17858	54969
2004387	766302	738339	212692	6453359	99642	36544
801068	314666	296230	818017	2800024	26013	76879
2212394	869906	842522	241941	7793616	62398	55941
5175809	1190903	1172204	568565	11721311	116351	118781
558217	136404	133337	102897	1356354	17288	16351
42032	12293	12035	15750	121570		7942
31946	5573	5228	2287	75099		481
142028	99160	96991	9153	568773	202	6360
8933	3375	3323	633	34667		489
12786	9075	8911	3244	35622		427

2-10 各地区规上工业

Intramural Expenditure on R&D in Industrial Enterprises

单位：万元

地 区	Region	R&D经费内部支出 Intramural Expenditure on R&D	#试验发展支出 Experimental Development	日常性支出 Routine Expenses	#人员劳务费 Labor Cost
全 国	**National Total**	**83184005**	**81180334**	**73619821**	**22712753**
东部地区	Eastern Region	56533941	55402321	49960559	16653656
中部地区	Middle Region	13596770	13189628	12029858	3250544
西部地区	Western Region	8073520	7823011	6980499	1895788
东北地区	Northeast Region	4979774	4765375	4648906	912765
北 京	Beijing	2130618	2105356	2032446	808964
天 津	Tianjin	3000377	2885606	2509339	625045
河 北	Hebei	2327418	2268042	2018862	528329
山 西	Shanxi	1237698	1188992	1087278	224223
内 蒙 古	Inner Mongolia	1004406	983338	896354	212010
辽 宁	Liaoning	3331303	3272548	3129591	503561
吉 林	Jilin	698136	543132	617052	160186
黑 龙 江	Heilongjiang	950335	949695	902263	249017
上 海	Shanghai	4047800	4039379	3651430	1393412
江 苏	Jiangsu	12395745	12332200	10731253	3396949
浙 江	Zhejiang	6843562	6832635	6135391	2069119
安 徽	Anhui	2477246	2436875	2170722	641704
福 建	Fujian	2791966	2784264	2373813	761851
江 西	Jiangxi	1106443	1080618	965213	238188
山 东	Shandong	10528097	10236634	9271980	2239949
河 南	Henan	2953410	2935077	2570501	735215
湖 北	Hubei	3117987	3083461	2792843	744464
湖 南	Hunan	2703987	2464606	2443301	666749
广 东	Guangdong	12374791	11825356	11151021	4812032
广 西	Guangxi	817063	809937	660528	202106
海 南	Hainan	93567	92849	85024	18004
重 庆	Chongqing	1388199	1376240	1173951	388412
四 川	Sichuan	1688902	1616804	1494197	473161
贵 州	Guizhou	342541	337488	309056	71593
云 南	Yunnan	454278	436322	408834	87975
西 藏	Tibet	4617	3994	4288	888
陕 西	Shaanxi	1401480	1339430	1216752	260372
甘 肃	Gansu	400743	386718	354067	100606
青 海	Qinghai	89540	81608	55430	4688
宁 夏	Ningxia	167494	166670	136717	37749
新 疆	Xinjiang	314257	284464	270326	56228

企业R&D经费内部支出(2013年)

above Designated Size by Region(2013)

(10 000 yuan)

资产性支出 Assets Expenditure	#仪器和设备 Equipment	政府资金 Government Funds	企业资金 Self-raised Funds by Enterprises	国外资金 Foreign Funds	其他资金 Other Funds
9564184	**9265693**	**3597485**	**78217423**	**475736**	**893361**
6573382	6377839	1744539	53776271	404284	608847
1566912	1512603	698834	12719786	28785	149366
1093021	1056538	676337	7276231	13574	107378
330868	318714	477774	4445135	29094	27771
98172	95693	227527	1819635	16765	66691
491038	478794	73027	2803452	97489	26409
308556	297645	66853	2240333	1181	19051
150420	142521	38231	1185577		13890
108051	102921	37707	925574	41	41084
201711	195313	261140	3033659	14161	22342
81084	77927	31035	662707	1829	2565
48073	45474	185599	748768	13104	2863
396370	381496	207581	3750275	77568	12376
1664492	1620847	240670	11923253	63968	167854
708171	696543	139658	6613936	20380	69588
306524	297138	176199	2279807	5432	15808
418153	410709	78595	2656171	5186	52015
141230	135955	45668	1009134	2467	49173
1256117	1204592	316005	10075481	36468	100143
382909	374290	98234	2833972	8065	13139
325143	314240	169848	2909788	3903	34449
260686	248458	170654	2501509	8918	22907
1223770	1182999	389275	11805829	85209	94479
156535	154732	36970	777281	66	2746
8543	8521	5348	87906	70	243
214248	208136	57189	1316325	2968	11717
194706	188006	104742	1566384	8394	9382
33485	30952	47086	286509	125	8820
45444	43748	36592	401129		16557
329	321	283	4334		
184728	176008	300548	1089202	762	10968
46676	43830	24300	373631	912	1900
34110	33961	5978	79800		3762
30776	30362	14174	152895	208	218
43931	43563	10769	303167	99	223

2-11 按企业规模及登记注册类型分规上工业企业R&D经费外部支出(2013年)

External Expenditure on R&D in Industrial Enterprises above Designated Size by Scale and Registration Status(2013)

单位：万元 (10 000 yuan)

注册类型	Type of Registration	R&D经费外部支出 External Expenditure on R&D	#对境内研究机构支出 to Domestic Research Institutions	#对境内高校支出 to Domestic Higher Education
总　计	**Total**	**4231573**	**1705690**	**869812**
#大型企业	Large-sized Industrial Enterprises	3162877	1149602	617800
中型企业	Medium-sized Industrial Enterprises	675836	374609	129580
内资企业	**Domestic Funded**	**3205600**	**1312029**	**762599**
国有企业	State-owned Enterprises	378945	179708	98864
集体企业	Collective-owned Enterprises	61784	4157	3933
股份合作企业	Cooperative Enterprises	4721	2266	2194
联营企业	Joint Ownership Enterprises	11035	4754	5922
国有联营企业	State Joint Ownership Enterprises	11035	4754	5922
集体联营企业	Collective Joint Ownership Enterprises			
国有与集体联营企业	Joint State-collective Enterprises			
其他联营企业	Other Joint Ownership Enterprises			
有限责任公司	Limited Liability Corporations	1488570	615029	321484
国有独资公司	State Sole Funded Corporations	431983	190406	90373
其他有限责任公司	Other Limited Liability Corporations	1056587	424623	231111
股份有限公司	Share-holding Corporations Ltd.	819097	301552	171528
私营企业	Private Enterprises	427138	196606	155961
私营独资企业	Private-funded Enterprises	5242	2893	1819
私营合伙企业	Private Partnership Enterprises	1357	773	394
私营有限责任公司	Private Limited Liability Corporations	365670	164705	130934
私营股份有限公司	Private Share-holding Corporations Ltd.	54869	28234	22814
其他企业	Other Enterprises	14310	7957	2714
港澳台商投资企业	**Enterprises with Funds from Hong Kong, Macau and Taiwan**	**265461**	**117075**	**48236**
与港澳台商合资经营企业	Joint-venture Enterprises with Funds from Hong Kong, Macau and Taiwan	122949	69014	18708
与港澳台商合作经营企业	Cooperative Enterprises with Funds from Hong Kong, Macau and Taiwan	933	357	570
港澳台商独资经营企业	Enterprises with Sole Funds from Hong Kong, Macau and Taiwan	131184	45231	26952
港澳台商投资股份有限公司	Share-holding Corporations Ltd. with Funds from Hong Kong, Macau and Taiwan	10299	2415	2001
外商投资企业	**Foreign Funded Enterprises**	**760512**	**276587**	**58977**
中外合资经营企业	Joint-venture Enterprises	498389	180635	36063
中外合作经营	Cooperation Enterprises	10832	4158	671
外资企业	Enterprises with Sole Foreign Funds	208548	78554	16849
外商投资股份有限公司	Share-holding Corporations Ltd.with Foreign Funds	42201	13107	5239

2-12 按行业分规上工业企业R&D经费外部支出(2013年)

External Expenditure on R&D in Industrial Enterprises above Designated Size by Industrial Sector(2013)

单位：万元 (10 000 yuan)

行业	Industry	R&D经费外部支出 External Expenditure on R&D	#对境内研究机构支出 to Domestic Research Institutions	#对境内高校支出 to Domestic Higher Education
总计	**Total**	**4231573**	**1705690**	**869812**
煤炭开采和洗选业	Mining and Washing of Coal	154788	75188	61426
石油和天然气开采业	Extraction of Petroleum and Natural Gas	108644	41543	39153
黑色金属矿采选业	Mining of Ferrous Metal Ores	2952	1571	690
有色金属矿采选业	Mining of Non-ferrous Metal Ores	11729	6844	4398
非金属矿采选业	Mining and Processing of Nonmetal Ores	2046	1179	751
农副食品加工业	Processing of Food from Agricultural Products	76189	30075	40229
食品制造业	Manufacture of Foods	48272	12296	15760
酒、饮料和精制茶制造业	Manufacture of Liquor, Beverages and Refined Tea	28344	13240	12553
烟草制品业	Manufacture of Tobacco	60911	29786	11386
纺织业	Manufacture of Textile	25301	7003	11603
纺织服装、服饰业	Manufacture of Textile, Apparel and Accessories	20636	7392	7670
皮革、毛皮、羽毛及其制品和制鞋业	Manufacture of Leather, Fur, Feather and Related Products and Shoes	5623	3189	1494
木材加工和木、竹、藤、棕、草制品业	Processing of Timbers and Manufacture of Wood,Bamboo, Rattan, Palm and Straw	7365	5490	1797
家具制造业	Manufacture of Furniture	6647	3355	1110
造纸和纸制品业	Manufacture of Paper and Paper Products	13404	7497	3447
印刷和记录媒介复制业	Printing,Reproduction of Recording Media	6798	1680	1174
文教、工美、体育和娱乐用品制造业	Manufacture of Artworks, and Articles for Culture, Education, Sports and Recreation	8464	4120	3348
石油加工、炼焦和核燃料加工业	Processing of Petroleum ,Coking and Processing of Nucleus Fuel	60949	32166	11725
化学原料和化学制品制造业	Manufacture of Chemical Raw Material and Chemical Products	204125	109080	67550
医药制造业	Manufacture of Medicines	408188	291219	70632
化学纤维制造业	Manufacture of Chemical Fiber	11256	4103	4043
橡胶和塑料制品业	Manufacture of Rubber and Plastic	53892	15611	21697
非金属矿物制品业	Manufacture of Non-metallic Mineral Products	41131	21196	11941
黑色金属冶炼和压延加工业	Manufacture and Processing of Ferrous Metals	160999	57482	55362
有色金属冶炼和压延加工业	Manufacture and Processing of Non-ferrous Metals	134510	68991	33317
金属制品业	Manufacture of Metal Products	45887	19614	16351
通用设备制造业	Manufacture of General Purpose Machinery	192821	72427	45336
专用设备制造业	Manufacture of Special Purpose Machinery	108973	36547	31949
汽车制造业	Manufacture of Motor Vehicles	730991	257336	79814
铁路、船舶、航空航天和其他运输设备制造业	Manufacture of Railway Equipment, Ships, Aerospace Equipment and Other Transport Equipment	427142	149526	55343
电气机械和器材制造业	Manufacture of Electrical Machinery and Equipment	264257	70684	53470
计算机、通信和其他电子设备制造业	Manufacture of Computer, Communication and Other Electronic Equipment	568346	133496	50202
仪器仪表制造业	Manufacture of Measuring Instrument and Meter	63164	22659	11368
其他制造业	Other Manufacturing	3746	1447	1198
金属制品、机械和设备修理业	Repaire Service of Metal Products, Machinery and Equipment	3155	382	122
电力、热力生产和供应业	Production and Supply of Electric Power and Heat Power	135526	74875	25962
燃气生产和供应业	Production and Distribution of Gas	865	730	113
水的生产和供应业	Production and Distribution of Water	1385	730	597

2-13 各地区规上工业企业R&D经费外部支出(2013年)
External Expenditure on R&D in Industrial Enterprises above Designated Size by Region(2013)

单位：万元 (10 000 yuan)

地区	Region	R&D经费外部支出 External Expenditure on R&D	#对境内研究机构支出 to Domestic Research Institutions	#对境内高校支出 to Domestic Higher Education
全国	**National Total**	**4231573**	**1705690**	**869812**
东部地区	Eastern Region	2707957	928966	475721
中部地区	Middle Region	669121	326267	170721
西部地区	Western Region	498848	290655	116711
东北地区	Northeast Region	355647	159802	106660
北京	Beijing	140795	62989	11767
天津	Tianjin	93931	40407	21100
河北	Hebei	108182	50758	46284
山西	Shanxi	77681	37425	22122
内蒙古	Inner Mongolia	33735	17811	8761
辽宁	Liaoning	125831	45172	27765
吉林	Jilin	176660	91399	61380
黑龙江	Heilongjiang	53157	23231	17516
上海	Shanghai	492074	93824	26708
江苏	Jiangsu	394035	154312	84824
浙江	Zhejiang	258481	122500	47475
安徽	Anhui	172207	58652	34198
福建	Fujian	140618	60531	16621
江西	Jiangxi	105765	52744	12903
山东	Shandong	526462	231774	169999
河南	Henan	102756	60644	33795
湖北	Hubei	90811	42830	30773
湖南	Hunan	119901	73974	36930
广东	Guangdong	538662	97938	50320
广西	Guangxi	37190	24351	9098
海南	Hainan	14717	13933	624
重庆	Chongqing	71948	48803	8393
四川	Sichuan	116589	67206	34288
贵州	Guizhou	14210	6298	3501
云南	Yunnan	44574	34598	6584
西藏	Tibet	1106	626	36
陕西	Shaanxi	78143	35461	17590
甘肃	Gansu	68522	37029	18944
青海	Qinghai	5205	3879	855
宁夏	Ningxia	9505	4610	4057
新疆	Xinjiang	18119	9983	4604

2-14 按企业规模及登记注册类型分规上工业企业R&D项目情况(2013年)

R&D Projects in Industrial Enterprises above Designated Size by Scale and Registration Status(2013)

注册类型	Type of Registration	项目数(项) R&D Projects (item)	项目人员折合全时当量(人年) FTE of R&D Personnel (man-year)	项目经费支出(万元) Expenditure on R&D Project (10 000 yuan)
总计	**Total**	**322567**	**2270204**	**72944902**
#大型企业	Large-sized Industrial Enterprises	116916	1215555	43220921
中型企业	Medium-sized Industrial Enterprises	88230	580779	15924393
内资企业	**Domestic Funded**	**250823**	**1693440**	**54631334**
国有企业	State-owned Enterprises	10634	73380	2276456
集体企业	Collective-owned Enterprises	1986	6926	533267
股份合作企业	Cooperative Enterprises	625	2645	64843
联营企业	Joint Ownership Enterprises	114	1459	68531
国有联营企业	State Joint Ownership Enterprises	102	1394	66681
集体联营企业	Collective Joint Ownership Enterprises	4	36	1452
国有与集体联营企业	Joint State-collective Enterprises	8	29	398
其他联营企业	Other Joint Ownership Enterprises			
有限责任公司	Limited Liability Corporations	102726	732366	24509878
国有独资公司	State Sole Funded Corporations	18582	140183	4862899
其他有限责任公司	Other Limited Liability Corporations	84144	592182	19646979
股份有限公司	Share-holding Corporations Ltd.	44525	392491	12155831
私营企业	Private Enterprises	89657	480247	14906188
私营独资企业	Private-funded Enterprises	1646	7892	264053
私营合伙企业	Private Partnership Enterprises	232	1114	35156
私营有限责任公司	Private Limited Liability Corporations	77184	414239	12783460
私营股份有限公司	Private Share-holding Corporations Ltd.	10595	57001	1823519
其他企业	Other Enterprises	556	3926	116339
港澳台商投资企业	**Enterprises with Funds from Hong Kong, Macau and Taiwan**	**28859**	**251805**	**7017451**
与港澳台商合资经营企业	Joint-venture Enterprises with Funds from Hong Kong, Macau and Taiwan	13611	103423	3050841
与港澳台商合作经营企业	Cooperative Enterprises with Funds from Hong Kong, Macau and Taiwan	568	2987	84532
港澳台商独资经营企业	Enterprises with Sole Funds from Hong Kong, Macau and Taiwan	13075	129010	3433597
港澳台商投资股份有限公司	Share-holding Corporations Ltd. with Funds from Hong Kong, Macau and Taiwan	1541	16140	444884
外商投资企业	**Foreign Funded Enterprises**	**42885**	**324959**	**11296117**
中外合资经营企业	Joint-venture Enterprises	20622	158977	6100448
中外合作经营	Cooperation Enterprises	795	4083	200257
外资企业	Enterprises with Sole Foreign Funds	19770	145512	4298355
外商投资股份有限公司	Share-holding Corporations Ltd.with Foreign Funds	1588	15854	679724

2-15 按行业分规上工业企业R&D项目情况(2015年)

R&D Projects in Industrial Enterprises above Designated Size by Industrial Sector(2015)

行 业	Industry	项目数 (项) R&D Projects (item)	项目人员折合全时当量(人年) FTE of R&D Personnel (man-year)	项目经费支出 (万元) Expenditure on R&D Project (10 000 yuan)
总 计	**Total**	**322567**	**2270204**	**72944902**
煤炭开采和洗选业	Mining and Washing of Coal	4483	49632	1392809
石油和天然气开采业	Extraction of Petroleum and Natural Gas	3284	21999	541578
黑色金属矿采选业	Mining of Ferrous Metal Ores	300	2517	68431
有色金属矿采选业	Mining of Non-ferrous Metal Ores	464	3591	188955
非金属矿采选业	Mining and Processing of Nonmetal Ores	372	2884	63398
农副食品加工业	Processing of Food from Agricultural Products	5987	34628	1516197
食品制造业	Manufacture of Foods	4530	24462	860938
酒、饮料和精制茶制造业	Manufacture of Liquor, Beverages and Refined Tea	2738	19130	708017
烟草制品业	Manufacture of Tobacco	1285	3669	127318
纺织业	Manufacture of Textile	7441	49077	1371814
纺织服装、服饰业	Manufacture of Textile, Apparel and Accessories	3666	32062	626936
皮革、毛皮、羽毛及其制品和制鞋业	Manufacture of Leather, Fur, Feather and Related Products and Shoes	1472	12408	310043
木材加工和木、竹、藤、棕、草制品业	Processing of Timbers and Manufacture of Wood, Bamboo, Rattan, Palm and Straw	1162	7382	246450
家具制造业	Manufacture of Furniture	1413	8814	196792
造纸和纸制品业	Manufacture of Paper and Paper Products	2087	19028	797094
印刷和记录媒介复制业	Printing,Reproduction of Recording Media	1745	10480	254753
文教、工美、体育和娱乐用品制造业	Manufacture of Artworks, and Articles for Culture, Education, Sports and Recreation	3163	19319	435452
石油加工、炼焦和核燃料加工业	Processing of Petroleum ,Coking and Processing of Nucleus Fuel	1913	12800	715280
化学原料和化学制品制造业	Manufacture of Chemical Raw Material and Chemical Products	24585	154752	5886014
医药制造业	Manufacture of Medicines	25419	111535	3106870
化学纤维制造业	Manufacture of Chemical Fiber	1652	15762	624620
橡胶和塑料制品业	Manufacture of Rubber and Plastic	9806	58174	1760395
非金属矿物制品业	Manufacture of Non-metallic Mineral Products	9690	67235	1910033
黑色金属冶炼和压延加工业	Manufacture and Processing of Ferrous Metals	9767	95694	5363743
有色金属冶炼和压延加工业	Manufacture and Processing of Non-ferrous Metals	6966	52723	2619801
金属制品业	Manufacture of Metal Products	11229	71350	2012806
通用设备制造业	Manufacture of General Purpose Machinery	28306	175093	4861454
专用设备制造业	Manufacture of Special Purpose Machinery	26763	163649	4486219
汽车制造业	Manufacture of Motor Vehicles	20311	173840	6078010
铁路、船舶、航空航天和其他运输设备制造业	Manufacture of Railway Equipment, Ships, Aerospace Equipment and Other Transport Equipment	10557	94584	2904467
电气机械和器材制造业	Manufacture of Electrical Machinery and Equipment	37415	232520	7171794
计算机、通信和其他电子设备制造业	Manufacture of Computer, Communication and Other Electronic Equipment	36382	360800	11503071
仪器仪表制造业	Manufacture of Measuring Instrument and Meter	10210	63547	1319487
其他制造业	Other Manufacturing	1073	6326	124457
金属制品、机械和设备修理业	Repaire Service of Metal Products, Machinery and Equipment	348	4778	68804
电力、热力生产和供应业	Production and Supply of Electric Power and Heat Power	3079	25251	469643
燃气生产和供应业	Production and Distribution of Gas	105	752	31382
水的生产和供应业	Production and Distribution of Water	256	1366	28695

2-16 各地区规上工业企业R&D项目情况(2013年)
R&D Projects in Industrial Enterprises above Designated Size by Region (2013)

地 区	Region	项目数 (项) R&D Projects (item)	项目人员折合全时当量 (人年) FTE of R&D Personnel (man-year)	项目经费支出 (万元) Expenditure on R&D Project (10 000 yuan)
全 国	**National Total**	**322567**	**2270204**	**72944902**
东部地区	Eastern Region	218548	1554977	50415071
中部地区	Middle Region	50771	393499	11694334
西部地区	Western Region	34707	216411	6638109
东北地区	Northeast Region	18541	105317	4197389
北 京	Beijing	10037	50208	1647824
天 津	Tianjin	12904	60733	2484962
河 北	Hebei	7618	57889	2050210
山 西	Shanxi	2885	30557	1094029
内 蒙 古	Inner Mongolia	2133	23434	844594
辽 宁	Liaoning	7813	52432	2711630
吉 林	Jilin	6421	19277	650311
黑 龙 江	Heilongjiang	4307	33607	835447
上 海	Shanghai	13441	84290	3672035
江 苏	Jiangsu	48530	365364	11009479
浙 江	Zhejiang	42158	248825	6421123
安 徽	Anhui	14394	79724	2161182
福 建	Fujian	10426	90997	2453011
江 西	Jiangxi	4288	26014	986917
山 东	Shandong	31906	207980	9281216
河 南	Henan	11257	113908	2710856
湖 北	Hubei	9522	77931	2388780
湖 南	Hunan	8425	65367	2352569
广 东	Guangdong	40759	386121	11318818
广 西	Guangxi	2890	19072	741096
海 南	Hainan	769	2571	76394
重 庆	Chongqing	5794	31745	1176841
四 川	Sichuan	10298	54144	1373596
贵 州	Guizhou	1717	14006	318579
云 南	Yunnan	1729	10622	364648
西 藏	Tibet	20	73	3993
陕 西	Shaanxi	6099	40088	1090159
甘 肃	Gansu	1731	11337	302944
青 海	Qinghai	145	1807	73275
宁 夏	Ningxia	1073	4273	135860
新 疆	Xinjiang	1078	5811	212524

2-17 按企业规模及登记注册类型分规上工业企业办研发机构情况(2013年)

R&D Institutions in Industrial Enterprises above Designated Size by Scale and Registration Status(2013)

注册类型	Type of Registration	机构数(个) Institutions (unit)	机构人员(人) Personnel (person)	#博士和硕士 Doctor and Master	机构经费支出(万元) Expenditure on S&T Institutions (10 000 yuan)	仪器和设备原价(万元) Equipment (10 000 yuan)
总　计	**Total**	**51625**	**2387943**	**295665**	**59415190**	**41320723**
#大型企业	Large-sized Industrial Enterprises	7843	1205490	176201	36532988	23681251
中型企业	Medium-sized Industrial Enterprises	15504	668411	64289	13302919	10267812
内资企业	**Domestic Funded**	**41257**	**1790066**	**234100**	**43254514**	**28711977**
国有企业	State-owned Enterprises	730	74332	14513	1618153	1596942
集体企业	Collective-owned Enterprises	169	6250	1317	215254	119914
股份合作企业	Cooperative Enterprises	106	2330	126	40837	37897
联营企业	Joint Ownership Enterprises	14	2420	308	92016	19111
国有联营企业	State Joint Ownership Enterprises	9	2268	287	90241	18472
集体联营企业	Collective Joint Ownership Enterprises	1	33		709	70
国有与集体联营企业	Joint State-collective Enterprises	3	106	21	826	521
其他联营企业	Other Joint Ownership Enterprises	1	13		240	48
有限责任公司	Limited Liability Corporations	11490	693710	107821	18650505	12103584
国有独资公司	State Sole Funded Corporations	1017	121766	18270	3137148	2650265
其他有限责任公司	Other Limited Liability Corporations	10473	571944	89551	15513357	9453319
股份有限公司	Share-holding Corporations Ltd.	4741	431781	58213	10410722	6755543
私营企业	Private Enterprises	23892	575188	51322	12143200	8027311
私营独资企业	Private-funded Enterprises	779	10546	1017	192014	176432
私营合伙企业	Private Partnership Enterprises	119	1447	134	24585	10296
私营有限责任公司	Private Limited Liability Corporations	21332	495855	42991	10443557	6866482
私营股份有限公司	Private Share-holding Corporations Ltd.	1662	67340	7180	1483044	974101
其他企业	Other Enterprises	115	4055	480	83826	51674
港澳台商投资企业	**Enterprises with Funds from Hong Kong, Macau and Taiwan**	**4627**	**252441**	**22259**	**5996929**	**3628493**
与港澳台商合资经营企业	Joint-venture Enterprises with Funds from Hong Kong, Macau and Taiwan	2176	100338	7536	2577509	1439653
与港澳台商合作经营企业	Cooperative Enterprises with Funds from Hong Kong, Macau and Taiwan	86	2823	211	107581	52265
港澳台商独资经营企业	Enterprises with Sole Funds from Hong Kong, Macau and Taiwan	2186	131092	12023	2862393	1854350
港澳台商投资股份有限公司	Share-holding Corporations Ltd. with Funds from Hong Kong, Macau and Taiwan	172	17738	2419	439931	279020
外商投资企业	**Foreign Funded Enterprises**	**5741**	**345436**	**39306**	**10163747**	**8980253**
中外合资经营企业	Joint-venture Enterprises	2686	156584	19622	5477387	5449035
中外合作经营	Cooperation Enterprises	108	5035	462	157069	83442
外资企业	Enterprises with Sole Foreign Funds	2787	164655	15293	3912371	2949480
外商投资股份有限公司	Share-holding Corporations Ltd. with Foreign Funds	151	18597	3815	604541	493148

2-18 按行业分规上工业企业办研发机构情况(2013年)

R&D Institutions in Industrial Enterprises above Designated Size by Industrial Sector(2013)

行 业	Industry	机构数(个) Institutions (unit)	机构人员(人) Personnel (person)	#博士和硕士 Doctor and Master	机构经费支出(万元) Expenditure on S&T Institutions (10 000 yuan)	仪器和设备原价(万元) Equipment (10 000 yuan)
总 计	**Total**	**51625**	**2387943**	**295665**	**59415190**	**41320723**
煤炭开采和洗选业	Mining and Washing of Coal	245	20038	2633	662843	407461
石油和天然气开采业	Extraction of Petroleum and Natural Gas	105	36298	8356	635239	411341
黑色金属矿采选业	Mining of Ferrous Metal Ores	53	1758	127	39142	24708
有色金属矿采选业	Mining of Non-ferrous Metal Ores	66	2663	255	123692	66233
非金属矿采选业	Mining and Processing of Nonmetal Ores	103	2831	320	48545	28295
农副食品加工业	Processing of Food from Agricultural Products	1803	45095	7115	1101313	795867
食品制造业	Manufacture of Foods	909	28670	4517	711377	455648
酒、饮料和精制茶制造业	Manufacture of Liquor, Beverages and Refined Tea	654	30344	3010	803087	776370
烟草制品业	Manufacture of Tobacco	36	2719	890	243409	245004
纺织业	Manufacture of Textile	2240	59434	3827	1290344	1038785
纺织服装、服饰业	Manufacture of Textile, Apparel and Accessories	1162	33207	1788	590382	338234
皮革、毛皮、羽毛及其制品和制鞋业	Manufacture of Leather, Fur, Feather and Related Products and Shoes	525	16355	749	260461	132132
木材加工和木、竹、藤、棕、草制品业	Processing of Timbers and Manufacture of Wood, Bamboo, Rattan, Palm and Straw	548	8882	912	176973	100440
家具制造业	Manufacture of Furniture	288	9335	398	164913	85952
造纸和纸制品业	Manufacture of Paper and Paper Products	470	19375	1272	641632	503799
印刷和记录媒介复制业	Printing,Reproduction of Recording Media	419	11484	910	217095	279740
文教、工美、体育和娱乐用品制造业	Manufacture of Artworks, and Articles for Culture, Education, Sports and Recreation	842	23888	1273	415515	464399
石油加工、炼焦和核燃料加工业	Processing of Petroleum ,Coking and Processing of Nucleus Fuel	235	12167	1831	623770	422772
化学原料和化学制品制造业	Manufacture of Chemical Raw Material and Chemical Products	4870	169864	21201	5033284	2979921
医药制造业	Manufacture of Medicines	2529	115460	23667	2636900	1813530
化学纤维制造业	Manufacture of Chemical Fiber	455	18506	1374	689276	625705
橡胶和塑料制品业	Manufacture of Rubber and Plastic	1827	62967	4316	1607696	1165922
非金属矿物制品业	Manufacture of Non-metallic Mineral Products	2198	66994	6584	1302060	1182136
黑色金属冶炼和压延加工业	Manufacture and Processing of Ferrous Metals	1191	75247	7082	2932029	1719456
有色金属冶炼和压延加工业	Manufacture and Processing of Non-ferrous Metals	1199	54380	5501	1913554	1417474
金属制品业	Manufacture of Metal Products	2279	79557	5484	1503625	1280531
通用设备制造业	Manufacture of General Purpose Machinery	4964	194350	17232	3906915	2914258
专用设备制造业	Manufacture of Special Purpose Machinery	4021	167585	22282	3183235	2394725
汽车制造业	Manufacture of Motor Vehicles	2429	191934	20711	5671150	5555422
铁路、船舶、航空航天和其他运输设备制造业	Manufacture of Railway Equipment, Ships, Aerospace Equipment and Other Transport Equipment	1047	91473	10419	1989268	1622164
电气机械和器材制造业	Manufacture of Electrical Machinery and Equipment	5799	271088	25861	6215183	4263924
计算机、通信和其他电子设备制造业	Manufacture of Computer, Communication and Other Electronic Equipment	3991	362497	68597	10307272	4383851
仪器仪表制造业	Manufacture of Measuring Instrument and Meter	1494	65265	8380	1123158	635238
其他制造业	Other Manufacturing	141	5939	473	103401	84336
金属制品、机械和设备修理业	Repaire Service of Metal Products, Machinery and Equipment	56	2596	251	42537	26413
电力、热力生产和供应业	Production and Supply of Electric Power and Heat Power	217	17121	4315	310182	471845
燃气生产和供应业	Production and Distribution of Gas	20	489	201	15700	4326
水的生产和供应业	Production and Distribution of Water	69	1835	362	22502	24539

2-19 各地区规上工业企业办研发机构情况(2013年)

R&D Institutions in Industrial Enterprises above Designated Size by Region(2013)

地 区	Region	机构数 (个) Institutions (unit)	机构人员 (人) Personnel (person)	#博士和硕士 Doctor and Master	机构经费支出 (万元) Expenditure on S&T Institutions (10 000 yuan)	仪器和设备原价 (万元) Equipment (10 000 yuan)
全 国	**National Total**	**51625**	**2387943**	**295665**	**59415190**	**41320723**
东部地区	Eastern Region	38711	1688056	201946	44314156	28567834
中部地区	Middle Region	7805	365232	50704	7965010	6347472
西部地区	Western Region	3885	240864	29845	5247126	4576387
东北地区	Northeast Region	1224	93791	13170	1888898	1829031
北 京	Beijing	632	51877	12220	1455255	557522
天 津	Tianjin	905	45199	5612	1233616	1090126
河 北	Hebei	929	72960	7515	1301963	1087286
山 西	Shanxi	240	21132	2859	418494	371842
内 蒙 古	Inner Mongolia	240	17663	2241	347143	302809
辽 宁	Liaoning	758	47536	6259	1108563	957315
吉 林	Jilin	208	22112	3091	450987	473808
黑 龙 江	Heilongjiang	258	24143	3820	329347	397907
上 海	Shanghai	890	80636	17398	3236662	2527266
江 苏	Jiangsu	17996	532194	51541	13098299	10052872
浙 江	Zhejiang	8278	282873	19007	6505642	4047255
安 徽	Anhui	2737	93033	10044	2233003	1587378
福 建	Fujian	1448	76490	6454	1542227	1277523
江 西	Jiangxi	710	28722	3054	642525	330808
山 东	Shandong	3897	232358	31185	7592392	4792818
河 南	Henan	1577	97416	10801	1911740	1186196
湖 北	Hubei	1096	67314	12641	1688661	1487953
湖 南	Hunan	1445	57615	11305	1070587	1383295
广 东	Guangdong	3700	311362	50442	8304164	3097864
广 西	Guangxi	447	21243	2147	520693	411711
海 南	Hainan	36	2107	572	43935	37302
重 庆	Chongqing	546	33606	3804	891236	589676
四 川	Sichuan	999	66548	8183	1443317	1357346
贵 州	Guizhou	165	14530	1398	357118	345935
云 南	Yunnan	339	13163	1627	388795	253489
西 藏	Tibet	6	110	27	1599	235
陕 西	Shaanxi	558	39763	6494	630959	773794
甘 肃	Gansu	243	14559	1549	291521	187152
青 海	Qinghai	33	2204	246	38064	53039
宁 夏	Ningxia	159	7901	708	115558	114257
新 疆	Xinjiang	150	9574	1421	221123	186945

2-20 按企业规模及登记注册类型分规上工业企业新产品开发和生产(2013年)

New Products Development and Production of Industrial Enterprises above Designated Size by Scale and Registration Status (2013)

单位：万元 (10 000 yuan)

注册类型	Type of Registration	新产品开发项目数(项) New Products (unit)	新产品开发经费支出 Expenditure on New Products Development	新产品销售收入 Sales Revenue of New Products	#出口 Exports
总　计	**Total**	**358287**	**92467436**	**1284606903**	**228534683**
#大型企业	Large-sized Industrial Enterprises	118122	53177631	875686017	179893408
中型企业	Medium-sized Industrial Enterprises	104386	21228768	249933046	33038857
内资企业	**Domestic Funded**	**274397**	**68562481**	**837421640**	**95969592**
国有企业	State-owned Enterprises	10696	2854120	30625353	1202290
集体企业	Collective-owned Enterprises	2170	583732	8416162	1453842
股份合作企业	Cooperative Enterprises	593	86268	974706	66032
联营企业	Joint Ownership Enterprises	108	67878	882324	23903
国有联营企业	State Joint Ownership Enterprises	91	65430	827755	23276
集体联营企业	Collective Joint Ownership Enterprises	3	1213	15956	
国有与集体联营企业	Joint State-collective Enterprises	12	919	21247	627
其他联营企业	Other Joint Ownership Enterprises	2	317	17366	
有限责任公司	Limited Liability Corporations	108132	29403878	358674343	39504118
国有独资公司	State Sole Funded Corporations	16729	5836972	62989978	6556578
其他有限责任公司	Other Limited Liability Corporations	91403	23566906	295684365	32947541
股份有限公司	Share-holding Corporations Ltd.	49300	15703824	208367328	27346984
私营企业	Private Enterprises	103038	19762562	228237348	26321314
私营独资企业	Private-funded Enterprises	1840	358947	3528748	246602
私营合伙企业	Private Partnership Enterprises	219	45604	627188	38176
私营有限责任公司	Private Limited Liability Corporations	89053	16946859	192013653	22461158
私营股份有限公司	Private Share-holding Corporations Ltd.	11926	2411152	32067759	3575378
其他企业	Other Enterprises	360	100219	1244076	51107
港澳台商投资企业	**Enterprises with Funds from Hong Kong, Macau and Taiwan**	**34247**	**9010132**	**140216756**	**47650020**
与港澳台商合资经营企业	Joint-venture Enterprises with Funds from Hong Kong, Macau and Taiwan	15460	3644877	57357357	10552600
与港澳台商合作经营企业	Cooperative Enterprises with Funds from Hong Kong, Macau and Taiwan	810	138929	973700	120386
港澳台商独资经营企业	Enterprises with Sole Funds from Hong Kong, Macau and Taiwan	16011	4634668	73835409	35106884
港澳台商投资股份有限公司	Share-holding Corporations Ltd. with Funds from Hong Kong, Macau and Taiwan	1896	578807	7764856	1779743
外商投资企业	**Foreign Funded Enterprises**	**49643**	**14894823**	**306968508**	**84915072**
中外合资经营企业	Joint-venture Enterprises	23357	7969857	192316152	27821199
中外合作经营	Cooperation Enterprises	887	242581	3281700	1330479
外资企业	Enterprises with Sole Foreign Funds	23202	5887815	101077562	53164229
外商投资股份有限公司	Share-holding Corporations Ltd. with Foreign Funds	2091	777060	10080713	2592579

2-21 按行业分规上工业企业新产品开发和生产(2013年)
New Products Development and Production of Industrial Enterprises above Designated Size by Industrial Sector (2013)

单位：万元 (10 000 yuan)

行业	Industry	新产品开发项目数(项) New Products (unit)	新产品开发经费支出 Expenditure on New Products Development	新产品销售收入 Sales Revenue of New Products	#出口 Exports
总计	**Total**	**358287**	**92467436**	**1284606903**	**228534683**
煤炭开采和洗选业	Mining and Washing of Coal	2004	807903	11393446	507530
石油和天然气开采业	Extraction of Petroleum and Natural Gas	740	243637	61155	580
黑色金属矿采选业	Mining of Ferrous Metal Ores	193	49432	385563	
有色金属矿采选业	Mining of Non-ferrous Metal Ores	130	65144	3113696	2103
非金属矿采选业	Mining and Processing of Nonmetal Ores	242	51074	475533	6173
农副食品加工业	Processing of Food from Agricultural Products	6816	2140687	21216453	1338446
食品制造业	Manufacture of Foods	4982	1049122	10968404	1280354
酒、饮料和精制茶制造业	Manufacture of Liquor, Beverages and Refined Tea	2969	941907	11337692	433773
烟草制品业	Manufacture of Tobacco	948	195984	15913130	61447
纺织业	Manufacture of Textile	8614	1905566	40512571	5578100
纺织服装、服饰业	Manufacture of Textile, Apparel and Accessories	4308	860353	14766136	3360009
皮革、毛皮、羽毛及其制品和制鞋业	Manufacture of Leather, Fur, Feather and Related Products and Shoes	1886	414210	7389407	1818049
木材加工和木、竹、藤、棕、草制品业	Processing of Timbers and Manufacture of Wood, Bamboo, Rattan, Palm and Straw	1335	300401	3355674	523592
家具制造业	Manufacture of Furniture	2059	283318	3910685	1524343
造纸和纸制品业	Manufacture of Paper and Paper Products	2112	795368	13822520	866566
印刷和记录媒介复制业	Printing,Reproduction of Recording Media	1913	328121	4360006	318940
文教、工美、体育和娱乐用品制造业	Manufacture of Artworks, and Articles for Culture, Education, Sports and Recreation	4022	665984	8721707	2263593
石油加工、炼焦和核燃料加工业	Processing of Petroleum ,Coking and Processing of Nucleus Fuel	1707	1131379	26469416	57766
化学原料和化学制品制造业	Manufacture of Chemical Raw Material and Chemical Products	23590	6292466	91376298	8136824
医药制造业	Manufacture of Medicines	26523	3645006	36061674	3168255
化学纤维制造业	Manufacture of Chemical Fiber	1980	939358	15093388	1191033
橡胶和塑料制品业	Manufacture of Rubber and Plastic	12281	2415348	29316616	5675936
非金属矿物制品业	Manufacture of Non-metallic Mineral Products	9936	2193521	24108128	2778273
黑色金属冶炼和压延加工业	Manufacture and Processing of Ferrous Metals	8971	6060242	79719166	7545887
有色金属冶炼和压延加工业	Manufacture and Processing of Non-ferrous Metals	6131	2629012	51915643	3578179
金属制品业	Manufacture of Metal Products	12353	2473429	27219666	4471631
通用设备制造业	Manufacture of General Purpose Machinery	34325	6555971	72693613	8871992
专用设备制造业	Manufacture of Special Purpose Machinery	31313	5887267	58947065	8280087
汽车制造业	Manufacture of Motor Vehicles	25374	7979138	150840960	6453027
铁路、船舶、航空航天和其他运输设备制造业	Manufacture of Railway Equipment, Ships, Aerospace Equipment and Other Transport Equipment	11895	4399013	47561595	9880953
电气机械和器材制造业	Manufacture of Electrical Machinery and Equipment	43991	10453249	138605058	22512999
计算机、通信和其他电子设备制造业	Manufacture of Computer, Communication and Other Electronic Equipment	45390	15558039	241635186	113450701
仪器仪表制造业	Manufacture of Measuring Instrument and Meter	12330	1778592	14898717	2009427
其他制造业	Other Manufacturing	1104	181309	1778923	425644
金属制品、机械和设备修理业	Repair Service of Metal Products, Machinery and Equipment	524	108165	939178	121181
电力、热力生产和供应业	Production and Supply of Electric Power and Heat Power	2168	397665	2221948	33378
燃气生产和供应业	Production and Distribution of Gas	75	24204	158475	
水的生产和供应业	Production and Distribution of Water	148	32115	132749	

2-22 各地区规上工业企业新产品开发和生产(2013年)

New Products Development and Production of Industrial Enterprise above Designated Size by Region (2013)

单位：万元 (10 000 yuan)

地区	Region	新产品开发项目数(项) New Products (unit)	新产品开发经费支出 Expenditure on New Products Development	新产品销售收入 Sales Revenue of New Products	#出口 Exports
全　国	**National Total**	**358287**	**92467436**	**1284606903**	**228534683**
东部地区	Eastern Region	245632	64651932	903413129	188371707
中部地区	Middle Region	55600	14151621	222598436	29556575
西部地区	Western Region	38533	8779643	104806663	6095808
东北地区	Northeast Region	18522	4884241	53788675	4510594
北　京	Beijing	13310	2931908	36727656	5396851
天　津	Tianjin	11977	2459585	55696886	11917154
河　北	Hebei	7194	2025041	29160256	2931865
山　西	Shanxi	2938	991958	10272735	1266926
内蒙古	Inner Mongolia	1581	619217	6285040	330766
辽　宁	Liaoning	8568	3360539	40931774	3727414
吉　林	Jilin	6516	740849	7031878	388829
黑龙江	Heilongjiang	3438	782854	5825023	394351
上　海	Shanghai	17295	5282586	76883835	7747274
江　苏	Jiangsu	58353	16693195	197142112	43198702
浙　江	Zhejiang	47778	8216556	148820993	29813756
安　徽	Anhui	17320	3244687	43790809	2774115
福　建	Fujian	10534	2656091	34400997	9442428
江　西	Jiangxi	4381	977849	16829309	1575374
山　东	Shandong	31100	10206343	142841782	17337126
河　南	Henan	11150	2660106	47914474	19677786
湖　北	Hubei	10722	3317175	46544784	2021102
湖　南	Hunan	9089	2959845	57246324	2241272
广　东	Guangdong	47387	14065712	180137410	60393855
广　西	Guangxi	3332	849395	15866038	507265
海　南	Hainan	704	114916	1601202	192696
重　庆	Chongqing	6820	1438649	26961130	1344651
四　川	Sichuan	12681	2135771	24758761	2035726
贵　州	Guizhou	1908	403004	3683200	365375
云　南	Yunnan	1903	496845	4433810	208578
西　藏	Tibet	8	1177	23454	141
陕　西	Shaanxi	6491	1799803	10154791	306558
甘　肃	Gansu	1629	403460	6185275	437917
青　海	Qinghai	111	87949	125430	
宁　夏	Ningxia	966	149924	2796416	362083
新　疆	Xinjiang	1103	394450	3533318	196748

2-23 按企业规模及登记注册类型分规上工业企业专利(2013年)

Statistics on Patent of Industrial Enterprises above Designated Size by Scale and Registration Status (2013)

单位：件 (piece)

注册类型	Type of Registration	专利申请数 Patent Applications	#发明专利 Inventions	有效发明专利数 Inventions in Force
总 计	**Total**	**560918**	**205146**	**335401**
#大型企业	Large-sized Industrial Enterprises	217256	94807	166295
中型企业	Medium-sized Industrial Enterprises	142535	44916	77880
内资企业	**Domestic Funded**	**437396**	**158978**	**260828**
国有企业	State-owned Enterprises	23124	9319	10508
集体企业	Collective-owned Enterprises	2471	1134	1157
股份合作企业	Cooperative Enterprises	738	215	327
联营企业	Joint Ownership Enterprises	358	209	119
国有联营企业	State Joint Ownership Enterprises	335	201	113
集体联营企业	Collective Joint Ownership Enterprises	3	1	1
国有与集体联营企业	Joint State-collective Enterprises	20	7	5
其他联营企业	Other Joint Ownership Enterprises			
有限责任公司	Limited Liability Corporations	147026	59995	108529
国有独资公司	State Sole Funded Corporations	24965	9761	13502
其他有限责任公司	Other Limited Liability Corporations	122061	50234	95027
股份有限公司	Share-holding Corporations Ltd.	88111	36973	64653
私营企业	Private Enterprises	174650	50653	74757
私营独资企业	Private-funded Enterprises	2454	673	1065
私营合伙企业	Private Partnership Enterprises	314	92	134
私营有限责任公司	Private Limited Liability Corporations	153348	43766	62655
私营股份有限公司	Private Share-holding Corporations Ltd.	18534	6122	10903
其他企业	Other Enterprises	918	480	778
港澳台商投资企业	**Enterprises with Funds from Hong Kong, Macau and Taiwan**	**57155**	**18124**	**31086**
与港澳台商合资经营企业	Joint-venture Enterprises with Funds from Hong Kong, Macau and Taiwan	25310	7023	13559
与港澳台商合作经营企业	Cooperative Enterprises with Funds from Hong Kong, Macau and Taiwan	955	277	435
港澳台商独资经营企业	Enterprises with Sole Funds from Hong Kong, Macau and Taiwan	27492	9618	15025
港澳台商投资股份有限公司	Share-holding Corporations Ltd. with Funds from Hong Kong, Macau and Taiwan	3363	1199	2000
外商投资企业	**Foreign Funded Enterprises**	**66367**	**28044**	**43487**
中外合资经营企业	Joint-venture Enterprises	33604	13112	16552
中外合作经营	Cooperation Enterprises	956	458	337
外资企业	Enterprises with Sole Foreign Funds	29203	13076	23992
外商投资股份有限公司	Share-holding Corporations Ltd. with Foreign Funds	2552	1374	2574

2-24 按行业分规上工业企业专利(2013年)

Statistics on Patent of Industrial Enterprises above Designated Size by Industrial Sector (2013)

单位：件 (piece)

行业	Industry	专利申请数 Patent Applications	#发明专利 Inventions	有效发明专利数 Inventions In Force
总计	**Total**	**560918**	**205146**	**335401**
煤炭开采和洗选业	Mining and Washing of Coal	2857	708	835
石油和天然气开采业	Extraction of Petroleum and Natural Gas	2628	888	1198
黑色金属矿采选业	Mining of Ferrous Metal Ores	588	255	540
有色金属矿采选业	Mining of Non-ferrous Metal Ores	254	85	140
非金属矿采选业	Mining and Processing of Nonmetal Ores	387	179	221
农副食品加工业	Processing of Food from Agricultural Products	7344	3090	3221
食品制造业	Manufacture of Foods	5421	2147	3105
酒、饮料和精制茶制造业	Manufacture of Liquor, Beverages and Refined Tea	3863	937	1538
烟草制品业	Manufacture of Tobacco	2634	965	1168
纺织业	Manufacture of Textile	11457	2220	2587
纺织服装、服饰业	Manufacture of Textile, Apparel and Accessories	6347	946	1977
皮革、毛皮、羽毛及其制品和制鞋业	Manufacture of Leather, Fur, Feather and Related Products and Shoes	3538	604	712
木材加工和木、竹、藤、棕、草制品业	Processing of Timbers and Manufacture of Wood,Bamboo, Rattan, Palm and Straw	2603	687	1011
家具制造业	Manufacture of Furniture	4826	593	880
造纸和纸制品业	Manufacture of Paper and Paper Products	3278	1122	1282
印刷和记录媒介复制业	Printing,Reproduction of Recording Media	2867	882	1404
文教、工美、体育和娱乐用品制造业	Manufacture of Artworks, and Articles for Culture, Education, Sports and Recreation	10885	1331	3355
石油加工、炼焦和核燃料加工业	Processing of Petroleum ,Coking and Processing of Nucleus Fuel	1600	814	1710
化学原料和化学制品制造业	Manufacture of Chemical Raw Material and Chemical Products	27165	14883	22005
医药制造业	Manufacture of Medicines	17124	10475	19558
化学纤维制造业	Manufacture of Chemical Fiber	3177	1090	1288
橡胶和塑料制品业	Manufacture of Rubber and Plastic	15427	4168	6086
非金属矿物制品业	Manufacture of Non-metallic Mineral Products	15369	4932	8941
黑色金属冶炼和压延加工业	Manufacture and Processing of Ferrous Metals	13874	5767	7018
有色金属冶炼和压延加工业	Manufacture and Processing of Non-ferrous Metals	9022	3464	6753
金属制品业	Manufacture of Metal Products	18318	5152	9656
通用设备制造业	Manufacture of General Purpose Machinery	49305	14292	23994
专用设备制造业	Manufacture of Special Purpose Machinery	53037	17528	28145
汽车制造业	Manufacture of Motor Vehicles	38237	9041	14106
铁路、船舶、航空航天和其他运输设备制造业	Manufacture of Railway Equipment, Ships, Aerospace Equipment and Other Transport Equipment	19140	5897	9461
电气机械和器材制造业	Manufacture of Electrical Machinery and Equipment	78154	25283	38601
计算机、通信和其他电子设备制造业	Manufacture of Computer, Communication and Other Electronic Equipment	88960	50516	97994
仪器仪表制造业	Manufacture of Measuring Instrument and Meter	19507	5950	9236
其他制造业	Other Manufacturing	1751	630	933
金属制品、机械和设备修理业	Repaire Service of Metal Products, Machinery and Equipment	697	192	264
电力、热力生产和供应业	Production and Supply of Electric Power and Heat Power	17537	6742	3602
燃气生产和供应业	Production and Distribution of Gas	84	22	49
水的生产和供应业	Production and Distribution of Water	294	102	138

2-25 各地区规上工业企业专利(2013年)

Statistics on Patent of Industrial Enterprises above Designated Size by Region (2013)

单位：件 (piece)

地区	Region	专利申请数 Patent Applications	#发明专利 Inventions	有效发明专利数 Inventions in Force
全国	**National Total**	**560918**	**205146**	**335401**
东部地区	Eastern Region	397326	146574	249272
中部地区	Middle Region	91030	31523	44650
西部地区	Western Region	54132	19169	29229
东北地区	Northeast Region	18430	7880	12250
北京	Beijing	19210	9240	16402
天津	Tianjin	16302	6446	10191
河北	Hebei	9171	3054	4049
山西	Shanxi	5083	1807	3008
内蒙古	Inner Mongolia	2062	981	1444
辽宁	Liaoning	11628	5226	6923
吉林	Jilin	2520	971	2985
黑龙江	Heilongjiang	4282	1683	2342
上海	Shanghai	25738	11377	20140
江苏	Jiangsu	93518	33090	52718
浙江	Zhejiang	77067	15036	22578
安徽	Anhui	32909	10866	13582
福建	Fujian	18896	5475	7119
江西	Jiangxi	4893	1669	2333
山东	Shandong	40030	15254	18340
河南	Henan	14400	4182	6470
湖北	Hubei	16321	6119	8745
湖南	Hunan	17424	6880	10512
广东	Guangdong	96646	47213	97052
广西	Guangxi	4468	2234	1889
海南	Hainan	748	389	683
重庆	Chongqing	12221	2509	4792
四川	Sichuan	15713	5666	9043
贵州	Guizhou	3446	1516	1985
云南	Yunnan	2793	1167	2280
西藏	Tibet	9	8	32
陕西	Shaanxi	7258	3161	5449
甘肃	Gansu	2440	638	1028
青海	Qinghai	334	132	205
宁夏	Ningxia	1132	607	387
新疆	Xinjiang	2256	550	695

2-26 按企业规模及登记注册类型分规上工业企业技术获取和技术改造(2013年)

Technology Acquisition and Renovation of Industrial Enterprises above Designated Size by Scale and Registration Status (2013)

单位：万元 (10 000 yuan)

注册类型	Type of Registration	引进技术经费支出 Expenditure for Acquisition of Foreign Technology	消化吸收经费支出 Expenditure for Assimilation of Technology	购买国内技术经费支出 Expenditure for Purchase of Domestic Technology	技术改造经费支出 Expenditure for Technical Renovation
总　计	**Total**	**3939455**	**1505777**	**2143810**	**40721168**
#大型企业	Large-sized Industrial Enterprises	3214770	1224181	1487905	28001511
中型企业	Medium-sized Industrial Enterprises	521574	156980	407154	6948082
内资企业	**Domestic Funded**	**1651068**	**1012135**	**1774241**	**35267164**
国有企业	State-owned Enterprises	59438	33362	85381	2723227
集体企业	Collective-owned Enterprises	8137	1752	2400	129719
股份合作企业	Cooperative Enterprises	354	935	2252	37489
联营企业	Joint Ownership Enterprises	2135	3367	7050	36686
国有联营企业	State Joint Ownership Enterprises	2135	3348	7048	26893
集体联营企业	Collective Joint Ownership Enterprises		19	2	53
国有与集体联营企业	Joint State-collective Enterprises				
其他联营企业	Other Joint Ownership Enterprises				9740
有限责任公司	Limited Liability Corporations	838749	415222	789427	15287428
国有独资公司	State Sole Funded Corporations	179750	48413	209122	5146519
其他有限责任公司	Other Limited Liability Corporations	658999	366809	580305	10140909
股份有限公司	Share-holding Corporations Ltd.	517470	399307	612374	10090770
私营企业	Private Enterprises	223108	157658	273988	6913607
私营独资企业	Private-funded Enterprises	351	1098	5581	253728
私营合伙企业	Private Partnership Enterprises	50	47	1270	107862
私营有限责任公司	Private Limited Liability Corporations	178328	135434	252038	5757683
私营股份有限公司	Private Share-holding Corporations Ltd.	44379	21079	15098	794334
其他企业	Other Enterprises	1677	533	1369	48239
港澳台商投资企业	**Enterprises with Funds from Hong Kong, Macau and Taiwan**	**391464**	**63219**	**203305**	**2005972**
与港澳台商合资经营企业	Joint-venture Enterprises with Funds from Hong Kong, Macau and Taiwan	79216	28498	79324	1085979
与港澳台商合作经营企业	Cooperative Enterprises with Funds from Hong Kong, Macau and Taiwan	1739	321		13355
港澳台商独资经营企业	Enterprises with Sole Funds from Hong Kong, Macau and Taiwan	286907	27979	114222	827697
港澳台商投资股份有限公司	Share-holding Corporations Ltd. with Funds from Hong Kong, Macau and Taiwan	23531	6421	9760	78139
外商投资企业	**Foreign Funded Enterprises**	**1896923**	**430423**	**166264**	**3448032**
中外合资经营企业	Joint-venture Enterprises	1434868	335421	112808	2594610
中外合作经营	Cooperation Enterprises	4465	5	127	77452
外资企业	Enterprises with Sole Foreign Funds	443950	85664	33199	603064
外商投资股份有限公司	Share-holding Corporations Ltd. with Foreign Funds	12320	9333	20130	155099

2-27 按行业分规上工业企业技术获取和技术改造(2013年)

Technology Acquisition and Renovation of Industrial Enterprises above Designated Size by Industrial Sector (2013)

单位：万元 (10 000 yuan)

行 业	Industry	引进技术经费支出 Expenditure for Acquisition of Foreign Technology	消化吸收经费支出 Expenditure for Assimilation of Technology	购买国内技术经费支出 Expenditure for Purchase of Domestic Technology	技术改造经费支出 Expenditure for Technical Renovation
总 计	**Total**	**3939455**	**1505777**	**2143810**	**40721168**
煤炭开采和洗选业	Mining and Washing of Coal	75844	34409	49532	1414399
石油和天然气开采业	Extraction of Petroleum and Natural Gas			172	77054
黑色金属矿采选业	Mining of Ferrous Metal Ores		892	267	119173
有色金属矿采选业	Mining of Non-ferrous Metal Ores		474	673	309119
非金属矿采选业	Mining and Processing of Nonmetal Ores	214	1557	8390	46785
农副食品加工业	Processing of Food from Agricultural Products	9203	30213	41381	863295
食品制造业	Manufacture of Foods	35871	24350	14674	458947
酒、饮料和精制茶制造业	Manufacture of Liquor, Beverages and Refined Tea	7620	8275	18233	1013111
烟草制品业	Manufacture of Tobacco	35539	1218	51426	1165940
纺织业	Manufacture of Textile	32689	24435	26345	641345
纺织服装、服饰业	Manufacture of Textile, Apparel and Accessories	22784	8861	6351	134790
皮革、毛皮、羽毛及其制品和制鞋业	Manufacture of Leather, Fur, Feather and Related Products and Shoes	1145	2635	3506	96446
木材加工和木、竹、藤、棕、草制品业	Processing of Timbers and Manufacture of Wood, Bamboo, Rattan, Palm and Straw	9582	2626	15987	169867
家具制造业	Manufacture of Furniture	1831	881	974	29382
造纸和纸制品业	Manufacture of Paper and Paper Products	44843	17138	9147	571723
印刷和记录媒介复制业	Printing,Reproduction of Recording Media	2187	1372	8375	157826
文教、工美、体育和娱乐用品制造业	Manufacture of Artworks, and Articles for Culture, Education, Sports and Recreation	4444	3180	5126	96013
石油加工、炼焦和核燃料加工业	Processing of Petroleum ,Coking and Processing of Nucleus Fuel	47417	81951	83238	1941612
化学原料和化学制品制造业	Manufacture of Chemical Raw Material and Chemical Products	329861	74200	209437	4283922
医药制造业	Manufacture of Medicines	58131	63096	210435	1279734
化学纤维制造业	Manufacture of Chemical Fiber	31837	6097	40098	399316
橡胶和塑料制品业	Manufacture of Rubber and Plastic	27448	60326	21520	964375
非金属矿物制品业	Manufacture of Non-metallic Mineral Products	39017	28666	35896	1042016
黑色金属冶炼和压延加工业	Manufacture and Processing of Ferrous Metals	347126	169462	499501	5566461
有色金属冶炼和压延加工业	Manufacture and Processing of Non-ferrous Metals	101227	116518	99904	2199164
金属制品业	Manufacture of Metal Products	53786	16479	38068	594191
通用设备制造业	Manufacture of General Purpose Machinery	255016	142839	81066	1726285
专用设备制造业	Manufacture of Special Purpose Machinery	148634	28796	50757	1608786
汽车制造业	Manufacture of Motor Vehicles	1445774	276122	164382	2857836
铁路、船舶、航空航天和其他运输设备制造业	Manufacture of Railway Equipment, Ships, Aerospace Equipment and Other Transport Equipment	93400	31290	95806	1131632
电气机械和器材制造业	Manufacture of Electrical Machinery and Equipment	247883	111008	92077	2609753
计算机、通信和其他电子设备制造业	Manufacture of Computer, Communication and Other Electronic Equipment	372054	55871	112302	1793072
仪器仪表制造业	Manufacture of Measuring Instrument and Meter	43208	10135	14616	367257
其他制造业	Other Manufacturing	2472	826	1368	73142
金属制品、机械和设备修理业	Repaire Service of Metal Products, Machinery and Equipment	9516	1451	648	15749
电力、热力生产和供应业	Production and Supply of Electric Power and Heat Power	542	19338	21848	2638395
燃气生产和供应业	Production and Distribution of Gas	499	47735	9377	52586
水的生产和供应业	Production and Distribution of Water	810	69	271	154045

2-28 各地区规上工业企业技术获取和技术改造(2013年)

Technology Acquisition and Renovation of Industrial Enterprises above Designated Size by Region(2013)

单位：万元 (10 000 yuan)

地区	Region	引进技术经费支出 Expenditure for Acquisition of Foreign Technology	消化吸收经费支出 Expenditure for Assimilation of Technology	购买国内技术经费支出 Expenditure for Purchase of Domestic Technology	技术改造经费支出 Expenditure for Technical Renovation
全国	**National Total**	**3939455**	**1505777**	**2143810**	**40721168**
东部地区	Eastern Region	2872625	940922	1513665	20371955
中部地区	Middle Region	404725	261961	322886	10138792
西部地区	Western Region	577303	228629	219591	7622111
东北地区	Northeast Region	84803	74265	87669	2588309
北京	Beijing	378534	56993	31005	563558
天津	Tianjin	90122	54967	19139	699838
河北	Hebei	37942	23244	27413	1506605
山西	Shanxi	52934	26172	33536	1373318
内蒙古	Inner Mongolia	175464	60796	50884	569529
辽宁	Liaoning	56958	59725	68067	1572619
吉林	Jilin	8154	9141	6058	491323
黑龙江	Heilongjiang	19691	5400	13545	524368
上海	Shanghai	715265	221155	375849	1225008
江苏	Jiangsu	524639	204395	413175	6421401
浙江	Zhejiang	110385	52623	170628	2575455
安徽	Anhui	94508	62378	59579	1567789
福建	Fujian	228367	35244	188096	1279726
江西	Jiangxi	21542	28800	33158	801555
山东	Shandong	237143	215035	199070	3383764
河南	Henan	73915	37338	56089	1484443
湖北	Hubei	132124	47855	76637	955260
湖南	Hunan	29703	59418	63888	3956427
广东	Guangdong	548865	76239	64585	2557263
广西	Guangxi	3599	3605	12881	1223981
海南	Hainan	1362	1026	24705	159339
重庆	Chongqing	257159	35997	32485	1011701
四川	Sichuan	33892	23292	40736	1668756
贵州	Guizhou	1857	4729	7545	972508
云南	Yunnan	14043	9933	9608	406320
西藏	Tibet				
陕西	Shaanxi	22045	18969	9245	575814
甘肃	Gansu	39569	60150	29258	854909
青海	Qinghai	437	35	327	14953
宁夏	Ningxia	3160	2199	10432	233120
新疆	Xinjiang	26080	8924	16189	90522

各地区规模以上工业企业技术获取和技术改造情况（2014年）

Technology Acquisition and Renovation of Industrial Enterprises above Designated Size by Region (2014)

三、研究与开发机构

R&D Institutions

3-1 研究与开发机构基本情况

Basic Statistics on Scientific Research and Development Institutions

指标	Item	2005	2006	2007	2008	2009	2010	2011	2012	2013
机构基本情况	**Basic Statistics on Institutions**									
机构数（个）	Number of R&D Institutions(unit)	3901	3803	3775	3727	3707	3696	3673	3674	3651
#中央属	Subordinated to Central Level	679	673	674	678	691	686	686	710	711
地方属	Subordinated to Local Level	3222	3130	3101	3049	3016	3010	2987	2964	2940
研究与试验发展(R&D)投入情况	**Statistics on R&D Input**									
R&D人员（万人）	R&D Personnel(10 000 persons)	24.1	25.7	29.0	30.4	32.3	34.2	36.2	38.8	40.9
R&D人员全时当量（万人年）	Full-time Equivalent of R&D Personnel (10 000 man-year)	21.5	23.1	25.5	26.0	27.7	29.3	31.6	34.4	36.4
#基础研究	Basic Research	2.8	3.2	3.6	3.8	4.1	4.2	5.0	5.7	6.1
应用研究	Applied Research	8.3	8.9	9.3	9.7	10.3	10.9	11.3	12.1	13.0
试验发展	Experimental Development	10.4	11.0	12.6	12.5	13.4	14.2	15.2	16.5	17.3
R&D经费内部支出（亿元）	Intramural Expenditure on R&D (100 million yuan)	513.1	567.3	687.9	811.3	996.0	1186.4	1306.7	1548.9	1781.4
#基础研究	Basic Research	58.0	67.9	74.7	92.7	110.6	129.9	160.2	197.9	221.6
应用研究	Applied Research	176.3	196.2	227.1	271.3	350.9	387.6	417.2	469.3	525.8
试验发展	Experimental Development	278.7	303.2	386.1	447.2	534.4	668.9	729.3	881.7	1034.0
#政府资金	Government Funds	424.7	481.2	592.9	699.7	849.5	1036.5	1106.1	1292.7	1481.2
企业资金	Self-raised Funds by Enterprises	17.6	17.3	26.2	28.2	29.8	34.2	39.9	47.4	60.9
国外资金	Forein Funds	1.8	2.6	3.4	4.0	4.2	3.4	4.9	5.1	5.7
其他资金	Other Funds	68.1	66.1	65.3	79.3	112.4	112.2	155.8	203.8	233.5
研究与试验发展(R&D)项目(课题)情况	**Statistics on R&D Projects**									
R&D项目(课题)数（项）	R&D Projects(item)	39072	42262	49453	54900	61135	67050	70967	79343	85069
R&D项目(课题)人员全时当量（万人年）	Participants(10 000 man-year)	17.6	20.2	22.2	22.9	23.7	25.4	27.3	31.1	32.7
R&D项目(课题)经费内部支出（亿元）	Intramural Expenditure(100 million yuan)	353.5	365.4	451.7	537.7	579.8	681.5	807.1	1078.3	1221.7
科技产出及成果情况	**Statistics on S&T Outputs and Results**									
发表科技论文(篇)	Scientific Papers Issued(piece)	109995	118211	126527	132072	138119	140818	148039	158647	164440
#国外发表	Published in Foreign Periodicals	15638	17597	19596	21498	25882	26862	31598	35173	41072
出版科技著作（种）	Publication on Science and Technology(kind)	3578	3791	4134	4691	4788	3922	4292	4458	4619
专利申请受理数（件）	Number of Patents Applications Accepted (piece)	6814	8026	9802	12536	15773	19192	24059	30418	37040
#发明专利	Inventions	5064	6200	7782	9864	12361	14979	18227	23406	28628
专利申请授权数（件）	Number of Patents Applications Granted (piece)	3234	3499	4036	5048	6391	8698	12126	16551	20095
#发明专利	Inventions	2088	2191	2467	3102	4077	5249	7862	10935	12542

3-2 按隶属关系和学科分研究与开发机构R&D人员(2013年)
R&D Personnel in R&D Institutions by Subordination and Subject (2013)

项 目	Item	机构数(个) R&D Institutions (unit)	从业人员(人) Employed Persons (person)	R&D人员合计(人) R&D Personnel (person)	#女性 Female	#博士毕业 Doctor	#硕士毕业 Master	#本科毕业 Under-graduate
总 计		**3651**	**761963**	**409032**	**133880**	**62907**	**127070**	**147328**
按隶属关系分组	**by Subordination**							
中央部门属	Subordinated to Central Level	711	536040	320498	99594	53821	101613	109132
#中国科学院	Chinese Academy of Sciences	108	59821	89260	31360	33822	26233	19443
地方部门属	Subordi-nated to Local Level	2940	225923	88534	34286	9086	25457	38196
省级部门属	Provincial Level	1432	157152	70245	27996	8408	21817	29282
副省级城市部门属	Sub-provincial Cities Level	194	13341	2968	1143	223	853	1419
地市级部门属	Miniciple Level	1314	55430	15321	5147	455	2787	7495
按门类学科分组	**by Subject**							
自然科学	Natural sciences	270	62636	74391	26315	26394	21138	18143
农业科学	Agricultural Sciences	1279	102108	52240	18450	6692	14148	20592
医药科学	Medical Science	296	57131	25338	13087	4086	7312	9883
工程与技术科学	Engineering and Technological Sciences	1148	502664	240333	69034	21951	79572	92521
人文与社会科学	Humanities and Social Sciences	658	37424	16730	6994	3784	4900	6189

项 目	Item	#全时人员 Full-time Personnel	R&D人员全时当量(人年) Full-time Equivalent of R&D Personnel (man-year)	#研究人员 Resear-chers	基础研究 Basic Research	应用研究 Applied Research	试验发展 Experi-mental Develop-ment
总 计		**329293**	**363691**	**235910**	**60852**	**129684**	**173155**
按隶属关系分组	**by Subordination**						
中央部门属	Subordinated to Central Level	264032	286891	192175	52068	106757	128066
#中国科学院	Chinese Academy of Sciences	60471	72186	45979	30126	34826	7234
地方部门属	Subordi-nated to Local Level	65261	76800	43735	8784	22927	45089
省级部门属	Provincial Level	51962	61110	35619	8256	20477	32377
副省级城市部门属	Sub-provincial Cities Level	2040	2463	1408	97	715	1651
地市级部门属	Miniciple Level	11259	13227	6708	431	1735	11061
按门类学科分组	**by Subject**						
自然科学	Natural sciences	51247	61255	38962	28711	23300	9244
农业科学	Agricultural Sciences	40190	45752	24809	4271	9196	32285
医药科学	Medical Science	17363	21608	11781	4566	10217	6825
工程与技术科学	Engineering and Technological Sciences	207074	220243	149307	18906	79886	121451
人文与社会科学	Humanities and Social Sciences	13419	14833	11051	4398	7085	3350

3-3 各地区研究与开发
R&D Personnel in R&D

地　区	Region	机构数(个) R&D Institutions (unit)	从业人员(人) Employed Persons (person)	R&D人员合计(人) R&D Personnel (person)	#女性 Female	#博士毕业 Doctor
全　国	**National Total**	**3651**	**761963**	**409032**	**133880**	**62907**
东部地区	Eastern Region	1428	381561	218964	75640	44652
中部地区	Middle Region	785	124502	61116	17557	5359
西部地区	Western Region	987	206099	98403	30827	8469
东北地区	Northeast Region	451	49801	30549	9856	4427
北　京	Beijing	380	163135	107796	39486	28099
天　津	Tianjin	58	15036	8996	3226	633
河　北	Hebei	76	19569	8193	2209	377
山　西	Shanxi	164	16512	7127	2232	403
内蒙古	Inner Mongolia	97	9145	3825	1237	225
辽　宁	Liaoning	164	21343	14482	4178	2267
吉　林	Jilin	109	13216	8746	2688	1696
黑龙江	Heilongjiang	178	15242	7321	2990	464
上　海	Shanghai	136	45650	30844	9842	5300
江　苏	Jiangsu	143	51258	23447	6917	3171
浙　江	Zhejiang	101	24790	6295	1919	1192
安　徽	Anhui	108	20302	10406	2798	1771
福　建	Fujian	93	7127	4382	1400	805
江　西	Jiangxi	116	12536	5762	1571	187
山　东	Shandong	224	23093	12893	4727	2066
河　南	Henan	116	27179	13777	3752	573
湖　北	Hubei	149	31149	15960	4553	2010
湖　南	Hunan	132	16824	8084	2651	415
广　东	Guangdong	186	26774	14868	5501	2728
广　西	Guangxi	120	11123	4769	1779	296
海　南	Hainan	31	5129	1250	413	281
重　庆	Chongqing	31	15096	5818	1837	481
四　川	Sichuan	169	71642	29309	7994	2413
贵　州	Guizhou	78	5933	3319	1090	474
云　南	Yunnan	101	10979	7153	2931	968
西　藏	Tibet	16	1292	386	139	14
陕　西	Shaanxi	111	60853	31462	9787	1243
甘　肃	Gansu	107	10768	6899	2027	1476
青　海	Qinghai	25	1133	1016	336	266
宁　夏	Ningxia	21	858	526	188	26
新　疆	Xinjiang	111	7277	3921	1482	587

机构R&D人员(2013年)
Institutions by Region(2013)

#硕士毕业 Master	#本科毕业 Undergraduate	#全时人员 Full-time Personnel	R&D人员全时当量(人年) Full-time Equivalent of R&D Personnel (man-year)	#研究人员 Researchers	基础研究 Basic Research	应用研究 Applied Research	试验发展 Experimental Development
127070	**147328**	**329293**	**363691**	**235910**	**60852**	**129684**	**173155**
71476	71855	176180	194794	125061	36382	74990	83422
17754	23635	48853	53172	34680	7047	17908	28217
28687	39429	79888	88797	60420	13435	27365	47997
9153	12409	24372	26928	15749	3988	9421	13519
35620	29930	88735	96249	62374	22432	34834	38983
2493	3921	8092	8572	4889	679	3990	3903
2271	4171	6669	7516	6085	1114	4748	1654
1635	3433	5279	5735	3413	499	2333	2903
1043	1808	2311	3110	1965	284	956	1870
4417	5264	11411	12575	8003	1642	5137	5796
2635	3195	6053	7270	3215	891	2346	4033
2101	3950	6908	7083	4531	1455	1938	3690
10015	10427	25618	28743	16563	3957	12217	12569
8043	9157	19858	21390	15191	1783	7694	11913
2232	2318	4192	5093	3250	427	1798	2868
3265	3734	8847	9675	6228	2170	3422	4083
1405	1585	2649	3341	1398	825	1278	1238
1101	3039	4866	5130	3604	289	1463	3378
3797	5112	10232	11290	7625	2248	4439	4603
3844	4542	9768	11126	6806	642	2868	7616
5709	5652	12912	13885	10265	2995	6195	4695
2200	3235	7181	7621	4364	452	1627	5542
5188	4940	9083	11542	7186	2723	3750	5069
1393	1942	2856	3805	2021	490	1343	1972
412	294	1052	1058	500	194	242	622
1742	2455	4452	5139	3310	584	2283	2272
8784	11100	23692	26236	18767	3709	7428	15099
718	1578	2490	2842	1739	802	619	1421
1961	3117	5413	6186	3892	1717	1990	2479
102	183	372	380	230	58	114	208
9047	12547	28581	30128	20934	2342	9168	18618
2039	2630	5854	6543	4364	2485	1785	2273
282	331	585	698	512	307	246	145
214	226	469	504	353	130	180	194
1362	1512	2813	3226	2333	527	1253	1446

3-4 各地区地方部门属研究与

R&D Personnel in R&D Institutions on

地区	Region	机构数(个) R&D Institutions (unit)	从业人员(人) Employed Persons (person)	R&D人员合计(人) R&D Personnel (person)	#女性 Female	#博士毕业 Doctor
全国	**National Total**	**2940**	**225923**	**88534**	**34286**	**9086**
东部地区	Eastern Region	924	80525	33320	13607	5466
中部地区	Middle Region	719	46289	17094	5844	1217
西部地区	Western Region	874	70020	26157	9849	1748
东北地区	Northeast Region	423	29089	11963	4986	655
北京	Beijing	50	7182	3730	1841	879
天津	Tianjin	40	3252	1600	752	230
河北	Hebei	68	3885	1370	549	127
山西	Shanxi	157	9750	2439	825	133
内蒙古	Inner Mongolia	90	6262	2469	975	139
辽宁	Liaoning	149	8698	2814	1055	191
吉林	Jilin	103	9108	3592	1437	208
黑龙江	Heilongjiang	171	11283	5557	2494	256
上海	Shanghai	84	8388	3030	1391	891
江苏	Jiangsu	114	12138	4628	1879	865
浙江	Zhejiang	87	7169	2604	991	542
安徽	Anhui	99	4564	2660	879	168
福建	Fujian	89	5614	2491	793	210
江西	Jiangxi	113	8941	2893	883	172
山东	Shandong	213	18001	7859	3154	983
河南	Henan	103	6365	2112	758	220
湖北	Hubei	121	7138	2633	937	276
湖南	Hunan	126	9531	4357	1562	248
广东	Guangdong	160	12863	5766	2175	723
广西	Guangxi	118	10043	4207	1676	269
海南	Hainan	19	2033	242	82	16
重庆	Chongqing	24	9109	3049	1018	308
四川	Sichuan	141	11883	2994	1133	315
贵州	Guizhou	71	3833	1590	581	127
云南	Yunnan	91	6634	3914	1653	175
西藏	Tibet	16	1292	386	139	14
陕西	Shaanxi	74	6216	1615	647	115
甘肃	Gansu	97	6849	2707	882	127
青海	Qinghai	23	665	233	73	9
宁夏	Ningxia	21	858	526	188	26
新疆	Xinjiang	108	6376	2467	884	124

开发机构R&D人员(2013年)

Local Governments by Region (2013)

#硕士毕业 Master	#本科毕业 Undergraduate	#全时人员 Full-time Personnel	R&D人员全时当量(人年) Full-time Equivalent of R&D Personnel (man-year)	#研究人员 Researchers	基础研究 Basic Research	应用研究 Applied Research	试验发展 Experimental Development
25457	**38196**	**65261**	**76800**	**43735**	**8784**	**22927**	**45089**
10723	12339	23728	28343	16638	3392	10310	14641
4129	7529	13384	15124	8481	1388	3727	10009
7271	12275	18273	22373	12757	2629	6361	13383
3334	6053	9876	10960	5859	1375	2529	7056
1143	1191	2743	3200	1550	585	1172	1443
500	694	1075	1326	834	103	340	883
418	657	997	1211	858	86	212	913
668	1183	1616	1938	895	204	474	1260
604	1234	1246	1968	934	157	399	1412
903	1325	1855	2388	1296	175	332	1881
813	1705	2619	3080	1290	202	565	2313
1618	3023	5402	5492	3273	998	1632	2862
919	845	2433	2753	1689	71	1515	1167
1855	1392	3351	4165	2438	114	1744	2307
1062	769	1389	1920	1159	275	624	1021
639	1149	2211	2432	1376	270	824	1338
760	1196	1620	2006	871	199	640	1167
639	1243	2286	2550	1463	286	719	1545
2268	3405	6389	7035	4485	1296	2635	3104
511	940	1848	1996	1313	148	252	1596
753	1081	1794	2170	1244	177	693	1300
919	1933	3629	4038	2190	303	765	2970
1734	2093	3514	4510	2654	663	1385	2462
1188	1643	2538	3487	1753	384	1229	1874
64	97	217	217	100		43	174
943	1341	1962	2600	1248	255	743	1602
752	1451	2036	2466	1615	149	368	1949
465	738	1276	1433	931	303	385	745
1034	1958	2882	3244	1782	371	1016	1857
102	183	372	380	230	58	114	208
473	763	1003	1338	799	196	405	737
621	1483	2440	2593	1475	284	768	1541
41	118	197	215	110	76	101	38
214	226	469	504	353	130	180	194
834	1137	1852	2145	1527	266	653	1226

3-5 按服务的国民经济行业分研究与

R&D Personnel in R&D Institutions by Industrial Sector

行 业	Industry	机构数（个） R&D Institutions (unit)	从业人员（人） Employed Persons (person)	R&D人员合计（人） R&D Personnel (person)
总 计	**Total**	**3651**	**761963**	**409032**
农、林、牧、渔服务业小计	**Farming, Forestry, Animal Husbandry and Fishery**	**1215**	**97175**	**50528**
农 业	Farming	566	54526	30119
林 业	Forestry	190	10849	5107
畜牧业	Animal Husbandry	79	7601	3988
渔 业	Fishery	63	4678	2330
农、林、牧、渔服务业	Service Activities for Agriculture, Forestry, Farming of Animals and Fishing	317	19521	8984
采矿业小计	**Mining**	**10**	**2061**	**1254**
煤炭开采和洗选业	Mining and Washing of Coal	6	498	118
有色金属矿采选业	Mining of Non-ferrous Metal Ores	3	1544	1118
其他采矿业	Other Minerals Mining and Dressing	1	19	18
制造业小计	**Manufacturing**	**357**	**28410**	**13435**
农副食品加工业	Processing of Food from Agricultural Products	37	2626	1305
食品制造业	Manufacture of Foods	11	498	193
酒、饮料和精制茶制造业	Manufacture of Liquor, Beverages and Refined Tea	2	172	34
烟草制品业	Manufacture of Tobacco	1	29	
纺织业	Manufacture of Textile	8	352	25
纺织服装、服饰业	Manufacture of Textile, Apparel and Accessories	6	128	23
皮革、毛皮、羽毛及其制品和制鞋业	Manufacture of Leather, Fur, Feather and Related Products and Shoes	2	33	
木材加工及木、竹、藤、棕、草制品业	Processing of Timbers and Manufacture of Wood, Bamboo, Rattan, Palm and Straw	2	215	217
家具制造业	Manufacture of Furniture	1	19	12
造纸及纸制品业	Manufacture of Paper and Paper Products	2	97	32
印刷和记录媒介复制业	Printing,Reproduction of Recording Media	4	83	
文教、工美、体育和娱乐用品制造业	Manufacture of Artworks, and Articles for Culture, Education, Sports and Recreation	9	168	12
石油加工、炼焦及核燃料加工业	Processing of Petroleum ,Coking and Processing of Nucleus Fuel	2	34	7
化学原料及化学制品制造业	Manufacture of Chemical Raw Material and Chemical Products	37	3046	1729
医药制造业	Manufacture of Medicines	53	7230	4812
化学纤维制造业	Manufacture of Chemical Fiber	4	141	71
塑料制品业	Manufacture of Rubber and Plastic	6	291	104
非金属矿物制品业	Manufacture of Non-metallic Mineral Products	20	1372	153
黑色金属冶炼及压延加工业	Manufacture and Processing of Ferrous Metals	4	140	44

开发机构R&D人员(2013年)

in which the R&D Institutions Served (2013)

#女性 Female	#博士毕业 Doctor	#硕士毕业 Master	#本科毕业 Under-graduate	#全时人员 Full-time Personnel	R&D人员全时当量(人年) Full-time Equivalent of R&D Personnel (man-year)	#研究人员 Researchers	基础研究 Basic Research	应用研究 Applied Research	试验发展 Experimental Development
133880	**61416**	**127070**	**147328**	**329293**	**363691**	**235910**	**60852**	**129684**	**173155**
17925	**6432**	**13746**	**19878**	**38722**	**44251**	**24244**	**4380**	**8787**	**31084**
10767	3307	8440	11859	23620	26562	14592	2475	4845	19242
1929	711	1128	2288	3454	4187	2083	328	879	2980
1348	504	966	1579	2972	3448	1747	289	866	2293
661	386	690	811	1753	2075	1273	307	596	1172
3220	1524	2522	3341	6923	7979	4549	981	1601	5397
394	**121**	**466**	**585**	**636**	**993**	**447**	**30**	**27**	**936**
20	4	18	68	59	94	51		7	87
363	116	442	509	559	881	386	24	18	839
11	1	6	8	18	18	10	6	2	10
4735	**2148**	**3818**	**5245**	**9648**	**11686**	**6561**	**1551**	**4332**	**5803**
520	117	326	622	953	1084	552	56	141	887
95	29	64	85	151	171	123	60	51	60
14	5	19	8	11	31	12	1	22	8
6		4	6	20	23	15			23
		1	16	19	19	10		13	6
75	12	47	103	184	202	105	18	58	126
3			8	9	12	8		12	
10		4	24	25	31	10			31
7			5	12	12	7		12	
4			3	7	7	4			7
410	336	242	450	1045	1432	1056	502	514	416
2283	943	1417	1830	3411	4044	2237	676	1444	1924
28	1	5	28	59	65	26			65
29	5	35	50	82	94	45	3	11	80
38	5	42	84	90	137	50			137
13		1	31	30	36	20			36

3-5 续表 1

行　业	Industry	机构数（个） R&D Institutions (unit)	从业人员（人） Employed Persons (person)	R&D 人员合计（人） R&D Personnel (person)
有色金属冶炼和压延加工业	Manufacture and Processing of Non-ferrous Metals	2	130	33
金属制品业	Manufacture of Metal Products	1	51	38
通用设备制造业	Manufacture of General Purpose Machinery	25	2327	166
专用设备制造业	Manufacture of Special Purpose Machinery	76	5998	2482
汽车制造业	Manufacture of Motor Vehicles	2	123	23
铁路、船舶、航空航天和其他运输设备制造业	Manufacture of Railway, Ships, Aerospace and Other Transport Equipment	1	219	185
电气机械和器材制造业	Manufacture of Electrical Machinery and Equipment	4	94	68
计算机、通信和其他电子设备制造业	Manufacture of Computer, Communication and Other Electronic Equipment	20	1855	1288
仪器仪表制造业	Manufacture of Measuring Instrument and Meter	14	937	379
其他制造业	Other Manufacturing	1	2	
电力、热力、燃气及水生产和供应业小计	**Production and Distribution of Electricity, Gas and Water**	**11**	**1879**	**662**
电力、热力的生产和供应业	Production and Supply of Electric Power and Heat Power	8	1718	618
燃气生产和供应业	Production and Distribution of Gas	2	146	44
水的生产和供应业	Production and Distribution of Water	1	15	
建筑业小计	**Construction**	**41**	**7390**	**1066**
房屋建筑业	Construction of Building	23	4047	348
土木工程建筑业	Construction of Civil Engineering	14	3172	611
建筑安装业	Construction Installation			
建筑装饰和其他建筑业	Building Decoration and Other Construction	4	171	107
批发和零售业小计	**Wholesale and Retail Trade**	**3**	**71**	**2**
批发业	Wholesale	2	42	
零售业	Retail trade	1	29	2
交通运输、仓储和邮政业小计	**Traffic,Transport, Storage and Post**	**21**	**3129**	**1167**
铁路运输业	Railway Transportation	2	104	50
道路运输业	Transport via Road	14	2037	729
水上运输业	Water Transport	3	677	213
航空运输业	Air Transport	1	203	175
装卸搬运和运输代理业	Loading, Unloading, Portage and Other Transport Services	1	108	
信息传输、软件和信息技术服务业小计	**Information Transfer,Software and Information Technology Services**	**44**	**3818**	**2154**
电信、广播电视和卫星传输服务	Telecommunications, Broadcasting,Television and Satellite Transmission Services	16	1571	810
互联网和相关服务	Internet and Related Services	5	264	17
软件和信息技术服务业	Software and Information Technology Services	23	1983	1327

continued

#女性 Female	#博士毕业 Doctor	#硕士毕业 Master	#本科毕业 Under-graduate	#全时人员 Full-time Personnel	R&D人员全时当量(人年) Full-time Equivalent of R&D Personnel (man-year)	#研究人员 Researchers	基础研究 Basic Research	应用研究 Applied Research	试验发展 Experimental Development
13		5	27	14	17	7			17
13	5	10	14	38	38	33	13	16	9
45	24	47	82	109	147	69		61	86
559	178	735	1319	1897	2288	1048	29	609	1650
12		1	20	2	6	2			6
58	34	103	32	92	177	124	1	176	
20	24	27	12	59	59	58	10	31	18
407	383	551	256	1027	1221	737	144	1030	47
73	47	132	130	302	333	203	38	131	164
230	**278**	**178**	**168**	**522**	**594**	**341**	**49**	**183**	**362**
219	274	163	147	487	553	313	39	172	342
11	4	15	21	35	41	28	10	11	20
263	**94**	**364**	**484**	**590**	**798**	**449**	**15**	**150**	**633**
69	25	102	190	210	258	146	5	40	213
152	55	215	267	297	448	231	10	103	335
42	14	47	27	83	92	72		7	85
			2	**2**	**2**	**1**			**2**
			2	2	2	1			2
339	**166**	**476**	**444**	**880**	**1012**	**727**	**13**	**132**	**867**
6	3	9	29	46	47	20			47
174	88	290	288	558	631	475	5	73	553
94	15	115	75	176	185	156		19	166
65	60	62	52	100	149	76	8	40	101
677	**425**	**871**	**758**	**1597**	**1853**	**1208**	**138**	**793**	**922**
296	83	330	351	607	701	508		36	665
4		7	8	17	17	10		3	14
377	342	534	399	973	1135	690	138	754	243

3-5 续表 2

行　业	Industry	机构数（个） R&D Institutions (unit)	从业人员（人） Employed Persons (person)	R&D人员合计（人） R&D Personnel (person)
金融业小计	**Finance**	**2**	**41**	**17**
货币金融服务	Monetary Financial Services	2	41	17
房地产业小计	**Real Estate**	**2**	**46**	
房地产业	Real Estate	2	46	
租赁和商务服务业小计	**Tenancy and Business Services**	**9**	**194**	**32**
商务服务业	Business Service	9	194	32
科学研究和技术服务业小计	**Scientific Research, Technical Service**	**1277**	**536160**	**307736**
研究和试验发展	Research and Experimental Development	723	480724	285932
专业技术服务业	Professional Technique Services	370	47673	18575
科技推广和应用服务业	Technique Generalization and Application Services	184	7763	3229
水利、环境和公共设施管理业小计	**Management of Water Conservancy, Environment and Public Establishment**	**222**	**20840**	**8514**
水利管理业	Management of Water Conservancy	81	8486	2973
生态保护和环境治理业	Environmental Management	129	11457	5345
公共设施管理业	Management of Public Establishment	12	897	196
居民服务、修理和其他服务业小计	**Resident Services and Other Services**	**4**	**127**	**36**
居民服务业	Resident Services	2	82	36
机动车、电子产品和日用产品修理业	Repair of Motor Vehicles, Electronics and Household Appliances	2	45	
教育小计	**Education**	**39**	**2469**	**666**
教　育	Education	39	2469	666
卫生和社会工作小计	**Sanitation and Social Works**	**237**	**46689**	**17404**
卫　生	Sanitation	237	46689	17404
文化、体育和娱乐业小计	**Culture, Sports and Entertainment**	**87**	**4844**	**1769**
新闻和出版业	Journalism and Publishing Activities	2	207	89
广播、电视、电影和影视录音制作业	Broadcasting, Television,Movies,Videos and Sound Recording	1	42	14
文化艺术业	Culture and Art	53	3360	1232
体　育	Sports Activities	30	1141	342
娱乐业	Entertainment	1	94	92
公共管理、社会保障和社会组织小计	**Public Management and Social Organization**	**70**	**6620**	**2590**
中国共产党机关	Chinese Communist Party Organs	2	32	9
国家机构	Organ of State	67	6574	2581
群众团体、社会团体和其他成员组织	Mass Communities, Social Communities and Religion Organizations	1	14	

continued

#女性 Female	#博士毕业 Doctor	#硕士毕业 Master	#本科毕业 Under-graduate	#全时人员 Full-time Personnel	R&D人员全时当量(人年) Full-time Equivalent of R&D Personnel (man-year)	#研究人员 Researchers	基础研究 Basic Research	应用研究 Applied Research	试验发展 Experimental Development
7	**1**	**6**	**9**	**17**	**17**	**15**		**13**	**4**
7	1	6	9	17	17	15		13	4
17		**10**	**19**	**29**	**32**	**15**			**32**
17		10	19	29	32	15			32
95140	**46424**	**97532**	**108173**	**254774**	**275864**	**186409**	**50034**	**103970**	**121860**
88033	42490	90247	100324	239210	257350	176076	47106	97576	112668
6068	3209	6322	6678	13177	15652	8768	2620	5160	7872
1039	725	963	1171	2387	2862	1565	308	1234	1320
3011	**2034**	**3169**	**2571**	**6447**	**7488**	**4436**	**450**	**2607**	**4431**
758	345	1071	1232	2224	2721	1546	115	653	1953
2167	1649	2043	1261	4066	4597	2800	334	1922	2341
86	40	55	78	157	170	90	1	32	137
17	**3**	**14**	**15**	**31**	**33**	**8**		**6**	**27**
17	3	14	15	31	33	8		6	27
286	**118**	**205**	**288**	**434**	**556**	**351**	**50**	**207**	**299**
286	118	205	288	434	556	351	50	207	299
9132	**2573**	**5038**	**6917**	**11611**	**14744**	**8394**	**3376**	**7150**	**4218**
9132	2573	5038	6917	11611	14744	8394	3376	7150	4218
714	**103**	**444**	**830**	**1440**	**1566**	**886**	**532**	**552**	**482**
47	4	33	45	85	87	67			87
5	1	5	6	8	10	6			10
478	55	266	579	1031	1113	581	511	422	180
140	36	116	153	234	270	174	14	96	160
44	7	24	47	82	86	58	7	34	45
993	**496**	**733**	**942**	**1913**	**2202**	**1418**	**234**	**775**	**1193**
4	2	3	4	9	9	9		9	
989	494	730	938	1904	2193	1409	234	766	1193

3-6 按隶属关系和学科分研究与开发

Intramural Expenditure on R&D of R&D Institutions

单位: 万元

项 目	Item	R&D经费内部支出 Intramural Expenditure on R&D	基础研究 Basic Research	应用研究 Applied Research	试验发展 Experimental Development
总 计	**Total**	**17813972**	**2215884**	**5258360**	**10339728**
按隶属关系分组	**by Subordination**				
中央部门属	Subordinated to Central Level	16066903	2028537	4775161	9263205
#中国科学院	Chinese Academy of Sciences	3532106	1320357	1779150	432600
地方部门属	Subordi-nated to Local Level	1747069	187348	483200	1076522
省级部门属	Provincial Level	1522777	177493	445296	899989
副省级城市部门属	Sub-provincial Cities Level	55409	1982	14826	38601
地市级部门属	Miniciple Level	168883	7873	23078	137932
按门类学科分组	**by Subject**				
自然科学	Natural sciences	2911188	1230692	1188902	491594
农业科学	Agricultural Sciences	1170155	108473	225569	836114
医药科学	Medical Science	628487	126963	256430	245094
工程与技术科学	Engineering and Technological Sciences	12748403	637415	3431095	8679894
人文与社会科学	Humanities and Social Sciences	355738	112342	156365	87031

机构R&D经费内部支出(2013年)
by Subordination and Subject (2013)

(10 000 yuan)

日常性支出 Routine Expenses	#人员劳务费 Labor Cost	资产性支出 Assets Expenditure	#仪器和设备支出 Equipment	政府资金 Government Funds	企业资金 Self-raised Funds by Enterprises	国外资金 Foreign Funds	其他资金 Other Funds
13450555	**3445389**	**4363417**	**2585563**	**14812277**	**609493**	**56716**	**2335487**
12062159	2763605	4004744	2343652	13418506	551808	42515	2054074
2489745	851689	1042362	697603	3059134	215664	34612	222697
1388397	681785	358673	241912	1393771	57685	14201	281413
1195151	567182	327626	223511	1203071	53915	14139	251653
45095	23492	10314	6986	42177	455	22	12756
148150	91111	20733	11415	148523	3316	40	17004
2045982	688568	865207	592277	2587182	109594	25229	189183
950562	414300	219593	126200	1042003	26031	8259	93862
438171	217449	190316	123045	457096	20169	14252	136970
9697415	1993104	3050989	1715673	10401924	445029	6225	1895225
318426	131968	37313	28368	324071	8670	2750	20247

3-7 各地区研究与开发机构R&D

Intramural Expenditure on R&D of R&D

单位：万元

地　区	Region	R&D经费内部支出 Intramural Expenditure on R&D	基础研究 Basic Research	应用研究 Applied Research	试验发展 Experimental Development
全　国	**National Total**	**17813972**	**2215884**	**5258360**	**10339728**
东部地区	Eastern Region	10871870	1478700	3157055	6236115
中部地区	Middle Region	1671341	201222	629401	840718
西部地区	Western Region	4137175	435748	1063636	2637790
东北地区	Northeast Region	1133587	100215	408268	625104
北　京	Beijing	6023924	841732	1545116	3637076
天　津	Tianjin	416214	23249	113682	279282
河　北	Hebei	259904	27489	180962	51453
山　西	Shanxi	144749	10231	61042	73476
内蒙古	Inner Mongolia	87587	19217	26025	42345
辽　宁	Liaoning	564612	54073	266165	244374
吉　林	Jilin	260995	15711	103115	142169
黑龙江	Heilongjiang	307980	30430	38989	238561
上　海	Shanghai	1925405	256514	560263	1108628
江　苏	Jiangsu	1018787	96907	327954	593927
浙　江	Zhejiang	241705	15327	89019	137359
安　徽	Anhui	364642	73112	107696	183834
福　建	Fujian	107754	29210	46799	31746
江　西	Jiangxi	122711	3499	30564	88648
山　东	Shandong	397837	95799	138844	163194
河　南	Henan	300012	16109	73513	210390
湖　北	Hubei	570923	90633	323505	156784
湖　南	Hunan	168305	7638	33082	127586
广　东	Guangdong	447986	86750	150535	210701
广　西	Guangxi	129585	18189	46658	64738
海　南	Hainan	32354	5722	3881	22751
重　庆	Chongqing	127825	9251	57079	61495
四　川	Sichuan	1679334	160631	442707	1075996
贵　州	Guizhou	62053	30147	10590	21316
云　南	Yunnan	190516	51083	47143	92290
西　藏	Tibet	13284	891	2494	9900
陕　西	Shaanxi	1548747	54807	350359	1143580
甘　肃	Gansu	188770	67956	43101	77713
青　海	Qinghai	16799	7733	5100	3966
宁　夏	Ningxia	10425	2244	3236	4945
新　疆	Xinjiang	82251	13601	29144	39506

经费内部支出(2013年)

Institutions by Region (2013)

(10 000 yuan)

日常性支出 Routine Expenses	# 人员劳务费 Labor Cost	资产性支出 Assets Expenditure	# 仪器和设备支出 Equipment	政府资金 Government Funds	企业资金 Self-raised Funds by Enterprises	国外资金 Foreign Funds	其他资金 Other Funds
13450555	**3445389**	**4363417**	**2585563**	**14812277**	**609493**	**56716**	**2335487**
8438806	2063716	2433064	1463635	9174033	363804	39286	1294747
1238757	382514	432584	272692	1336521	84580	1510	248730
2959302	742985	1177873	690585	3301290	104137	10975	720774
813691	256174	319896	158652	1000433	56974	4945	71235
4775244	1037646	1248680	794287	5317749	156745	19098	530332
276994	64613	139220	66105	347988	5591		62635
213631	58958	46273	19373	232557	516	3	26828
95900	37172	48848	28856	121974	7617	46	15111
68740	22973	18847	6845	69562	7876		10149
427020	135908	137592	65509	492777	51794	2828	17214
179347	66426	81648	42657	217801	3252	1012	38930
207325	53841	100655	50485	289856	1927	1106	15092
1501456	345160	423949	277947	1676936	77930	8715	161824
825532	201976	193255	127754	625051	60282	905	332550
162253	53182	79452	32762	198168	15959	183	27395
281196	79139	83445	48305	314244	13978	133	36287
71313	43035	36441	20864	86958	6048	21	14727
89484	30756	33227	23730	113177	70	29	9435
283648	104824	114190	46978	348406	14364	1045	34023
227503	77935	72509	56634	216012	4879	3	79117
422175	110899	148748	83634	456873	25584	1167	87299
122498	46612	45808	31534	114242	32452	131	21481
301491	137624	146495	73688	309440	26192	9316	103038
103426	42591	26159	20623	85297	2027	79	42182
27244	16699	5110	3879	30781	178		1395
77531	29638	50294	27302	89187	6999	223	31417
1087469	245488	591865	384021	1212518	40645	676	425495
40254	18559	21799	7113	36589	6476	197	18791
141661	46583	48855	31724	152083	15274	3630	19529
9111	5715	4173	2335	13178			107
1200300	243259	348447	157710	1384390	11380		152977
138922	48901	49848	37420	166147	10459	533	11631
13236	6955	3562	2938	14299	1575		925
8474	4346	1951	1951	9631		19	776
70178	27976	12073	10605	68409	1427	5617	6798

3-8 各地区地方部门属研究与开发

Intramural Expenditure on R&D in Local

单位：万元

地 区	Region	R&D经费内部支出 Intramural Expenditure on R&D	基础研究 Basic Research	应用研究 Applied Research	试验发展 Experimental Development
全 国	**National Total**	**1747069**	**187348**	**483200**	**1076522**
东部地区	Eastern Region	828811	82593	269785	476434
中部地区	Middle Region	221093	24438	48197	148458
西部地区	Western Region	493335	61365	131068	300902
东北地区	Northeast Region	203830	18952	34150	150728
北 京	Beijing	105488	14999	32125	58364
天 津	Tianjin	45678	2813	10783	32082
河 北	Hebei	29350	1466	4972	22912
山 西	Shanxi	34559	5802	8050	20708
内 蒙 古	Inner Mongolia	48031	6771	11867	29393
辽 宁	Liaoning	60454	3323	6109	51021
吉 林	Jilin	48188	1900	6402	39887
黑 龙 江	Heilongjiang	95188	13729	21639	59820
上 海	Shanghai	76404	5532	37286	33585
江 苏	Jiangsu	133787	1709	42451	89627
浙 江	Zhejiang	79903	9980	22001	47921
安 徽	Anhui	42856	6190	13159	23507
福 建	Fujian	42623	3400	12043	27180
江 西	Jiangxi	32081	3473	8000	20608
山 东	Shandong	143785	19413	54773	69598
河 南	Henan	27674	3063	2099	22513
湖 北	Hubei	37238	3224	11444	22570
湖 南	Hunan	46684	2686	5446	38552
广 东	Guangdong	166141	23280	52502	90359
广 西	Guangxi	112713	16014	41281	55418
海 南	Hainan	5654		848	4805
重 庆	Chongqing	60171	2921	14348	42901
四 川	Sichuan	51169	3080	6303	41786
贵 州	Guizhou	15890	2354	4028	9508
云 南	Yunnan	74043	9168	18211	46664
西 藏	Tibet	13284	891	2494	9900
陕 西	Shaanxi	22277	6130	7030	9117
甘 肃	Gansu	35580	4782	11587	19212
青 海	Qinghai	3487	1279	1085	1124
宁 夏	Ningxia	10425	2244	3236	4945
新 疆	Xinjiang	46266	5733	9598	30935

机构R&D经费内部支出(2013年)

R&D Institutions by Region (2013)

(10 000 yuan)

日常性支出 Routine Expenses	#人员劳务费 Labor Cost	资产性支出 Assets Expenditure	#仪器和设备支出 Equipment	政府资金 Government Funds	企业资金 Self-raised Funds by Enterprises	国外资金 Foreign Funds	其他资金 Other Funds
1388397	**681785**	**358673**	**241912**	**1393771**	**57685**	**14201**	**281413**
645454	309969	183357	123037	628786	26544	10716	162764
186235	104352	34858	24951	186300	8906	125	25762
385665	181389	107671	67632	393447	19150	2317	78422
171043	86076	32787	26292	185238	3085	1043	14464
91394	35190	14094	13614	96755	1506	622	6605
35601	15842	10077	9599	32361			13317
25224	8908	4126	3811	28081	200	3	1066
31551	15383	3008	2675	29941	3005		1614
36484	15827	11547	3808	45995	82		1954
50501	23400	9953	6196	58493	55	52	1854
41825	25430	6363	5629	43447	1202	16	3523
78717	37246	16472	14467	83298	1827	976	9087
67783	37813	8621	8621	62436	1263	1227	11478
99916	52151	33871	18454	80159	6816	73	46740
58632	26135	21271	7553	58787	5840	173	15104
36829	22653	6027	4218	35354	1869	35	5598
36570	23471	6053	5818	36339	2674	21	3589
28718	15745	3363	2701	29000	70	29	2982
118115	54822	25669	20367	113284	5591	90	24819
23339	12348	4335	3242	24002	555	3	3114
28046	15961	9192	5301	33999	1212	21	2006
37752	22262	8933	6814	34004	2196	36	10447
107143	54496	58998	34722	114933	2656	8507	40046
90358	37143	22356	16820	72665	2027	79	37942
5076	1141	577	479	5654			
40134	19496	20037	8605	44780	3824	223	11344
38712	18159	12457	10827	40500	2488	7	8174
12203	7826	3687	3113	15444	142		303
56129	22209	17914	10422	54976	9950	1979	7138
9111	5715	4173	2335	13178			107
19665	14074	2611	1041	19560	87		2629
30872	16373	4708	3949	33819	389	10	1363
3202	1717	285	285	2930			557
8474	4346	1951	1951	9631		19	776
40320	18504	5945	4477	39968	161		6136

3-9 按服务的国民经济行业分研究与

Intramural Expenditure on R&D of R&D Institutions by

单位：万元

行　业	Industry	R&D经费内部支出 Intramural Expenditure on R&D	基础研究 Basic Research	应用研究 Applied Research
总　计	**Total**	**17813972**	**2215884**	**5258360**
农、林、牧、渔业小计	**Farming, Forestry, Animal Husbandry and Fishery**	**1134735**	**111046**	**216465**
农　业	Farming	680335	69294	112549
林　业	Forestry	91060	7541	19937
畜牧业	Animal Husbandry	93535	5767	22173
渔　业	Fishery	69995	8856	18933
农、林、牧、渔服务业	Service Activities for Agriculture, Forestry, Farming of Animals and Fishing	199811	19589	42873
采矿业小计	**Mining**	**26597**	**1623**	**464**
煤炭开采和洗选业	Mining and Washing of Coal	1414		22
有色金属矿采选业	Mining of Non-ferrous Metal Ores	24722	1433	363
其他采矿业	Other Minerals Mining and Dressing	461	190	79
制造业小计	**Manufacturing**	**480497**	**72023**	**186416**
农副食品加工业	Processing of Food from Agricultural Products	27066	838	3517
食品制造业	Manufacture of Foods	3904	528	735
酒、饮料和精制茶制造业	Manufacture of Liquor, Beverages and Refined Tea	895	5	812
纺织业	Manufacture of Textile	108		
纺织服装、服饰业	Manufacture of Textile, Apparel and Accessories	96		45
皮革、毛皮、羽毛及其制品和制鞋业	Manufacture of Leather, Fur, Feather and Related Products and Shoes			
木材加工和木、竹、藤、棕、草制品业	Processing of Timbers and Manufacture of Wood, Bamboo,Rattan, Palm and Straw	4763	147	608
家具制造业	Manufacture of Furniture	111		111
造纸和纸制品业	Manufacture of Paper and Paper Products	319		
文教、工美、体育和娱乐用品制造业	Manufacture of Artworks, and Articles for Culture, Education, Sports and Recreation	71		71
石油加工、炼焦及核燃料加工业	Processing of Petroleum ,Coking and Processing of Nucleus Fuel	143		
化学原料和化学制品制造业	Manufacture of Chemical Raw Material and Chemical Products	72573	25072	34731
医药制造业	Manufacture of Medicines	200501	40236	54483
化学纤维制造业	Manufacture of Chemical Fiber	494		
橡胶和塑料制品业	Manufacture of Rubber and Plastic	942	37	83
非金属矿物制品业	Manufacture of Non-metallic Mineral Products	5992		
黑色金属冶炼和压延加工业	Manufacture and Processing of Ferrous Metals	365		
有色金属冶炼和压延加工业	Manufacture and Processing of Non-ferrous Metals	370		
金属制品业	Manufacture of Metal Products	554	183	78
通用设备制造业	Manufacture of General Purpose Machinery	5818	4	2908
专用设备制造业	Manufacture of Special Purpose Machinery	81707	220	22671
汽车制造业	Manufacture of Motor Vehicles	40		
铁路、船舶、航空航天和其他运输设备制造业	Manufacture of Railway, Ships, Aerospace and Other Transport Equipment	13715	15	13700
电气机械和器材制造业	Manufacture of Electrical Machinery and Equipment	994	151	498
计算机、通信和其他电子设备制造业	Manufacture of Computer, Communication and Other Electronic Equipment	49077	3474	45186
仪器仪表制造业	Manufacture of Measuring Instrument and Meter	9880	1115	6179
电力、热力、燃气及水生产和供应业小计	**Production and Distribution of Electricity, Gas and Water**	**37280**	**1687**	**8791**
电力、热力生产和供应业	Production and Supply of Electric Power and Heat Power	36657	1623	8732
燃气生产和供应业	Production and Distribution of Gas	623	64	59

开发机构R&D经费内部支出(2013年)
Industrial Sector in which the R&D Institutions Served (2013)

(10 000 yuan)

试验发展 Experimental Development	日常性支出 Routine Expenses	#人员劳务费 Labor Cost	资产性支出 Assets Expenditure	#仪器和设备支出 Equipment	政府资金 Government Funds	企业资金 Self-raised Funds by Enterprises	国外资金 Foreign Funds	其他资金 Other Funds
10339728	**13450555**	**3445389**	**4363417**	**2585563**	**14812277**	**609493**	**56716**	**2335487**
807225	**919692**	**395708**	**215044**	**124634**	**1011043**	**25803**	**8456**	**89433**
498492	565473	251991	114862	64648	598397	15495	7270	59173
63582	77189	32128	13872	9996	81801	1008	550	7701
65596	69222	26450	24313	13523	86053	1573	21	5888
42206	50424	18750	19571	10246	59985	4925	19	5065
137349	157384	66389	42426	26221	184808	2801	596	11605
24510	**21282**	**13331**	**5315**	**4235**	**13260**	**3050**		**10287**
1392	1173	963	241	241	1080			334
22926	19674	12267	5047	3967	11719	3050		9953
192	434	102	27	27	461			
222058	**313219**	**122917**	**167278**	**87686**	**377249**	**16073**	**1804**	**85371**
22711	22384	8880	4682	3669	21003	711		5352
2640	3495	1686	408	398	2283	1		1620
79	503	283	392	182	690	90		115
108	108	98			100			8
51	84	66	12	12	60			36
4008	4117	820	646	646	4645			118
	51	33	60	60				111
319	319	228			123	196		
	69	53	2	2	40			31
143	143	128			138			4
12770	46161	20749	26412	13202	62008	795	970	8801
105782	95256	40314	105245	42698	151386	7941	783	40390
494	409	279	85	85	131	15		347
822	683	494	259	259	834	36		71
5992	4366	990	1626	1553	5720			273
365	299	166	67	56	120	105		141
370	247	58	123	123	288	82		
294	554	222			554			
2906	2443	1380	3375	857	3336	302		2180
58816	72456	26997	9251	9250	56064	2511	51	23081
40	40	29			40			
	11472	4783	2243	2243	12003	1712		
345	642	397	352	352	959			35
417	37722	11287	11355	11355	47632	861		584
2585	9196	2497	684	684	7091	715		2073
26802	**33216**	**6445**	**4064**	**3308**	**34467**	**2007**	**7**	**799**
26302	32765	6201	3892	3136	34285	2007	7	358
500	451	243	172	172	182			441

3-9 续表

单位：万元

行业	Industry	R&D经费内部支出 Intramural Expenditure on R&D	基础研究 Basic Research	应用研究 Applied Research
建筑业小计	**Construction**	**18976**	**373**	**3233**
房屋建筑业	Construction of Building	4450	59	336
土木工程建筑业	Construction of Civil Engineering	11090	314	2642
建筑装饰和其他建筑业	Building Decoration and Other Construction	3437		255
批发和零售业小计	**Wholesale and Retail Trade**	**28**		
批发业	Wholesale			
零售业	Retail trade	28		
交通运输、仓储和邮政业小计	**Traffic,Transport, Storage and Post**	**44409**	**290**	**3695**
铁路运输业	Railway Transportation	1035		
道路运输业	Transport via Road	31210	166	2077
水上运输业	Water Transport	7060	2	393
航空运输业	Air Transport	5103	123	1225
信息传输、软件和信息技术服务业小计	**Information Transfer,Software and Information Technology Services**	**104066**	**2050**	**34239**
电信、广播电视和卫星传输服务	Telecommunications, Broadcasting,Television and Satellite Transmission Services	67140		2000
互联网和相关服务	Internet and Related Services	104		10
软件和信息技术服务业	Software and Information Technology Services	36822	2050	32229
金融业小计	**Finance**	**307**		**182**
货币金融服务	Monetary Financial Services	307		182
租赁和商务服务业小计	**Tenancy and Business Services**	**367**		
商务服务业	Business Service	367		
科学研究和技术服务业小计	**Scientific Research, Technical Service**	**15174884**	**1911946**	**4508156**
研究和试验发展	Research and Experimental Development	14283754	1741627	4219078
专业技术服务业	Professional Technique Services	815141	165289	241789
科技推广和应用服务业	Technique Generalization and Application Services	75989	5030	47289
水利、环境和公共设施管理业小计	**Management of Water Conservancy, Environment and Public Establishment**	**260807**	**12021**	**84901**
水利管理业	Management of Water Conservancy	90455	1606	21170
生态保护和环境治理业	Environmental Management	163906	10348	62352
公共设施管理业	Management of Public Establishment	6447	67	1379
居民服务、修理和其他服务业小计	**Resident Services and Other Services**	**1981**		**236**
居民服务业	Resident Services	1981		236
机动车、电子产品和日用产品修理业	Repair of Motor Vehicles, Electronics and Household Appliances			
教育小计	**Education**	**14858**	**1401**	**5204**
教　育	Education	14858	1401	5204
卫生和社会工作小计	**Sanitation and Social Works**	**394058**	**76580**	**170607**
卫　生	Sanitation	394058	76580	170607
文化、体育和娱乐业小计	**Culture, Sports and Entertainment**	**56970**	**20357**	**17968**
新闻和出版业	Journalism and Publishing Activities	3349		
广播、电视、电影和影视录音制作业	Broadcasting, Television,Movies,Videos and Sound Recording	480		2
文化艺术业	Culture and Art	44870	20060	15474
体　育	Sports Activities	6881	227	2132
娱乐业	Entertainment	1389	70	359
公共管理、社会保障和社会组织小计	**Public Management and Social Organization**	**63154**	**4487**	**17805**
中国共产党机关	Chinese Communist Party Organs	179		179
国家机构	Organ of State	62976	4487	17627

continued

(10 000 yuan)

试验发展 Experimental Development	日常性支出 Routine Expenses	#人员劳务费 Labor Cost	资产性支出 Assets Expenditure	#仪器和设备支出 Equipment	政府资金 Government Funds	企业资金 Self-raised Funds by Enterprises	国外资金 Foreign Funds	其他资金 Other Funds
15370	**17318**	**7955**	**1659**	**1611**	**11238**	**3873**		**3866**
4055	4112	2198	338	290	780	2426		1244
8134	10057	4196	1033	1033	7052	1447		2591
3182	3149	1562	288	288	3405			32
28	**23**	**19**	**5**	**5**	**28**			
28	23	19	5	5	28			
40424	**30550**	**13023**	**13859**	**7029**	**39237**	**1564**		**3608**
1035	929	446	106	106		810		225
28968	21164	9238	10046	5818	27983	650		2578
6665	6725	2443	335	335	6623	104		333
3756	1732	896	3371	770	4631			472
67776	**68294**	**26624**	**35772**	**19939**	**67302**	**4494**		**32270**
65140	38277	12971	28863	16149	40528	217		26395
94	102	84	2	2	104			
2543	29915	13569	6908	3788	26670	4277		5875
124	**287**	**132**	**20**	**20**	**307**			
124	287	132	20	20	307			
367	**288**	**246**	**78**	**78**	**367**			
367	288	246	78	78	367			
8754782	**11447284**	**2579982**	**3727600**	**2196571**	**12662220**	**524140**	**35752**	**1952772**
8323048	10868257	2375566	3415497	1983988	11895170	497995	35701	1854888
408064	525141	184140	290001	198330	711036	20261	15	83830
23670	53886	20277	22103	14253	56014	5884	36	14055
163886	**204327**	**88142**	**56480**	**41999**	**192979**	**22224**	**411**	**45194**
67679	74035	32633	16420	8155	57205	14185		19065
91206	126303	54398	37603	33291	131447	7867	411	24182
5001	3989	1111	2458	553	4327	173		1947
1745	**1536**	**304**	**445**	**445**	**1981**			
1745	1536	304	445	445	1981			
8253	**13096**	**6802**	**1762**	**1317**	**13647**		**255**	**957**
8253	13096	6802	1762	1317	13647		255	957
146871	**278099**	**146589**	**115959**	**82934**	**291095**	**2521**	**9571**	**90871**
146871	278099	146589	115959	82934	291095	2521	9571	90871
18645	**48854**	**15820**	**8116**	**6438**	**49511**	**2734**		**4725**
3349	3026	1271	323	323	3349			
478	435	170	46	46	480			
9336	39018	10828	5852	4174	38430	2689		3751
4521	5086	2703	1795	1795	6062	45		774
960	1289	848	100	100	1189			200
40862	**53193**	**21352**	**9962**	**7315**	**46348**	**1010**	**460**	**15336**
	131	100	48	48	179			
40862	53062	21252	9914	7267	46169	1010	460	15336

3-10 按隶属关系和学科分研究与开发机构R&D经费外部支出(2013年)

External Expenditure on R&D of R&D Institutions by Subordination and Subject (2013)

单位：万元 (10 000 yuan)

项 目	Item	R&D经费外部支出 Total	对境内研究机构支出 to Domestic Research Institutions	对境内高等学校支出 to Domestic Higher Education	对境内企业支出 to Domestic Enterprises	对境外机构支出 to Foreign Institutions
总 计	**Total**	**539570**	**253218**	**42977**	**54976**	**435**
按隶属关系分组	**by Subordination**					
中央部门属	Subordinated to Central Level	515732	242796	38470	46793	425
#中国科学院	Chinese Academy of Sciences	22201	6276	4243	2414	
地方部门属	Subordi-nated to Local Level	23838	10423	4507	8182	10
省级部门属	Provincial Level	22393	9942	4374	7971	10
副省级城市部门属	Sud-provincial Cities Level	347	180	50	117	
地市级部门属	Miniciple Level	1098	301	83	95	
按门类学科分组	**by Subject**					
自然科学	Natural sciences	68625	44975	10775	2918	419
农业科学	Agricultural Sciences	28588	16210	4783	4628	6
医药科学	Medical Science	22866	17586	2818	2365	
工程与技术科学	Engineering and Technological Sciences	406263	162704	23439	44746	10
人文与社会科学	Humanities and Social Sciences	13227	11745	1162	318	

3-11 各地区研究与开发机构R&D经费外部支出(2013年)

External Expenditure on R&D of R&D Institutions by Region (2013)

单位：万元 (10 000 yuan)

地 区	Region	R&D经费外部支出 Total	对境内研究机构支出 to Domestic Research institutions	对境内高等学校支出 to Domestic Higher Education	对境内企业支出 to Domestic Enterprises	对境外机构支出 to Foreign Institutions
全 国	**National Total**	**539570**	**296643**	**50700**	**74513**	**435**
东部地区	Eastern Region	414871	233360	28868	45129	426
中部地区	Middle Region	26712	15514	4575	2605	
西部地区	Western Region	61095	29431	7572	17909	9
东北地区	Northeast Region	36892	18338	9685	8869	
北 京	Beijing	354444	205090	18459	28820	6
天 津	Tianjin	3571	964	541	371	
河 北	Hebei	1572	910	540	122	
山 西	Shanxi	307	47	21	147	
内 蒙 古	Inner Mongolia					
辽 宁	Liaoning	3758	1026	1042	1690	
吉 林	Jilin	31467	16124	8620	6723	
黑 龙 江	Heilongjiang	1667	1189	23	456	
上 海	Shanghai	21716	11365	2667	7019	10
江 苏	Jiangsu	9898	4391	362	4820	
浙 江	Zhejiang	8146	4162	2765	819	400
安 徽	Anhui	1146	201	110	122	
福 建	Fujian	417	34	58	325	
江 西	Jiangxi	5861	3178	350	2320	
山 东	Shandong	9960	4471	1988	1157	
河 南	Henan	285	150	135		
湖 北	Hubei	16454	9867	3789		
湖 南	Hunan	2659	2071	170	16	
广 东	Guangdong	5148	1973	1488	1677	10
广 西	Guangxi	1342	1027	315		
海 南	Hainan					
重 庆	Chongqing	5077	704	2061	2312	
四 川	Sichuan	28049	19050	1314	2880	
贵 州	Guizhou	713	86	370	57	
云 南	Yunnan	230	184	45		
西 藏	Tibet					
陕 西	Shaanxi	25287	8150	3412	12620	
甘 肃	Gansu					
青 海	Qinghai					
宁 夏	Ningxia	86	86			
新 疆	Xinjiang	312	145	55	41	9

3-12 按隶属关系和学科分研究与开发机构R&D课题(2013年)

R&D Projects of R&D Institutions by Subordination and Subject (2013)

项 目	Item	R&D课题数 (项) R&D Projects (item)	投入人员 (人年) Input of Personnel (man-year)	投入经费 (万元) Input of Funds (10 000 yuan)
总 计	**Total**	**85069**	**327466**	**12216646**
按隶属关系分组	**by Subordination**			
中央部门属	Subordinated to Central Level	56006	263230	11409731
#中国科学院	Chinese Academy of Sciences	33665	61342	2222199
地方部门属	Subordi-nated to Local Level	29063	64236	806914
省级部门属	Provincial Level	24899	51302	690267
副省级城市部门属	Sub-provincial Cities Level	792	2042	23846
地市级部门属	Miniciple Level	3372	10893	92802
按门类学科分组	**by Subject**			
自然科学	Natural sciences	28347	52092	1737634
农业科学	Agricultural Sciences	19660	38531	563436
医药科学	Medical Science	7428	19298	297400
工程与技术科学	Engineering and Technological Sciences	22895	205124	9431804
人文与社会科学	Humanities and Social Sciences	6739	12422	186372

3-13 各地区研究与开发机构R&D课题(2013年)
R&D Projects of R&D Institutions by Region (2013)

地区	Region	R&D课题数(项) R&D Projects (item)	投入人员(人年) Input of Personnel (man-year)	投入经费(万元) Input of Funds (10 000 yuan)
全 国	**National Total**	**85069**	**327466**	**12216646**
东部地区	Eastern Region	54276	178522	7648302
中部地区	Middle Region	8533	46378	1158441
西部地区	Western Region	16068	79378	2741793
东北地区	Northeast Region	6192	23189	668109
北 京	Beijing	25540	89206	4459190
天 津	Tianjin	1228	8497	238011
河 北	Hebei	755	7146	174729
山 西	Shanxi	1194	5105	75664
内蒙古	Inner Mongolia	632	2622	59604
辽 宁	Liaoning	1942	11190	359678
吉 林	Jilin	2318	6136	151208
黑龙江	Heilongjiang	1932	5863	157223
上 海	Shanghai	7202	25492	1400421
江 苏	Jiangsu	5430	20248	787115
浙 江	Zhejiang	2188	4873	135091
安 徽	Anhui	1486	8546	282832
福 建	Fujian	2401	2692	66286
江 西	Jiangxi	826	4491	72288
山 东	Shandong	4048	9697	176343
河 南	Henan	743	8944	216095
湖 北	Hubei	2978	12550	394413
湖 南	Hunan	1306	6742	117149
广 东	Guangdong	5047	10083	200076
广 西	Guangxi	1897	3230	51552
海 南	Hainan	437	588	11041
重 庆	Chongqing	1217	4292	56744
四 川	Sichuan	2293	23579	1078154
贵 州	Guizhou	1174	2213	32286
云 南	Yunnan	1908	5120	88469
西 藏	Tibet	68	297	5900
陕 西	Shaanxi	2179	28973	1184391
甘 肃	Gansu	2262	5322	121391
青 海	Qinghai	346	488	9977
宁 夏	Ningxia	307	425	5265
新 疆	Xinjiang	1785	2818	48062

3-14 各地区地方部门属研究与开发机构R&D课题(2013年)
R&D Projects Taken by Local R&D Institutions by Region (2013)

地区	Region	R&D课题数 (项) R&D Projects (item)	投入人员 (人年) Input of Personnel (man-year)	投入经费 (万元) Input of Funds (10 000 yuan)
全国	**National Total**	**29063**	**64236**	**806914**
东部地区	Eastern Region	13043	24961	427810
中部地区	Middle Region	4733	12208	100044
西部地区	Western Region	8186	18124	187978
东北地区	Northeast Region	3101	8943	91082
北京	Beijing	1321	2913	64029
天津	Tianjin	510	1277	22866
河北	Hebei	595	1045	12833
山西	Shanxi	727	1487	14225
内蒙古	Inner Mongolia	482	1538	28139
辽宁	Liaoning	438	2009	21490
吉林	Jilin	1039	2506	29919
黑龙江	Heilongjiang	1624	4428	39673
上海	Shanghai	1431	2396	33892
江苏	Jiangsu	2199	3810	95666
浙江	Zhejiang	1299	1835	35498
安徽	Anhui	839	1948	18961
福建	Fujian	1312	1688	20355
江西	Jiangxi	808	2038	11522
山东	Shandong	2303	5896	69675
河南	Henan	515	1726	15629
湖北	Hubei	764	1789	16023
湖南	Hunan	1080	3220	23684
广东	Guangdong	1985	3967	70802
广西	Guangxi	1835	2957	34821
海南	Hainan	88	135	2194
重庆	Chongqing	945	1962	18238
四川	Sichuan	903	2127	17875
贵州	Guizhou	698	1046	6593
云南	Yunnan	663	2553	23269
西藏	Tibet	68	297	5900
陕西	Shaanxi	389	1077	5920
甘肃	Gansu	694	2082	16928
青海	Qinghai	73	167	2264
宁夏	Ningxia	307	425	5265
新疆	Xinjiang	1129	1894	22768

3-15 按服务的国民经济行业分研究与开发机构R&D课题(2013年) R&D Projects of R&D Institutions by Industry (2013)

行业	Industry	R&D课题数(项) R&D Projects (item)	投入人员(人年) Input of Personnel (man-year)	投入经费(万元) Input of Funds (10 000 yuan)
总计	**Total**	**85069**	**327466**	**12216646**
农、林、牧、渔业小计	**Farming, Forestry, Animal Husbandry and Fishery**	**18401**	**36429**	**536664**
农业	Farming	11231	22649	338747
林业	Forestry	1429	2860	35401
畜牧业	Animal Husbandry	1410	2922	39629
渔业	Fishery	852	1760	24986
农、林、牧、渔服务业	Service Activities for Agriculture, Forestry, Farming of Animals and Fishing	3479	6238	97900
采矿业小计	**Mining**	**358**	**813**	**23385**
煤炭开采和洗选业	Mining and Washing of Coal	27	106	980
石油和天然气开采业	Extraction of Petroleum and Natural Gas	57	129	3617
黑色金属矿采选业	Mining of Ferrous Metal Ores	26	41	1135
有色金属矿采选业	Mining of Non-ferrous Metal Ores	143	261	9592
非金属矿采选业	Mining and Processing of Nonmetal Ores	22	42	1097
开采辅助活动	Mining Support Service Activities	67	184	6063
其他采矿业	Other Minerals Mining and Dressing	16	50	901
制造业小计	**Manufacturing**	**7273**	**18028**	**568311**
农副食品加工业	Processing of Food from Agricultural Products	600	1090	17953
食品制造业	Manufacture of Foods	170	414	6269
酒、饮料和精制茶制造业	Manufacture of Liquor, Beverages and Refined Tea	112	147	3315
烟草制品业	Manufacture of Tobacco	18	45	582
纺织业	Manufacture of Textile	20	41	436
纺织服装、服饰业	Manufacture of Textile, Apparel and Accessories	7	10	121
皮革、毛皮、羽毛及其制品和制鞋业	Manufacture of Leather, Fur, Feather and Related Products and Shoes	8	9	94
木材加工和木、竹、藤、棕、草制品业	Processing of Timbers and Manufacture of Wood,Bamboo, Rattan, Palm and Straw	138	250	3232
家具制造业	Manufacture of Furniture	8	26	194
造纸和纸制品业	Manufacture of Paper and Paper Products	6	23	216
印刷和记录媒介复制业	Printing,Reproduction of Recording Media	4	6	168
文教、工美、体育和娱乐用品制造业	Manufacture of Artworks, and Articles for Culture, Education, Sports and Recreation	3	6	126
石油加工、炼焦和核燃料加工业	Processing of Petroleum ,Coking and Processing of Nucleus Fuel	58	124	5054
化学原料和化学制品制造业	Manufacture of Chemical Raw Material and Chemical Products	869	1768	60272
医药制造业	Manufacture of Medicines	1526	3272	69375
化学纤维制造业	Manufacture of Chemical Fiber	24	69	1328
橡胶和塑料制品业	Manufacture of Rubber and Plastic	26	73	669
非金属矿物制品业	Manufacture of Non-metallic Mineral Products	215	360	11525
黑色金属冶炼和压延加工业	Manufacture and Processing of Ferrous Metals	14	33	388
有色金属冶炼和压延加工业	Manufacture and Processing of Non-ferrous Metals	57	82	2706
金属制品业	Manufacture of Metal Products	83	269	4408
通用设备制造业	Manufacture of General Purpose Machinery	270	883	29804
专用设备制造业	Manufacture of Special Purpose Machinery	629	1708	37230
汽车制造业	Manufacture of Motor Vehicles	71	341	4939
铁路、船舶、航空航天和其他运输设备制造业	Manufacture of Railway, Ships, Aerospace and Other Transport Equipment	325	1228	86248
电气机械和器材制造业	Manufacture of Electrical Machinery and Equipment	260	895	18538
计算机、通信和其他电子设备制造业	Manufacture of Computer, Communication and Other Electronic Equipment	968	2599	102191
仪器仪表制造业	Manufacture of Measuring Instrument and Meter	693	2051	94660
其他制造业	Other Manufacturing	66	155	4066
废弃资源综合利用业	Waste Recycling and Recovery	19	50	840
金属制品、机械和设备修理业	Repaire Service of Metal Products, Machinery and Equipment	6	5	1367
电力、热力、燃气及水生产和供应业小计	**Production and Distribution of Electricity, Gas and Water**	**565**	**1495**	**78606**
电力、热力生产和供应业	Production and Supply of Electric Power and Heat Power	361	1084	69634
燃气生产和供应业	Production and Distribution of Gas	85	224	4163
水的生产和供应业	Production and Distribution of Water	119	186	4810
建筑业小计	**Construction**	**349**	**897**	**13590**
房屋建筑业	Construction of Building	64	233	2535
土木工程建筑业	Construction of Civil Engineering	265	571	10236
建筑安装业	Construction Installation	1		13
建筑装饰和其他建筑业	Building Decoration and Other Construction	19	94	807
批发和零售业小计	**Wholesale and Retail Trade**	**11**	**30**	**225**
批发业	Wholesale	7	21	121
零售业	Retail trade	4	9	104

3-15 续表 continued

行 业	Industry	R&D课题数(项) R&D Projects (item)	投入人员(人年) Input of Personnel (man-year)	投入经费(万元) Input of Funds (10 000 yuan)
交通运输、仓储和邮政业小计	**Traffic,Transport, Storage and Post**	**545**	**1092**	**27091**
铁路运输业	Railway Transportation	28	110	1512
道路运输业	Transport via Road	292	458	16229
水上运输业	Water Transport	175	264	6831
航空运输业	Air Transport	20	134	815
管道运输业	Pipeline Transport	4	13	128
装卸搬运和运输代理业	Loading,Unloading,Portage and Other Transport Services	6	7	128
仓储业	Storage	18	102	1414
邮政业	Post	2	4	35
住宿和餐饮业小计	**Accommodation and Restaurants**	**5**	**15**	**84**
住宿业	Accommodation	5	15	84
餐饮业	Restaurants			
信息传输、软件和信息技术服务业小计	**Information Transfer,Software and Information Technology Services**	**812**	**2697**	**77196**
电信、广播电视和卫星传输服务	Telecommunications, Broadcasting,Television and Satellite Transmission Services	215	734	34442
互联网和相关服务	Internet and Related Services	80	186	3613
软件和信息技术服务业	Software and Information Technology Services	517	1778	39141
金融业小计	**Finance**	**88**	**127**	**2778**
货币金融服务	Monetary financial services	38	45	1534
资本市场服务	Capital Market Services	26	47	510
保险业	Insurance	3	6	183
其他金融业	Other Financial Services	21	28	552
房地产业小计	**Real Estate**	**6**	**7**	**169**
房地产业	Real Estate	6	7	169
租赁和商务服务业小计	**Tenancy and Business Services**	**63**	**99**	**1477**
商务服务业	Business Service	63	99	1477
科学研究和技术服务业小计	**Scientific Research, Technical Service**	**45406**	**239314**	**10418876**
研究和试验发展	Research and Experimental Development	38303	223807	10031281
专业技术服务业	Professional Technique Services	5954	12213	328494
科技推广和应用服务业	Technique Generalization and Application Services	1149	3294	59102
水利、环境和公共设施管理业小计	**Management of Water Conservancy, Environment and public Establishment**	**4604**	**9167**	**223397**
水利管理业	Management of Water Conservancy	1112	2176	57283
生态保护和环境治理业	Environmental Management	3049	6535	152071
公共设施管理业	Management of Public Establishment	443	456	14043
居民服务、修理和其他服务业小计	**Resident Services and Other Services**	**155**	**341**	**6513**
居民服务业	Resident Services	33	95	2419
机动车、电子产品和日用产品修理业	Repair of Motor Vehicles, Electronics and Household Appliances	68	90	1474
其他服务业	Other Services	54	155	2621
教育小计	**Education**	**370**	**695**	**9967**
教 育	Education	370	695	9967
卫生和社会工作小计	**Sanitation and Social Works**	**4403**	**12071**	**162576**
卫 生	Sanitation	4364	11948	162112
社会工作	Social Works	39	123	464
文化、体育和娱乐业小计	**Culture, Sports and Entertainment**	**528**	**1483**	**22299**
新闻和出版业	Journalism and Publishing Activities	48	151	2282
广播、电视、电影和影视录音制作业	Broadcasting, Television,Movies,Videos and Sound Recording	21	36	769
文化艺术业	Culture and Art	386	1074	16467
体 育	Sports Activities	68	218	2720
娱乐业	Entertainment	5	5	61
公共管理、社会保障和社会组织小计	**Public Management and Social Organization**	**1120**	**2658**	**43173**
中国共产党机关	Chinese Communist Party Organs	34	43	365
国家机构	Organ of State	795	1721	34219
人民政协、民主党派	People's Political Consultative Conference and Democratic Prties	9	40	284
社会保障	Social Security	36	83	2676
群众团体、社会团体和其他成员组织	Mass Communities, Social Organizations and other Membership Organizations	241	764	5449
基层群众自治组织	Grass Roots Self-government Organizations	5	7	180
国际组织小计	**International Organizations**	**7**	**10**	**271**
国际组织	International Organizations	7	10	271

3-16 按学科分组的R&D课题(2013年)

R&D Projects Taken by R&D Institutions by Discipline (2013)

学 科	Discipline	R&D课题数(项) R&D Projects (item)	投入人员(人年) Input of Personnel (man-year)	投入经费(万元) Input of Funds (10 000 yuan)
全 国	**National Total**	**85069**	**327466**	**12216646**
数 学	Mathematics	455	888	22342
信息科学与系统科学	Information & System Science	733	3650	96943
力 学	Mechanics	416	864	29438
物理学	Physics	3635	8002	394187
化 学	Chemistry	3296	6636	188263
天文学	Astronomy	1126	1477	63605
地球科学	Earth Science	8985	14070	454618
生物学	Biology	7582	13210	330740
心理学	Psychology	165	419	8328
农 学	Agriculture	13522	26358	401165
林 学	Forestry	2099	4284	55090
畜牧、兽医科学	Livestock, Veterinary Medicine	2531	4935	73850
水产学	Aquatic	1327	2400	41194
基础医学	Basic Medicine	1080	2686	46398
临床医学	Clinic Medicine	2309	6320	89221
预防医学与卫生学	Protective Medicine	929	3423	41793
军事医学与特种医学	Military Medicine & Special Medicine	32	99	640
药 学	Pharmacy	932	2275	57606
中医学与中药学	Traditional Chinese Medicine	2203	4434	62401
工程与技术科学基础学科	Engineering & Basic Technology Science	2062	20227	639455
信息与系统科学相关工程与技术	Information and System Science,Engineering and Technology Related	494	1665	55732
自然科学相关工程与技术	Science and Technology Related Projects	857	2145	52192
测绘科学技术	Surveying & Mapping	1270	1885	82274
材料科学	Material Science	2684	8657	263208
矿山工程技术	Mining	196	460	12267
冶金工程技术	Metallurgy	143	362	7660
机械工程	Mechanical Engineering	537	2265	54316
动力与电气工程	Power & Electrical Engineering	584	3245	95340
能源科学技术	Energy Technology	590	2174	59692
核科学技术	Nuclear Technology	567	12332	600677
电子、通信与自动控制技术	Electronics, Communication & Automation	3176	47969	1895314

3-16 续表 continued

学 科	Discipline	R&D课题数 (项) R&D Projects (item)	投入人员 (人年) Input of Personnel (man-year)	投入经费 (万元) Input of Funds (10 000 yuan)
计算机科学技术	Computer Technology	1533	6995	170013
化学工程	Chemical Engineering	608	1123	53091
产品应用相关工程与技术	Engineering and Technology Related Products Application	127	325	4540
纺织科学技术	Textile Technology	30	92	675
食品科学技术	Food Technology	521	1108	17432
土木建筑工程	Civil Construction	238	698	16285
水利工程	Water Conservancy	1277	1956	66991
交通运输工程	Transportaiton Engineering	909	4094	148570
航空、航天科学技术	Aviation and Aerospace	2409	79485	5068753
环境科学技术	Environment	3175	6976	158472
安全科学技术	Security	478	1409	34881
管理学	Management	660	1277	19541
马克思主义	Marxism	207	206	3021
哲 学	Phylosophy	181	358	6664
宗教学	Religion	128	180	1902
语言学	Linguistics	136	155	3343
文 学	Literature	262	398	6091
艺术学	Arts	113	564	4123
历史学	Histry	611	959	15203
考古学	Archaeology	262	779	17270
经济学	Economics	1974	3262	49512
政治学	Politics	366	596	8231
法 学	Law	425	573	16314
军事学	Military	86	655	5544
社会学	Sociology	597	901	12320
民族学	Ethnography	296	520	5840
新闻学与传播学	Journalism	104	203	2779
图书馆、情报与文献学	Library and Information Literature	376	903	11817
教育学	Education	317	585	7624
体育科学	Physical Science	101	249	2842
统计学	Statistics	45	72	1014

3-17 按来源和合作形式分研究与开发机构R&D课题(2013年)
R&D Projects of R&D Institutions by Sources and Cooperation Modality (2013)

项　目	Item	R&D课题数 (项) R&D Projects (item)	投入人员 (人年) Input of Personnel (man-year)	投入经费 (万元) Input of Funds (10 000 yuan)
总　计	**Total**	**85069**	**327466**	**12216646**
按课题来源分组	**By Sources of Topics**			
国家科技项目	National S&T Projects	43276	223502	9501601
地方科技项目	Local S&T Projects	22652	44721	590589
企业委托科技项目	S&T Projects Entrusted by Enterprise	4037	10815	311608
自选科技项目	S&T Projects Chosen by Enterprise	6430	15834	397492
来自国外的科技项目	Oversease S&T Projects	923	1852	56273
其它科技项目	Others	7751	30743	1359084
按合作形式分组	**By Cooperation Modality**			
与境外机构合作	Cooperation with Oversease Institutes	1046	2427	62707
与国内高校合作	Cooperation with Higher Education	3262	11875	310052
与国内独立研究机构合作	Cooperation with Independent Research Institutes	7742	30561	1070762
与境内注册的外商独资企业合作	Cooperation with Sole Foreign Enterprise	51	123	2408
与境内注册的其他企业合作	Cooperation with Other Enterprise	2826	8839	343822
独立完成	Independent Implementation	68090	260333	9951699
其　他	Others	2052	13310	475196

3-18 按隶属关系和学科分研究与
S&T Output of R&D Institutions by

项 目	Item	发表科技论文（篇）Scientific Papers Issued (piece)	#国外发表 Published in Foreign Periodicals	出版科技著作（种）Publication on S&T (kind)
总 计	**Total**	**164440**	**41072**	**4619**
按隶属关系分组	**by Subordination**			
中央部门属	Subordinated to Central Level	102670	35795	2385
#中国科学院	Chinese Academy of Sciences	39999	25734	373
地方部门属	Subordi-nated to Local Level	61770	5277	2234
省级部门属	Provincial Level	51274	4840	1879
副省级城市部门属	Sub-provincial Cities Level	2689	126	122
地市级部门属	Miniciple Level	7807	311	233
按门类学科分组	**by Subject**			
自然科学	Natural sciences	35025	18986	419
农业科学	Agricultural Sciences	31667	4334	917
医药科学	Medical Science	19370	4450	483
工程与技术科学	Engineering and Technological Sciences	54155	12765	794
人文与社会科学	Humanities and Social Sciences	24223	537	2006

开发机构科技产出(2013年)
Subordination and Subject(2013)

专利申请数 (件) Patents Application (piece)	#发明专利 Invetions	有效发明专利 (件) Patent in Force (piece)	专利所有权转让及许可数 (件) Number of Transfer and Licensing of Patent Ownership (piece)	专利所有权转让及许可收入 (万元) Revenue from Transfer and Licensing of Patent Ownership (10 000 yuan)	形成国家或行业标准数 (项) Number of National and Industrial Standard (item)
37040	**28628**	**53636**	**2644**	**39681**	**4368**
31170	24943	45226	2454	35693	3300
12654	11228	22946	2287	24428	100
5870	3685	8410	190	3987	1068
5191	3385	7707	132	3538	938
172	88	184	5		40
507	212	519	53	450	90
7060	6271	13457	863	9986	93
5292	3405	7576	176	3603	828
915	706	2575	55	5138	277
23606	18156	29949	1549	20949	3030
167	90	79	1	5	140

3-19 各地区研究与开发

S&T Output of R&D Institutions

地 区	Region	发表科技论文 (篇) Scientific Papers Issued (piece)	#国外发表 Published in Foreign Periodicals	出版科技著作 (种) Publication on S&T (kind)
全 国	**National Total**	**164440**	**41072**	**4619**
东部地区	Eastern Region	100792	29946	3164
中部地区	Middle Region	18659	2545	510
西部地区	Western Region	31646	5354	687
东北地区	Northeast Region	13343	3227	258
北 京	Beijing	52156	17737	1968
天 津	Tianjin	2974	244	63
河 北	Hebei	2164	163	122
山 西	Shanxi	2611	268	85
内 蒙 古	Inner Mongolia	1170	61	23
辽 宁	Liaoning	5480	1775	119
吉 林	Jilin	4617	1217	69
黑 龙 江	Heilongjiang	3246	235	70
上 海	Shanghai	9768	3648	211
江 苏	Jiangsu	9672	1888	171
浙 江	Zhejiang	4355	898	144
安 徽	Anhui	3202	660	52
福 建	Fujian	3196	835	43
江 西	Jiangxi	1894	178	59
山 东	Shandong	7243	1815	206
河 南	Henan	3625	166	120
湖 北	Hubei	5642	1083	132
湖 南	Hunan	1685	190	62
广 东	Guangdong	7712	2504	170
广 西	Guangxi	2936	220	86
海 南	Hainan	1552	214	66
重 庆	Chongqing	1717	133	41
四 川	Sichuan	6627	1175	100
贵 州	Guizhou	1693	258	19
云 南	Yunnan	2984	946	79
西 藏	Tibet	133		12
陕 西	Shaanxi	6038	757	89
甘 肃	Gansu	3827	1176	91
青 海	Qinghai	553	153	17
宁 夏	Ningxia	646	2	33
新 疆	Xinjiang	3322	473	97

机构科技产出(2013年)
by Region(2013)

专利申请数(件) Patents Application (piece)	#发明专利 Invetions	有效发明专利(件) Patent in Force (piece)	专利所有权转让及许可数(件) Number of Transfer and Licensing of Patent Ownership (piece)	专利所有权转让及许可收入(万元) Revenue from Transfer and Licensing of Patent Ownership (10 000 yuan)	形成国家或行业标准数(项) Number of National and Industrial Standard (item)
37040	**28628**	**53636**	**2644**	**39681**	**4368**
22932	18096	34229	2398	26479	3457
4314	3135	5887	44	1768	232
6520	4817	7522	134	4374	514
3274	2580	5998	68	7059	165
11051	8991	19411	1500	16180	2501
734	518	819	7	605	40
401	304	467	11	38	13
475	386	983	1		39
159	144	237			20
1906	1591	2700	50	6380	40
793	737	2617	3	679	67
575	252	681	15		58
3304	2620	4377	725	5989	212
2262	1761	2885	30	195	247
757	575	1332	39	1322	92
1004	813	894	20	639	46
454	358	607	17	723	22
218	126	252			21
1488	1073	1913	36	311	141
746	578	1201	3	581	59
1395	942	2193	12	446	38
476	290	364	8	102	29
2214	1772	2211	23	1117	162
370	283	265	1	5	20
267	124	207	10		27
450	340	298	7	2800	14
1594	1172	2479	42	62	137
206	110	174			10
283	204	484	13	189	33
7	7	4			6
2364	1815	2347	11	420	176
539	371	658	58	836	13
100	96	119	1	12	
22	13	28			27
426	262	429	1	50	58

3-20 各地区地方部门属研究与

S&T Output in R&D Institutions of

地 区	Region	发表科技论文(篇) Scientific Papers Issued (piece)	#国外发表 Published in Foreign Periodicals	出版科技著作(种) Publication on S&T (kind)
全 国	**National Total**	**61770**	**5277**	**2234**
东部地区	Eastern Region	28245	3695	991
中部地区	Middle Region	9926	579	444
西部地区	Western Region	16727	706	564
东北地区	Northeast Region	6872	297	235
北 京	Beijing	3699	915	153
天 津	Tianjin	1650	57	44
河 北	Hebei	1369	98	101
山 西	Shanxi	1717	40	83
内蒙古	Inner Mongolia	892	4	18
辽 宁	Liaoning	2527	174	110
吉 林	Jilin	1764	33	60
黑龙江	Heilongjiang	2581	90	65
上 海	Shanghai	3264	620	163
江 苏	Jiangsu	4826	504	100
浙 江	Zhejiang	2838	350	111
安 徽	Anhui	1349	71	49
福 建	Fujian	2186	52	40
江 西	Jiangxi	1749	178	59
山 东	Shandong	4956	721	171
河 南	Henan	1982	50	101
湖 北	Hubei	1881	130	91
湖 南	Hunan	1248	110	61
广 东	Guangdong	3189	369	105
广 西	Guangxi	2783	204	86
海 南	Hainan	268	9	3
重 庆	Chongqing	1382	120	41
四 川	Sichuan	2203	59	70
贵 州	Guizhou	1244	61	18
云 南	Yunnan	1472	130	67
西 藏	Tibet	133		12
陕 西	Shaanxi	1494	25	74
甘 肃	Gansu	1697	33	44
青 海	Qinghai	241	8	8
宁 夏	Ningxia	646	2	33
新 疆	Xinjiang	2540	60	93

开发机构科技产出(2013年)

Local Governments by Region(2013)

专利申请数(件) Patents Application (piece)	#发明专利 Invetions	有效发明专利(件) Patent in Force (piece)	专利所有权转让及许可数(件) Number of Transfer and Licensing of Patent Ownership (piece)	专利所有权转让及许可收入(万元) Revenue from Transfer and Licensing of Patent Ownership (10 000 yuan)	形成国家或行业标准数(项) Number of National and Industrial Standard (item)
5870	**3685**	**8410**	**190**	**3987**	**1068**
3396	2205	5469	104	2916	596
612	398	858	17	1017	135
1406	868	1399	51	55	215
456	214	684	18		122
539	238	517	8	510	43
80	52	337	4	80	6
106	73	188	11	38	13
122	70	207			36
33	30	19			15
84	53	199			27
63	39	125	3		59
309	122	360	15		36
228	161	344	7	76	138
678	501	976	6	98	162
274	191	737	26	1073	43
77	64	136	3	18	13
230	155	312	10	718	21
110	69	114			19
926	595	1112	28	151	113
49	21	85	2	581	20
148	99	129	6	356	21
106	75	187	6	62	26
329	236	932	4	171	48
333	270	256	1	5	20
6	3	14			9
188	131	215	1		6
218	118	266	39		21
122	63	138			9
85	38	66	7		29
7	7	4			6
21	11	53			14
83	49	104	2		10
2		2			
22	13	28			27
292	138	248	1	50	58

3-21 按服务的国民经济行业分研究与

S&T Output of R&D Institutions by Industrial Sector

行业	Industry	发表科技论文（篇） Scientific Papers Issued (piece)	#国外发表 Published in Foreign Periodicals
总计	**Total**	**164440**	**41072**
农、林、牧、渔业小计	**Farming, Forestry, Animal Husbandry and Fishery**	**30528**	**4024**
农业	Farming	15549	1828
林业	Forestry	3302	338
畜牧业	Animal Husbandry	2842	387
渔业	Fishery	2225	441
农、林、牧、渔服务业	Service Activities for Agriculture, Forestry, Farming of Animals and Fishing	6610	1030
采矿业小计	**Mining**	**406**	**20**
煤炭开采和洗选业	Mining and Washing of Coal	46	
有色金属矿采选业	Mining of Non-ferrous Metal Ores	351	19
其他矿采选业	Other Minerals Mining and Dressing	9	1
制造业小计	**Manufacturing**	**6582**	**1792**
农副食品加工业	Processing of Food from Agricultural Products	577	131
食品制造业	Manufacture of Foods	195	53
酒、饮料和精制茶制造业	Manufacture of Liquor, Beverages and Refined Tea	52	2
烟草制品业	Manufacture of Tobacco	12	
纺织业	Manufacture of Textile	27	
纺织服装、服饰业	Manufacture of Textile, Apparel and Accessories	7	
皮革、毛皮、羽毛及其制品和制鞋业	Manufacture of Leather, Fur, Feather and Related Products and Shoes		
木材加工和木、竹、藤、棕、草制品业	Processing of Timbers and Manufacture of Wood,Bamboo, Rattan, Palm and Straw	130	60
家具制造业	Manufacture of Furniture		
造纸和纸制品业	Manufacture of Paper and Paper Products	10	
印刷和记录媒介复制业	Printing,Reproduction of Recording Media		
文教、工美、体育和娱乐用品制造业	Manufacture of Artworks, and Articles for Culture, Education, Sports and Recreation	9	
石油加工、炼焦及核燃料加工业	Processing of Petroleum ,Coking and Processing of Nucleus Fuel		
化学原料和化学制品制造业	Manufacture of Chemical Raw Material and Chemical Products	719	350
医药制造业	Manufacture of Medicines	2989	832
化学纤维制造业	Manufacture of Chemical Fiber	3	
橡胶和塑料制品业	Manufacture of Rubber and Plastic	114	18
非金属矿物制品业	Manufacture of Non-metallic Mineral Products	84	
黑色金属冶炼和压延加工业	Manufacture and Processing of Ferrous Metals	11	

开发机构科技产出(2013年)

in which the R&D Institutions Served (2013)

出版科技著作(种) Publication on S&T (kind)	专利申请数(件) Patents Application (piece)	#发明专利 Invetions	有效发明专利(件) Patent in Force (piece)	专利所有权转让及许可数(件) Number of Transfer and Licensing of Patent Ownership (piece)	专利所有权转让及许可收入(万元) Revenue from Transfer and Licensing of Patent Ownership (10 000 yuan)	形成国家或行业标准数(项) Number of National and Industrial Standard (item)
4619	**37040**	**28628**	**53636**	**2644**	**39681**	**4368**
939	**5069**	**3337**	**6861**	**166**	**3600**	**716**
497	2317	1623	3071	87	1199	397
101	304	224	428	2	13	86
93	444	238	570	20	605	47
81	674	415	819	3	8	26
167	1330	837	1973	54	1775	160
	92	**79**	**141**			**53**
	4	3	17			1
	83	71	117			52
	5	5	7			
106	**2290**	**1614**	**3642**	**1305**	**2664**	**360**
15	283	184	331			30
1	45	42	244	2	169	2
	16	6	14			21
1	4	2	3			
3	6	3	2			
2	41	31	84	3	7	16
1						
12	234	220	753	27	430	20
51	415	383	853	27	1839	154
	14	12	55			
5	17	5	11			11
	1		2			

3-21 续表 1

行 业	Industry	发表科技论文（篇） Scientific Papers Issued (piece)	#国外发表 Published in Foreign Periodicals
有色金属冶炼和压延加工业	Manufacture and Processing of Non-ferrous Metals	5	
金属制品业	Manufacture of Metal Products	18	4
通用设备制造业	Manufacture of General Purpose Machinery	231	14
专用设备制造业	Manufacture of Special Purpose Machinery	875	89
铁路、船舶、航空航天和其他运输设备制造业	Manufacture of Railway, Ships, Aerospace and Other Transport Equipment	30	7
电气机械和器材制造业	Manufacture of Electrical Machinery and Equipment	17	8
计算机、通信和其他电子设备制造业	Manufacture of Computer, Communication and Other Electronic Equipment	214	151
仪器仪表制造业	Manufacture of Measuring Instrument and Meter	253	73
电力、热力、燃气及水生产和供应业小计	**Production and Distribution of Electricity, Gas and Water**	**838**	**280**
电力、热力的生产和供应业	Production and Supply of Electric Power and Heat Power	824	280
燃气生产和供应业	Production and Distribution of Gas	14	
建筑业小计	**Construction**	**1146**	**21**
房屋建筑业	Construction of Building	320	13
土木工程建筑业小计	**Construction of Civil Engineering**	**784**	**8**
建筑装饰和其他建筑业	Building Decoration and Other Construction	42	
批发和零售业小计	**Wholesale and Retail Trabe**	**1**	
零售业	Retail Trade	1	
交通运输、仓储和邮政业小计	**Traffic,Transport, Storage and Post**	**1494**	**294**
铁路运输业	Railway Transportation	136	5
道路运输业	Transport via Road	1082	237
水上运输业	Water Transport	169	29
航空运输业	Air Transport	74	18
装卸搬运和运输代理业	Loading, Unloading, Portage and Other Transport Services	33	5
信息传输、软件和信息技术服务业小计	**Information Transfer,Software and Information Technology Services**	**869**	**343**
电信、广播电视和卫星传输服务	Telecommunications, Broadcasting,Television and Satellite Transmission Services	267	16
互联网和相关服务	Internet and Related Services	35	
软件和信息技术服务业	Software and Information Technology Services	567	327

continued

出版科技著作(种) Publication on S&T (kind)	专利申请数(件) Patents Application (piece)	#发明专利 Invetions	有效发明专利(件) Patent in Force (piece)	专利所有权转让及许可数(件) Number of Transfer and Licensing of Patent Ownership (piece)	专利所有权转让及许可收入(万元) Revenue from Transfer and Licensing of Patent Ownership (10 000 yuan)	形成国家或行业标准数(项) Number of National and Industrial Standard (item)
	1	1	1			
	3	3	5			
2	63	23	45	8	20	8
10	559	244	420	12	148	69
1	8	7				27
1	5	4	31			
1	469	387	700	1225	39	
	106	57	88	1	12	2
73	**47**	**26**	**128**			**41**
73	42	24	124			39
	5	2	4			2
15	**84**	**45**	**194**			**27**
4	12	4	29			21
7	**70**	**41**	**165**			**5**
4	2					1
61	**105**	**39**	**174**			**142**
4	1		4			
27	58	22	146			109
2	38	14	16			24
	8	3	8			
28						9
8	**393**	**358**	**1831**	**45**	**387**	**307**
1	51	44	89			288
7	342	314	1742	45	387	19

3-21 续表 2

行 业	Industry	发表科技论文（篇）Scientific Papers Issued (piece)	#国外发表 Published in Foreign Periodicals	出版科技著作（种）Publication on S&T (kind)
金融业小计	**Finance**	**23**		**1**
货币金融服务	Monetary Financial Services	23		1
租赁和商务服务业小计	**Tenancy and Business Services**	**26**	**2**	**6**
商务服务业	Business Service	26	2	6
科学研究和技术服务业小计	**Scientific Research, Technical Service**	**95164**	**29419**	**2213**
研究和试验发展	Research and Experimental Development	82644	26985	1911
专业技术服务业	Professional Technique Services	11028	2064	247
科技推广和应用服务业	Technique Generalization and Application Services	1492	370	55
水利、环境和公共设施管理业小计	**Management of Water Conservancy, Environment and Public Establishment**	**6116**	**1639**	**246**
水利管理业	Management of Water Conservancy	2221	234	45
生态保护和环境治理业	Environmental Management	3719	1392	196
公共设施管理业	Management of Public Establishment	176	13	5
居民服务、修理和其他服务业小计	**Resident Services and Other Services**	**26**		
居民服务业	Resident Services	23		
机动车、电子产品和日用产品修理业	Repair of Motor Vehicles, Electronics and Household Appliances	3		
教育小计	**Education**	**987**	**23**	**113**
教 育	Education	987	23	113
卫生和社会工作小计	**Sanitation and Social Works**	**14620**	**2852**	**380**
卫 生	Sanitation	14620	2852	380
文化、体育和娱乐业小计	**Culture, Sports and Entertainment**	**1062**	**32**	**77**
新闻和出版业	Journalism and Publishing Activities	15		5
广播、电视、电影和影视录音制作业	Broadcasting, Television,Movies,Videos and Sound Recording	28		
文化艺术业	Culture and Art	807	23	58
体 育	Sports Activities	212	9	14
娱乐业	Entertainment			
公共管理、社会保障和社会组织小计	**Public Management and Social Organization**	**4552**	**331**	**381**
中国共产党机关	Chinese Communist Party Organs	61		3
国家机构	Organ of State	4488	331	378
群众团体、社会团体和其他成员组织	Mass Communities,Social Organizations and other Membership Organizations	3		

continued

专利申请数（件）Patents Application (piece)	#发明专利 Invetions	有效发明专利（件）Patent in Force (piece)	专利所有权转让及许可数（件）Number of Transfer and Licensing of Patent Ownership (piece)	专利所有权转让及许可收入（万元）Revenue from Transfer and Licensing of Patent Ownership (10 000 yuan)	形成国家或行业标准数（项）Number of National and Industrial Standard (item)
					1
					1
27872	**22492**	**38374**	**1104**	**32462**	**2053**
26192	21310	36672	1081	28916	1624
1209	793	1431	18	3498	425
471	389	271	5	48	4
528	**332**	**1193**	**16**	**246**	**412**
142	72	305			26
368	251	850	9	171	385
18	9	38	7	74.2	1
6	**1**	**35**			
6	1	35			
1	**1**	**2**			**72**
1	1	2			72
388	**219**	**800**	**7**	**323**	**78**
388	219	800	7	323	78
24	**7**	**26**			**23**
					14
2		2			4
6		1			2
16	7	23			3
141	**78**	**235**	**1**		**83**
141	78	235	1		83

四、高等学校

Higher Education

4-1 高等学校科技活动情况

Basic Statistics on Higher Education for Science and technology Activities

指　标	Item	2005	2006	2007	2008	2009	2010	2011	2012	2013
高等学校基本情况	**Basic Statistics on Higher Education**									
学校数（个）	Number of Institutions(unit)	1792	1867	1908	2263	2305	2358	2409	2442	2491
#理工农医	Natural Sciences & Technology	786	800	786	827	1003	970	975	1039	1070
#人文社科	Social Sciences & Humanities	815	843	840	869	954	963	997	1090	1150
R&D机构（个）	R&D Institutions(unit)	3936	4154	4502	5159	6082	7833	8630	9225	9842
研究与试验发展(R&D)投入情况	**Statistics on R&D Input**									
R&D人员（万人）	R&D Personnel(10 000 persons)	38.7	42.1	44.8	47.8	50.9	59.4	63.2	67.8	71.5
R&D人员全时当量（万人年）	Full-time Equivalent of R&D Personnel(10 000 man-year)	22.7	24.2	25.4	26.6	27.5	29.0	29.9	31.4	32.5
#基础研究	Basic Research	7.8	9.0	9.4	10.9	11.3	12.0	12.9	14.0	14.7
应用研究	Applied Research	11.1	11.3	12.0	13.7	14.1	14.8	15.0	15.4	15.9
试验发展	Experimental Development	3.9	3.9	4.0	2.0	2.1	2.1	2.0	1.9	1.9
R&D经费内部支出（亿元）	Intramural Expenditure on R&D (100 million yuan)	242.3	276.8	314.7	390.2	468.2	597.3	688.8	780.6	856.7
#基础研究	Basic Research	56.7	71.4	86.8	114.8	145.5	179.9	226.7	275.7	307.6
应用研究	Applied Research	125.0	137.3	161.8	208.9	250.0	337.0	372.4	402.7	441.3
试验发展	Experimental Development	60.6	68.2	66.1	66.5	72.6	80.3	89.8	102.2	107.8
#政府资金	Government Funds	133.1	151.5	177.7	225.5	262.2	358.8	405.1	474.1	516.9
企业资金	Self-raised Funds by Enterprises	88.9	101.2	110.3	134.9	171.7	198.5	242.9	260.5	289.3
研究与试验发展(R&D)项目(课题)情况	**Statistics on R&D Projects**									
R&D项目(课题)数(项)	R&D Projects(item)	280327	365294	375425	429096	476708	547717	604107	657027	711010
R&D项目(课题)人员全时当量(万人年)	Participants(10 000 man-year)	22.5	26.8	25.2	26.6	27.4	28.9	29.9	31.3	32.4
R&D项目(课题)经费内部支出(亿元)	Intramural Expenditure (100 million yuan)	193.5	287.0	258.2	323.2	363.5	467.0	535.3	607.3	662.7
科技产出及成果情况	**Statistics on S&T Outputs and Results**									
发表科技论文(篇)	Scientific Papers Issued(piece)	728082	830948	905985	964877	1016354	1062512	1109965	1117742	1127210
#国外发表	Published in Foreign Periodicals	69857	90722	108727	134058	156750	182247	218301	226097	249673
出版科技著作（种）	Publication on Science and Technology(kind)	33064	34633	35733	37541	40919	38101	37472	38760	37866
专利申请受理数（件）	Number of Patents Applications Accepted (piece)	20094	24490	29860	40610	56641	72744	95592	113430	133865
#发明专利	Inventions	14673	18059	21864	29337	36241	44132	54362	66755	81251
专利申请授权数（件）	Number of Patents Applications Granted (piece)	8843	12043	14111	19248	25570	37490	53055	74550	84930
#发明专利	Inventions	4715	6650	8251	10216	14408	18055	25064	34441	35873

4-2 各地区高等
R&D Personnel in Higher

地 区	Region	学校数 (个) Number of Institutions (unit)	从业人员 (人) Employed Persons (person)	R&D人员合计 (人) R&D Personnel (person)	#女性 Female	#博士毕业 Doctor
全 国	**National Total**	**2491**	**2296262**	**715144**	**276943**	**179443**
东部地区	Eastern Region	969	966681	341628	133695	97865
中部地区	Middle Region	659	561853	131661	47823	29556
西部地区	Western Region	610	529956	153357	57183	31664
东北地区	Northeast Region	253	237772	88498	38242	20358
北 京	Beijing	89	139305	72619	29781	27059
天 津	Tianjin	55	47123	22827	9351	6792
河 北	Hebei	118	101072	21274	10479	2758
山 西	Shanxi	78	61009	14215	6407	2720
内蒙古	Inner Mongolia	49	37296	7772	2982	1280
辽 宁	Liaoning	115	97536	33649	13767	8452
吉 林	Jilin	58	63002	27501	12945	5621
黑龙江	Heilongjiang	80	77234	27348	11530	6285
上 海	Shanghai	68	73361	39866	14043	14237
江 苏	Jiangsu	156	166223	52344	20071	14360
浙 江	Zhejiang	102	85381	35993	14211	9429
安 徽	Anhui	117	76178	24737	7913	4538
福 建	Fujian	87	64744	16644	5859	4349
江 西	Jiangxi	92	74396	10644	3709	2210
山 东	Shandong	139	142240	33349	12436	7480
河 南	Henan	127	125170	18871	8241	3551
湖 北	Hubei	123	128185	31694	10780	9739
湖 南	Hunan	122	96915	31500	10773	6798
广 东	Guangdong	138	133719	44051	16349	10825
广 西	Guangxi	70	55283	22635	8328	3737
海 南	Hainan	17	13513	2661	1115	576
重 庆	Chongqing	63	53790	17245	6070	4544
四 川	Sichuan	103	113553	35491	11940	8322
贵 州	Guizhou	52	35102	10643	4751	1466
云 南	Yunnan	67	47592	14267	6565	2341
西 藏	Tibet	6	3623	1429	446	190
陕 西	Shaanxi	92	102017	23220	7734	6621
甘 肃	Gansu	42	35582	7654	2919	1366
青 海	Qinghai	9	6851	1082	432	126
宁 夏	Ningxia	16	10486	2559	1023	374
新 疆	Xinjiang	41	28781	9360	3993	1297

学校R&D人员(2013年)

Education by Region (2013)

#硕士毕业 Master	#本科毕业 Undergraduate	#全时人员 Full-time Personnel	R&D人员全时当量(人年) Full-time Equivalent of R&D Personnel (man-year)	#研究人员 Researchers	基础研究 Basic Research	应用研究 Applied Research	试验发展 Experimental Development
267380	**221337**	**293982**	**324751**	**272514**	**146580**	**159063**	**19108**
119887	99047	138986	154520	129325	68108	78023	8389
53156	41797	51491	58642	48882	25317	28744	4581
58578	52991	60154	66761	56090	31138	31686	3938
35759	27502	43351	44828	38219	22018	20610	2200
21434	18029	29495	32117	26465	12166	19008	942
8651	6052	9459	10833	9085	4428	5609	796
9629	8022	7007	8667	7669	3630	4793	244
6084	4677	5357	6034	4892	2946	2958	130
3055	2751	4228	4168	3402	2095	1666	407
13469	9723	16480	16592	14803	6700	8610	1282
11352	9248	11837	12968	10565	6317	6183	468
10938	8531	15034	15267	12851	9001	5817	450
11309	10614	21618	21799	17387	10130	10105	1565
20432	15646	19907	22189	19799	9956	10507	1726
13211	11115	10638	13960	12118	6542	6693	725
10962	7833	11073	12163	9805	5961	5612	591
5825	5196	5915	7124	5807	2059	4755	310
4128	3480	4249	4612	3821	2151	2022	440
12611	9968	17262	17588	14853	8883	7533	1173
8891	5673	4973	6715	5703	3039	2659	1016
11239	8845	14140	15419	13229	5123	8873	1422
11852	11289	11699	13700	11432	6097	6619	983
15717	13498	17110	19400	15421	9779	8732	889
8595	7393	10696	10716	8407	4249	6054	412
1068	907	575	844	721	536	288	20
6874	5141	5270	6868	5881	2976	3327	565
12770	11984	13552	15126	12884	7102	6874	1151
4185	4425	3236	3848	3529	2199	1555	94
5872	5592	4545	5586	4394	2685	2791	110
647	535	393	512	448	271	241	
8016	7096	10844	11299	9861	5297	4961	1042
2924	3232	2787	3214	2585	1192	1979	42
433	496	418	549	447	296	236	17
1063	999	1016	1184	947	718	444	22
4144	3347	3169	3692	3305	2058	1558	76

4-3 各地区理工农医类高等

R&D Personnel in Higher Education in Natural

地区	Region	学校数（个）Number of Institutions (unit)	从业人员（人）Employed Persons (person)	R&D人员合计（人）R&D Personnel (person)	#女性 Female	#博士毕业 Doctor
全国	**National Total**	**1285**	**2296262**	**359643**	**106801**	**100382**
东部地区	Eastern Region	488	966681	169546	52427	53330
中部地区	Middle Region	312	561853	62576	15760	15963
西部地区	Western Region	334	529956	73919	20593	17460
东北地区	Northeast Region	151	237772	53602	18021	13629
北京	Beijing	64	139305	36272	12580	14358
天津	Tianjin	23	47123	11507	3681	3759
河北	Hebei	60	101072	8568	3015	1293
山西	Shanxi	23	61009	6619	2293	1392
内蒙古	Inner Mongolia	18	37296	5193	1491	971
辽宁	Liaoning	56	97536	20406	6188	5327
吉林	Jilin	41	63002	14478	5418	3337
黑龙江	Heilongjiang	54	77234	18718	6415	4965
上海	Shanghai	39	73361	25703	7955	8267
江苏	Jiangsu	111	166223	24820	7078	8292
浙江	Zhejiang	38	85381	12998	3380	5209
安徽	Anhui	84	76178	13516	3012	3180
福建	Fujian	28	64744	7186	1708	1729
江西	Jiangxi	28	74396	5258	1385	979
山东	Shandong	50	142240	21016	6235	5078
河南	Henan	44	125170	6218	1661	1388
湖北	Hubei	64	128185	17019	4240	5407
湖南	Hunan	69	96915	13946	3169	3617
广东	Guangdong	60	133719	20755	6612	5177
广西	Guangxi	25	55283	13362	4130	2178
海南	Hainan	15	13513	721	183	168
重庆	Chongqing	39	53790	6199	1687	1610
四川	Sichuan	45	113553	16569	4082	4740
贵州	Guizhou	38	35102	4032	1522	527
云南	Yunnan	41	47592	5647	2031	1083
西藏	Tibet	3	3623	486	104	49
陕西	Shaanxi	42	102017	13354	2916	4535
甘肃	Gansu	30	35582	3458	970	895
青海	Qinghai	9	6851	477	152	48
宁夏	Ningxia	14	10486	1257	272	232
新疆	Xinjiang	30	28781	3885	1236	592

学校R&D人员(2013年)

Sciences & Technology by Region (2013)

#硕士毕业 Master	#本科毕业 Undergraduate	#全时人员 Full-time Personnel	R&D人员全时当量 (人年) Full-time Equivalent of R&D Personnel (man-year)	#研究人员 Researchers	基础研究 Basic Research	应用研究 Applied Research	试验发展 Experimental Development
114328	**106868**	**287645**	**239680**	**202248**	**102107**	**118975**	**18598**
49264	47350	135615	113000	94879	48320	56498	8182
21075	19939	50039	41695	35172	16230	21053	4412
24712	23396	59120	49261	41711	20838	24577	3846
19277	16183	42871	35724	30486	16719	16847	2158
8157	8200	29012	24176	20084	9078	14192	906
3674	2913	9203	7670	6489	3080	3840	750
3284	3316	6854	5708	5119	2394	3092	222
2493	2157	5292	4411	3603	2280	2013	118
1827	1956	4152	3460	2799	1651	1413	396
7463	5823	16322	13599	12145	5284	7052	1263
5192	4816	11579	9650	8068	4691	4514	446
6622	5544	14970	12474	10272	6743	5281	450
7112	6837	20561	17134	13475	7702	7887	1545
7804	6889	19851	16540	15130	7366	7449	1726
3775	3136	10399	8665	7727	3684	4255	725
5191	3970	10805	9003	7298	4499	3937	567
2289	2371	5748	4788	3844	847	3635	306
1780	1893	4207	3504	2846	1422	1655	427
7174	6607	16813	14008	11719	6883	5968	1157
2177	2024	4972	4142	3522	1445	1691	1007
5076	5119	13612	11343	9714	3263	6724	1357
4358	4776	11151	9293	8189	3322	5033	937
5743	6830	16599	13832	10873	7001	5997	835
4136	4263	10691	8908	6890	3168	5346	394
252	251	575	479	418	286	183	10
2118	1908	4956	4130	3539	1711	1857	563
5318	4417	13255	11046	9578	4596	5302	1148
1343	1740	3225	2686	2468	1470	1136	81
1958	2285	4516	3762	2997	1600	2061	101
164	241	389	324	279	168	156	
3962	3441	10675	8898	7924	3576	4300	1022
1378	1110	2764	2304	1959	682	1579	42
180	225	382	318	257	136	167	16
435	498	1006	837	672	529	293	15
1893	1312	3109	2588	2352	1552	968	68

4-4 各地区人文社科类高等

R&D Personnel in Higher Education in Social

地区	Region	学校数(个) Number of Institutions (unit)	从业人员(人) Employed Persons (person)	R&D人员合计(人) R&D Personnel (person)	#女性 Female	#博士毕业 Doctor
全国	**National Total**	**1150**	**501198**	**355501**	**170142**	**79061**
东部地区	Eastern Region	452	212884	172082	81268	44535
中部地区	Middle Region	281	116870	69085	32063	13593
西部地区	Western Region	289	116678	79438	36590	14204
东北地区	Northeast Region	128	54766	34896	20221	6729
北京	Beijing	65	32002	36347	17201	12701
天津	Tianjin	24	10581	11320	5670	3033
河北	Hebei	51	19376	12706	7464	1465
山西	Shanxi	20	9912	7596	4114	1328
内蒙古	Inner Mongolia	12	7152	2579	1491	309
辽宁	Liaoning	47	21979	13243	7579	3125
吉林	Jilin	42	16362	13023	7527	2284
黑龙江	Heilongjiang	39	16425	8630	5115	1320
上海	Shanghai	30	18381	14163	6088	5970
江苏	Jiangsu	124	37201	27524	12993	6068
浙江	Zhejiang	32	22906	22995	10831	4220
安徽	Anhui	97	23173	11221	4901	1358
福建	Fujian	21	13039	9458	4151	2620
江西	Jiangxi	23	12180	5386	2324	1231
山东	Shandong	46	28315	12333	6201	2402
河南	Henan	44	24875	12653	6580	2163
湖北	Hubei	58	25304	14675	6540	4332
湖南	Hunan	39	21426	17554	7604	3181
广东	Guangdong	43	26157	23296	9737	5648
广西	Guangxi	24	11538	9273	4198	1559
海南	Hainan	16	4926	1940	932	408
重庆	Chongqing	48	15122	11046	4383	2934
四川	Sichuan	35	19630	18922	7858	3582
贵州	Guizhou	37	10381	6611	3229	939
云南	Yunnan	44	14820	8620	4534	1258
西藏	Tibet	2	1106	943	342	141
陕西	Shaanxi	31	16816	9866	4818	2086
甘肃	Gansu	18	8085	4196	1949	471
青海	Qinghai	4	1723	605	280	78
宁夏	Ningxia	9	2877	1302	751	142
新疆	Xinjiang	25	7428	5475	2757	705

学校R&D人员(2013年)

Sciences & Humanities by Region (2013)

#硕士毕业 Master	#本科毕业 Undergraduate	#全时人员 Full-time Personnel	R&D人员全时当量 (人年) Full-time Equivalent of R&D Personnel (man-year)	#研究人员 Researchers	基础研究 Basic Research	应用研究 Applied Research	试验发展 Experimental Development
153052	**114469**	**6337**	**85071**	**70267**	**44473**	**40087**	**511**
70623	51697	3371	41520	34446	19788	21525	207
32081	21858	1452	16946	13709	9086	7691	169
33866	29595	1034	17501	14378	10300	7109	92
16482	11319	480	9104	7733	5299	3763	42
13277	9829	483	7941	6382	3088	4816	36
4977	3139	256	3164	2595	1348	1769	46
6345	4706	153	2959	2550	1235	1701	23
3591	2520	65	1623	1289	666	945	12
1228	795	76	708	604	444	253	11
6006	3900	158	2993	2657	1416	1558	19
6160	4432	258	3318	2497	1626	1669	22
4316	2987	64	2793	2579	2257	536	
4197	3777	1057	4665	3912	2428	2218	19
12628	8757	56	5649	4670	2591	3058	
9436	7979	239	5295	4390	2858	2437	
5771	3863	268	3160	2507	1462	1675	24
3536	2825	167	2337	1963	1212	1120	4
2348	1587	42	1109	975	729	367	13
5437	3361	449	3580	3134	2000	1565	15
6714	3649	1	2572	2181	1594	969	9
6163	3726	528	4075	3515	1860	2150	66
7494	6513	548	4407	3242	2775	1586	46
9974	6668	511	5568	4548	2778	2735	54
4459	3130	5	1808	1517	1081	708	18
816	656		365	303	250	105	9
4756	3233	314	2738	2343	1265	1470	3
7452	7567	297	4081	3305	2506	1572	3
2842	2685	11	1162	1061	729	419	14
3914	3307	29	1825	1397	1085	730	9
483	294	4	188	169	103	85	
4054	3655	169	2401	1937	1721	661	20
1546	2122	23	910	626	510	400	
253	271	36	231	190	160	69	1
628	501	10	347	275	189	151	6
2251	2035	60	1104	953	506	590	8

4-5 各地区高等学校R&D
Intramural Expenditures on R&D in

单位：万元

地区	Region	R&D经费内部支出 Intramural Expenditures on R&D	基础研究 Basic Research	应用研究 Applied Research	试验发展 Experimental Development
全　国	**National Total**	**8567140**	**3076136**	**4413217**	**1077787**
东部地区	Eastern Region	4889959	1823396	2578120	488443
中部地区	Middle Region	1385086	502999	688632	193455
西部地区	Western Region	1314048	421873	639889	252285
东北地区	Northeast Region	978047	327868	506576	143604
北　京	Beijing	1366460	481664	805499	79296
天　津	Tianjin	508186	152579	274346	81261
河　北	Hebei	102023	47141	49661	5221
山　西	Shanxi	123045	50125	68241	4678
内蒙古	Inner Mongolia	39587	14501	20173	4913
辽　宁	Liaoning	413586	102713	197934	112939
吉　林	Jilin	201012	97040	94587	9385
黑龙江	Heilongjiang	363450	128115	214055	21280
上　海	Shanghai	714958	269419	359160	86379
江　苏	Jiangsu	807411	333268	368209	105933
浙　江	Zhejiang	472812	173601	269548	29663
安　徽	Anhui	299400	140763	126281	32357
福　建	Fujian	110845	29703	74152	6990
江　西	Jiangxi	95126	34364	42147	18615
山　东	Shandong	334182	124854	154145	55182
河　南	Henan	159128	63712	68279	27137
湖　北	Hubei	446430	126079	245456	74895
湖　南	Hunan	261956	87955	138228	35774
广　东	Guangdong	458300	202373	217774	38153
广　西	Guangxi	82815	32623	47565	2627
海　南	Hainan	14785	8794	5628	364
重　庆	Chongqing	175320	59322	79775	36223
四　川	Sichuan	428783	105048	205288	118446
贵　州	Guizhou	48848	22714	23653	2481
云　南	Yunnan	69332	26251	39660	3421
西　藏	Tibet	3365	1164	2201	
陕　西	Shaanxi	346609	108794	157682	80133
甘　肃	Gansu	58842	21748	35942	1151
青　海	Qinghai	14999	6400	7222	1376
宁　夏	Ningxia	12909	8214	4392	302
新　疆	Xinjiang	32640	15092	16336	1212

经费内部支出(2013年)
Higher Education by Region (2013)

(10 000 yuan)

日常性支出 Routine Expenses	#人员劳务费 Labor Cost	资产性支出 Assets Expenditure	#仪器和设备支出 Equipment	政府资金 Government Funds	企业资金 Self-raised Funds by Enterprises	国外资金 Foreign Funds	其他资金 Other Funds
6936194	**1255689**	**1630945**	**1333838**	**5168672**	**2892784**	**55183**	**450500**
3920534	713777	969426	804363	2979660	1633629	41530	235140
1082999	205098	302087	239896	881415	386311	5020	112339
1094688	212131	219360	158538	747414	490125	5899	70610
837974	124683	140073	131041	560183	382719	2734	32411
1179844	156457	186615	180260	925232	397842	22680	20705
346744	84844	161442	54300	245322	222816	2647	37399
82821	16334	19202	16490	62773	28885	11	10354
89907	14711	33137	18013	82309	32577	65	8093
35007	4276	4580	4580	30742	7330	25	1491
366221	52006	47365	39958	188880	200161	1474	23070
185787	28310	15224	13847	162088	33677	1230	4016
285967	44367	77483	77236	209214	148881	30	5325
589846	126968	125111	114146	459512	226995	6011	22439
555879	108779	251532	231555	427975	328030	2371	49034
412270	85365	60542	59787	273368	167642	3097	28705
225789	54717	73612	56179	201728	62820	587	34265
94017	13618	16828	16274	71750	27314	323	11458
58352	14355	36774	29050	64216	21955	279	8675
277647	53293	56535	51990	202399	111485	2675	17622
116410	12444	42719	39411	102627	36225	231	20045
387460	62471	58970	52373	270694	159039	2821	13875
205081	46400	56875	44870	159841	73694	1037	27385
368217	66634	90083	78030	298576	121717	1708	36299
63001	19359	19814	15586	60682	15113	56	6964
13250	1487	1536	1531	12752	903	4	1126
130196	32583	45124	33395	82020	73132	798	19370
366485	70678	62297	44233	181735	222387	3036	21625
36965	11898	11883	8110	35802	10104		2942
64729	13438	4602	3818	43929	23500	337	1565
3030	687	335	335	3173	93		99
293816	38799	52793	34321	219092	115670	1311	10536
53466	8033	5376	4887	38566	16773	62	3440
9358	1876	5641	2359	13813	645		541
9892	3382	3016	3016	10685	1636		587
28742	7123	3899	3897	27175	3742	275	1448

4-6 各地区理工农医类高等学校R&D
Intramural Expenditures on R&D in Higher Education

单位：万元

地区	Region	R&D经费内部支出 Intramural Expenditures on R&D	基础研究 Basic Research	应用研究 Applied Research	试验发展 Experimental Development
全国	**National Total**	**7579300**	**2676335**	**3835519**	**1067446**
东部地区	Eastern Region	4288816	1598019	2206839	483959
中部地区	Middle Region	1219917	426257	603499	190161
西部地区	Western Region	1153630	349959	553346	250325
东北地区	Northeast Region	916937	302101	471835	143000
北京	Beijing	1206206	425272	703661	77272
天津	Tianjin	481280	143372	256850	81058
河北	Hebei	87546	40494	42096	4956
山西	Shanxi	113158	45745	62809	4604
内蒙古	Inner Mongolia	33663	12701	16129	4834
辽宁	Liaoning	390113	95690	181982	112440
吉林	Jilin	174207	86069	78857	9280
黑龙江	Heilongjiang	352617	120342	210996	21280
上海	Shanghai	622223	224790	311296	86137
江苏	Jiangsu	741404	308198	327274	105931
浙江	Zhejiang	381769	147530	205018	29221
安徽	Anhui	273458	129699	111776	31984
福建	Fujian	82991	17813	58276	6902
江西	Jiangxi	83294	28051	37665	17578
山东	Shandong	307365	112474	139939	54951
河南	Henan	140894	53075	60757	27063
湖北	Hubei	383763	104216	206104	73443
湖南	Hunan	225349	65472	124388	35490
广东	Guangdong	365437	170701	157525	37211
广西	Guangxi	67528	24928	40234	2366
海南	Hainan	12595	7374	4903	319
重庆	Chongqing	146000	50139	59653	36208
四川	Sichuan	384110	87542	178136	118433
贵州	Guizhou	39934	17920	19757	2257
云南	Yunnan	55621	19192	33899	2530
西藏	Tibet	2467	798	1669	
陕西	Shaanxi	319669	93169	146796	79705
甘肃	Gansu	51745	17498	33096	1151
青海	Qinghai	14097	6040	6681	1376
宁夏	Ningxia	10815	7088	3443	284
新疆	Xinjiang	27981	12946	13855	1180

经费内部支出(2013年)
in Natural Sciences & Technology by Region (2013)

(10 000 yuan)

#日常性支出 Routine Expenses	#人员劳务费 Labor Cost	资产性支出 Assets Expenditure	#仪器和设备支出 Equipment	政府资金 Government Funds	企业资金 Self-raised Funds by Enterprises	国外资金 Foreign Funds	其他资金 Other Funds
6036090	**1043180**	**1543210**	**1250911**	**4667764**	**2511908**	**38759**	**360870**
3377253	606191	911563	749225	2699925	1375954	29085	183852
933569	160691	286348	225211	782556	338620	3201	95540
944711	170263	208919	148198	659632	434652	4443	54904
780557	106034	136380	128277	525651	362681	2030	26575
1028772	135334	177434	171949	840425	339280	15465	11036
321624	76993	159657	52534	233580	209094	2293	36314
69141	11247	18405	15732	55798	22923	11	8814
82279	11690	30880	15914	75203	31011		6944
29374	3216	4289	4289	28344	4013		1307
343768	46095	46345	39035	177154	191457	1148	20355
161426	21231	12781	12236	146470	24696	855	2185
275363	38708	77254	77007	202027	146529	26	4035
504754	115918	117469	106504	413277	189872	4620	14455
498235	96876	243169	223193	395989	301932	1574	41908
331882	60724	49887	49533	242504	113295	1561	24410
200812	42252	72647	55250	184749	56731	350	31628
67684	9391	15306	14753	60398	14714	107	7772
48416	12093	34878	27331	57232	18792	279	6991
253546	45134	53819	49614	186130	103324	2430	15481
100684	7118	40211	36922	89780	32358	206	18550
329296	52643	54468	48391	241272	132297	1531	8664
172084	34896	53265	41403	134320	67433	835	22762
290501	53813	74936	63931	260548	80822	1020	23047
49465	15597	18063	13914	50125	11836	22	5546
11114	762	1482	1482	11278	697	4	617
102695	24601	43305	31592	67360	61702	676	16262
325367	58211	58744	40679	160952	203990	2564	16605
28246	7713	11688	7920	29643	8313		1978
51746	9732	3875	3090	35455	19562	44	560
2180	352	287	287	2412	21		34
268339	34704	51330	32857	205176	105352	866	8275
46746	6859	4999	4513	33956	14702		3088
8504	1428	5593	2311	13239	549		309
7808	2658	3007	3007	9347	1338		131
24242	5192	3739	3738	23624	3275	271	810

4-7 各地区人文社科类高等学校R&D
Intramural Expenditures on R&D in Higher Education

单位：万元

地区	Region	R&D经费内部支出 Intramural Expenditures on R&D	基础研究 Basic Research	应用研究 Applied Research	试验发展 Experimental Development	日常性支出 Routine Expenses
全国	**National Total**	**987839**	**399800**	**577698**	**10341**	**900104**
东部地区	Eastern Region	601143	225377	371282	4484	543281
中部地区	Middle Region	165169	76742	85133	3293	149429
西部地区	Western Region	160417	71914	86543	1960	149976
东北地区	Northeast Region	61110	25766	34740	603	57417
北京	Beijing	160254	56392	101838	2024	151072
天津	Tianjin	26905	9207	17495	203	25121
河北	Hebei	14477	6648	7564	265	13680
山西	Shanxi	9886	4381	5432	73	7629
内蒙古	Inner Mongolia	5924	1800	4044	80	5633
辽宁	Liaoning	23473	7022	15951	499	22453
吉林	Jilin	26805	10971	15730	104	24362
黑龙江	Heilongjiang	10833	7774	3059		10603
上海	Shanghai	92735	44628	47864	242	85092
江苏	Jiangsu	66007	25070	40935	2	57643
浙江	Zhejiang	91043	26071	64530	442	80387
安徽	Anhui	25942	11065	14505	373	24977
福建	Fujian	27854	11890	15876	88	26332
江西	Jiangxi	11832	6314	4481	1037	9936
山东	Shandong	26817	12380	14206	231	24100
河南	Henan	18234	10637	7523	74	15726
湖北	Hubei	62666	21863	39352	1451	58165
湖南	Hunan	36607	22483	13840	284	32997
广东	Guangdong	92863	31672	60248	943	77716
广西	Guangxi	15287	7695	7331	261	13536
海南	Hainan	2190	1420	725	44	2136
重庆	Chongqing	29320	9184	20122	14	27501
四川	Sichuan	44672	17507	27152	13	41119
贵州	Guizhou	8914	4794	3896	224	8719
云南	Yunnan	13711	7059	5761	891	12984
西藏	Tibet	898	366	532		850
陕西	Shaanxi	26940	15625	10887	428	25476
甘肃	Gansu	7097	4251	2846		6720
青海	Qinghai	902	361	541		854
宁夏	Ningxia	2093	1127	949	18	2084
新疆	Xinjiang	4660	2147	2481	32	4500

经费内部支出(2013年)

in Social Sciences & Humanities by Region (2013)

(10 000 yuan)

	资产性支出 Assets Expenditure		政府资金 Government Funds	企业资金 Self-raised Funds by Enterprises	国外资金 Foreign Funds	其他资金 Other Funds
#人员劳务费 Labor Cost		#仪器和设备支出 Equipment				
212509	**87735**	**82928**	**500908**	**380877**	**16424**	**89630**
107586	57862	55139	279735	257676	12444	51288
44407	15739	14685	98859	47691	1819	16800
41867	10441	10340	87782	55472	1457	15706
18649	3693	2764	34532	20038	704	5836
21123	9181	8311	84807	58562	7215	9669
7851	1785	1766	11743	13723	355	1085
5087	797	758	6975	5962		1540
3021	2258	2099	7106	1566	65	1149
1060	291	291	2398	3317	25	184
5911	1020	924	11727	8704	326	2715
7079	2443	1611	15618	8981	375	1831
5659	229	229	7187	2352	3	1290
11050	7642	7642	46236	37123	1391	7985
11903	8363	8362	31986	26098	797	7126
24641	10655	10254	30864	54346	1536	4295
12465	965	928	16979	6089	237	2637
4227	1522	1522	11352	12599	216	3686
2262	1896	1719	6984	3164		1685
8159	2716	2376	16269	8162	245	2140
5326	2508	2489	12846	3867	25	1495
9828	4502	3982	29422	26743	1290	5211
11504	3610	3468	25522	6261	202	4623
12821	15147	14099	38027	40895	688	13253
3762	1750	1672	10557	3277	34	1418
725	54	49	1475	206		509
7981	1819	1804	14660	11430	122	3108
12467	3554	3554	20783	18397	471	5020
4185	195	190	6159	1791		964
3706	728	728	8474	3938	294	1006
335	48	48	761	72		65
4095	1463	1463	13916	10318	445	2261
1174	376	374	4611	2071	62	353
448	48	48	574	96		232
724	9	9	1338	299		456
1931	160	160	3551	466	4	638

4-8 各地区高等学校R&D经费外部支出(2013年)
External Expenditure on R&D in Higher Education by Region (2013)

单位：万元 (10 000 yuan)

地区	Region	R&D经费外部支出 Total	对境内研究机构支出 to Domestic Research institutions	对境内高等学校支出 to Domestic Higher Education	对境内企业支出 to Domestic Enterprises	对境外机构支出 to Foreign Institutions
全　国	**National Total**	**668067**	**219189**	**206509**	**214006**	**25281**
东部地区	Eastern Region	461577	157831	133400	152449	16029
中部地区	Middle Region	71546	17992	30059	17039	6299
西部地区	Western Region	105516	35127	33864	35141	566
东北地区	Northeast Region	29428	8239	9185	9378	2387
北　京	Beijing	218698	74840	59557	82249	1858
天　津	Tianjin	10270	1667	4994	3545	55
河　北	Hebei	4464	1127	2009	1291	36
山　西	Shanxi	2680	529	985	1164	
内蒙古	Inner Mongolia	1918	1015	804	97	
辽　宁	Liaoning	10323	1850	4255	4099	39
吉　林	Jilin	8221	3150	3022	1830	59
黑龙江	Heilongjiang	10884	3240	1908	3448	2288
上　海	Shanghai	44570	16627	11901	13046	2942
江　苏	Jiangsu	81000	28324	18982	25478	7678
浙　江	Zhejiang	40140	12431	17948	9623	74
安　徽	Anhui	8792	2491	3311	2914	76
福　建	Fujian	8562	1413	1016	3703	1533
江　西	Jiangxi	7810	1793	3980	1014	990
山　东	Shandong	21947	12141	5557	3153	1006
河　南	Henan	3867	981	2369	428	89
湖　北	Hubei	29142	7584	8852	9368	3266
湖　南	Hunan	19255	4614	10562	2151	1878
广　东	Guangdong	31546	9152	11261	10263	848
广　西	Guangxi	1128	278	410	412	12
海　南	Hainan	379	107	173	99	
重　庆	Chongqing	6309	2057	2613	1257	129
四　川	Sichuan	59039	16558	19842	22427	31
贵　州	Guizhou	1731	717	471	504	30
云　南	Yunnan	3789	483	2982	202	7
西　藏	Tibet	688	195	493		
陕　西	Shaanxi	26652	12600	4539	9050	226
甘　肃	Gansu	1576	347	561	605	63
青　海	Qinghai	205	65	118	1	20
宁　夏	Ningxia	859	299	174	385	
新　疆	Xinjiang	1623	514	858	201	49

4-9 各地区理工农医类高等学校R&D经费外部支出(2013年)
External Expenditure on R&D in Higher Education in Natural Sciences & Technology by Region (2013)

单位：万元 (10 000 yuan)

地区	Region	R&D经费外部支出 Total	对境内研究机构支出 to Domestic Research institutions	对境内高等学校支出 to Domestic Higher Education	对境内企业支出 to Domestic Enterprises	对境外机构支出 to Foreign Institutions
全国	**National Total**	**657004**	**217535**	**203897**	**210461**	**25111**
东部地区	Eastern Region	455499	157214	131921	150456	15908
中部地区	Middle Region	69010	17062	29081	16577	6291
西部地区	Western Region	103645	35057	33833	34191	564
东北地区	Northeast Region	28850	8203	9062	9237	2348
北京	Beijing	216998	74617	58857	81734	1790
天津	Tianjin	10216	1640	4982	3539	54
河北	Hebei	4454	1126	2009	1283	36
山西	Shanxi	2673	528	981	1164	
内蒙古	Inner Mongolia	1896	1004	797	95	
辽宁	Liaoning	10004	1848	4195	3960	
吉林	Jilin	7963	3115	2959	1829	59
黑龙江	Heilongjiang	10884	3240	1908	3448	2288
上海	Shanghai	44019	16602	11735	12742	2940
江苏	Jiangsu	80064	28172	18850	25402	7640
浙江	Zhejiang	39525	12399	17727	9336	64
安徽	Anhui	8590	2455	3220	2844	70
福建	Fujian	7661	1413	1016	3699	1533
江西	Jiangxi	6523	1155	3666	714	989
山东	Shandong	21682	12051	5483	3146	1003
河南	Henan	3839	974	2364	412	89
湖北	Hubei	28491	7460	8448	9318	3266
湖南	Hunan	18894	4489	10402	2125	1877
广东	Guangdong	30502	9086	11090	9478	848
广西	Guangxi	1112	278	410	412	12
海南	Hainan	379	107	173	99	
重庆	Chongqing	6056	2057	2613	1257	129
四川	Sichuan	58857	16558	19842	22427	31
贵州	Guizhou	1722	717	471	504	30
云南	Yunnan	3639	466	2966	202	5
西藏	Tibet	688	195	493		
陕西	Shaanxi	25420	12560	4531	8104	226
甘肃	Gansu	1576	347	561	605	63
青海	Qinghai	205	65	118	1	20
宁夏	Ningxia	855	297	173	385	
新疆	Xinjiang	1620	514	858	199	49

4-10 各地区人文社科类高等学校R&D经费外部支出(2013年)

External Expenditure on R&D in Higher Education in Social Sciences & Humanities by Region (2013)

单位：万元 (10 000 yuan)

地 区	Region	R&D经费外部支出 Total	对境内研究机构支出 to Domestic Research institutions	对境内高等学校支出 to Domestic Higher Education	对境内企业支出 to Domestic Enterprises	对境外机构支出 to Foreign Institutions
全 国	**National Total**	**11063**	**1654**	**2612**	**3545**	**170**
东部地区	Eastern Region	6078	617	1480	1992	121
中部地区	Middle Region	2536	930	979	462	8
西部地区	Western Region	1871	70	31	950	2
东北地区	Northeast Region	578	37	123	140	39
北 京	Beijing	1700	223	701	515	68
天 津	Tianjin	54	27	12	6	1
河 北	Hebei	10	1	1	8	
山 西	Shanxi	7	1	5		
内蒙古	Inner Mongolia	22	11	7	2	
辽 宁	Liaoning	319	2	60	139	39
吉 林	Jilin	259	35	63	1	
黑龙江	Heilongjiang					
上 海	Shanghai	551	26	167	304	2
江 苏	Jiangsu	937	152	132	77	38
浙 江	Zhejiang	614	33	222	287	10
安 徽	Anhui	202	36	91	70	6
福 建	Fujian	902			4	
江 西	Jiangxi	1287	638	314	300	1
山 东	Shandong	265	89	75	8	3
河 南	Henan	28	7	5	16	
湖 北	Hubei	651	124	405	50	
湖 南	Hunan	360	125	160	26	1
广 东	Guangdong	1045	66	171	784	
广 西	Guangxi	16				
海 南	Hainan					
重 庆	Chongqing	253				
四 川	Sichuan	182				
贵 州	Guizhou	9				
云 南	Yunnan	150	17	16		2
西 藏	Tibet					
陕 西	Shaanxi	1232	40	8	946	
甘 肃	Gansu					
青 海	Qinghai					
宁 夏	Ningxia	4	2	1		
新 疆	Xinjiang	3			2	

4-11 各地区高等学校R&D课题(2013年)
R&D Projects of Higher Education by Region (2013)

地区	Region	R&D课题数 (项) R&D Projects (item)	投入人员 (人年) Input of Personnel (man-year)	投入经费 (万元) Input of Funds (10 000 yuan)
全国	**National Total**	**711010**	**324494**	**6626928**
东部地区	Eastern Region	355181	154475	3670112
中部地区	Middle Region	143535	58478	1056178
西部地区	Western Region	150593	66731	1089712
东北地区	Northeast Region	61701	44811	810926
北京	Beijing	76331	32232	1129322
天津	Tianjin	18875	10803	387697
河北	Hebei	16809	8664	69257
山西	Shanxi	9149	6030	74845
内蒙古	Inner Mongolia	7303	4168	35214
辽宁	Liaoning	26746	16582	364648
吉林	Jilin	16752	12964	146282
黑龙江	Heilongjiang	18203	15265	299995
上海	Shanghai	45473	21467	512477
江苏	Jiangsu	48980	22186	570639
浙江	Zhejiang	45285	14220	342227
安徽	Anhui	27497	12151	180567
福建	Fujian	19501	7112	92673
江西	Jiangxi	16224	4600	84546
山东	Shandong	30783	17573	227187
河南	Henan	19655	6714	146998
湖北	Hubei	38783	15407	388014
湖南	Hunan	32227	13576	181208
广东	Guangdong	50119	19379	326796
广西	Guangxi	16622	10716	54792
海南	Hainan	3025	839	11837
重庆	Chongqing	17017	6862	141928
四川	Sichuan	36581	15121	366569
贵州	Guizhou	11082	3847	39535
云南	Yunnan	11837	5594	59183
西藏	Tibet	675	511	2513
陕西	Shaanxi	30737	11280	289629
甘肃	Gansu	8906	3213	52350
青海	Qinghai	990	548	8169
宁夏	Ningxia	3050	1183	11913
新疆	Xinjiang	5793	3689	27916

4-12 各地区理工农医类高等学校R&D课题(2013年)
R&D Projects of Higher Education in Natural Sciences & Technology by Region (2013)

地 区	Region	R&D课题数 (项) R&D Projects (item)	投入人员 (人年) Input of Personnel (man-year)	投入经费 (万元) Input of Funds (10 000 yuan)
全 国	**National Total**	**397549**	**239871**	**6061995**
东部地区	Eastern Region	199279	113184	3319670
中部地区	Middle Region	74405	41695	965092
西部地区	Western Region	87679	49268	999359
东北地区	Northeast Region	36186	35724	777873
北 京	Beijing	45509	24367	1024809
天 津	Tianjin	11325	7670	371519
河 北	Hebei	7457	5708	62708
山 西	Shanxi	5355	4411	70998
内蒙古	Inner Mongolia	4469	3460	30397
辽 宁	Liaoning	15646	13599	348841
吉 林	Jilin	7518	9650	134007
黑龙江	Heilongjiang	13022	12474	295026
上 海	Shanghai	26861	16865	463259
江 苏	Jiangsu	27365	16540	526842
浙 江	Zhejiang	22390	8934	292455
安 徽	Anhui	16684	9003	171527
福 建	Fujian	10273	4781	78865
江 西	Jiangxi	7118	3504	76343
山 东	Shandong	18410	14008	210813
河 南	Henan	8038	4142	137943
湖 北	Hubei	22306	11343	338504
湖 南	Hunan	14904	9293	169776
广 东	Guangdong	28307	13832	277684
广 西	Guangxi	9574	8908	47171
海 南	Hainan	1382	479	10716
重 庆	Chongqing	8357	4130	123407
四 川	Sichuan	20884	11046	343410
贵 州	Guizhou	6201	2686	35063
云 南	Yunnan	6390	3769	52928
西 藏	Tibet	138	324	1991
陕 西	Shaanxi	20864	8898	274733
甘 肃	Gansu	5388	2304	46942
青 海	Qinghai	557	318	7583
宁 夏	Ningxia	1714	837	10544
新 疆	Xinjiang	3143	2588	25192

4-13 各地区人文社科类高等学校R&D课题(2013年)

R&D Projects of Higher Education in Social Sciences & Humanities by Region (2013)

地 区	Region	R&D课题数 (项) R&D Projects (item)	投入人员 (人年) Input of Personnel (man-year)	投入经费 (万元) Input of Funds (10 000 yuan)
全 国	**National Total**	**313461**	**84624**	**564934**
东部地区	Eastern Region	155902	41291	350442
中部地区	Middle Region	69130	16782	91086
西部地区	Western Region	62914	17463	90352
东北地区	Northeast Region	25515	9087	33053
北 京	Beijing	30822	7865	104514
天 津	Tianjin	7550	3133	16178
河 北	Hebei	9352	2956	6549
山 西	Shanxi	3794	1620	3847
内 蒙 古	Inner Mongolia	2834	708	4817
辽 宁	Liaoning	11100	2983	15807
吉 林	Jilin	9234	3314	12276
黑 龙 江	Heilongjiang	5181	2791	4970
上 海	Shanghai	18612	4602	49219
江 苏	Jiangsu	21615	5646	43797
浙 江	Zhejiang	22895	5286	49771
安 徽	Anhui	10813	3148	9040
福 建	Fujian	9228	2332	13808
江 西	Jiangxi	9106	1096	8203
山 东	Shandong	12373	3565	16373
河 南	Henan	11617	2572	9055
湖 北	Hubei	16477	4063	49510
湖 南	Hunan	17323	4283	11432
广 东	Guangdong	21812	5547	49112
广 西	Guangxi	7048	1808	7621
海 南	Hainan	1643	360	1121
重 庆	Chongqing	8660	2732	18521
四 川	Sichuan	15697	4076	23160
贵 州	Guizhou	4881	1161	4473
云 南	Yunnan	5447	1825	6255
西 藏	Tibet	537	187	522
陕 西	Shaanxi	9873	2382	14897
甘 肃	Gansu	3518	909	5407
青 海	Qinghai	433	230	586
宁 夏	Ningxia	1336	346	1370
新 疆	Xinjiang	2650	1101	2725

4-14 按学科分高等学校R&D课题(2013年)
R&D Projects Taken by R&D Institutions by Discipline (2013)

学 科	Discipline	R&D课题数(项) R&D Projects (item)	投入人员(人年) Input of Personnel (man-year)	投入经费(万元) Input of Funds (10 000 yuan)
全 国	**National Total**	**711010**	**324494**	**6626928**
数 学	Mathematics	10994	5890	81971
信息科学与系统科学	Information & System Science	6350	3459	123907
力 学	Mechanics	2801	1427	49999
物理学	Physics	12816	7156	177921
化 学	Chemistry	18113	10355	241086
天文学	Astronomy	292	127	2899
地球科学	Earth Science	13466	6301	246932
生物学	Biology	20139	11634	286945
心理学	Psychology	444	186	2838
农 学	Agriculture	16744	8207	244863
林 学	Forestry	3639	2179	45264
畜牧、兽医科学	Livestock, Veterinary Medicine	5856	3128	85960
水产学	Aquatic	2265	1098	28355
基础医学	Basic Medicine	18750	14440	181642
临床医学	Clinic Medicine	41039	40127	336392
预防医学与卫生学	Protective Medicine	2738	1838	27347
军事医学与特种医学	Military Medicine & Special Medicine	123	119	1280
药 学	Pharmacy	6431	3738	99462
中医学与中药学	Traditional Chinese Medicine	15596	13654	113217
工程与技术科学基础学科	Engineering & Basic Technology Science	3265	1504	47935
信息与系统科学相关工程与技术	Information and System Science-related Engineering and Technology	3693	1985	77582
自然科学相关工程与技术	Science and Technology-related Engineering and Technology	2018	1075	26879
测绘科学技术	Surveying & Mapping	1501	904	30150
材料科学	Material Science	19077	10495	334371
矿山工程技术	Mining	7372	3655	136134
冶金工程技术	Metallurgy	1822	1254	77080
机械工程	Mechanical Engineering	19758	11092	373425
动力与电气工程	Power & Electrical Engineering	11357	5558	261975
能源科学技术	Energy Technology	4576	2430	115021
核科学技术	Nuclear Technology	845	497	25829
电子、通信与自动控制技术	Electronics, Communication & Automation	22780	12560	468402
计算机科学技术	Computer Technology	21965	11528	300247
化学工程	Chemical Engineering	11571	5748	236128
产品应用相关工程与技术	Products Application-related Engineering and Technology	1031	567	18869
纺织科学技术	Textile Technology	1924	1060	23071
食品科学技术	Food Technology	5222	2738	68514
土木建筑工程	Civil Construction	15094	7580	242338
水利工程	Water Conservancy	3761	1752	70970
交通运输工程	Transportaiton Engineering	8759	4646	167635
航空、航天科学技术	Aviation and Aerospace	4779	2350	200289
环境科学技术	Environment	14593	7209	238459
安全科学技术	Security	1139	611	20159
管理学	Management	70426	20359	244266
马克思主义	Marxism	10325	2976	10552
哲 学	Phylosophy	5413	1505	8984
宗教学	Religion	851	250	1937
语言学	Linguistics	20647	6152	19681
文 学	Literature	16819	4753	18548
艺术学	Arts	23933	6383	66351
历史学	Histry	8758	2369	17201
考古学	Archaeology	949	254	6262
经济学	Economics	46522	12675	110352
政治学	Politics	7896	2128	11822
法 学	Law	20408	5100	32894
军事学	Military	20	15	232
社会学	Sociology	18566	4806	36978
民族学	Ethnography	4180	1300	6781
新闻学与传播学	Journalism	7475	1831	18075
图书馆、情报与文献学	Library and Information Literature	5932	1773	8965
教育学	Education	39345	10823	44158
体育科学	Physical Science	12959	4118	12933
统计学	Statistics	2638	754	6972
其 他	Others	450	310	3247

4-15 按来源和合作形式分高等学校R&D课题(2013年)
R&D Projects of Higher Education by Sources and Cooperation Modality (2013)

项　目	Item	R&D课题数 (项) R&D Projects (item)	投入人员 (人年) Input of Personnel (man-year)	投入经费 (万元) Input of Funds (10 000 yuan)
总　计	**Total**	**711010**	**324494**	**6626928**
按课题来源分组	**By Sources of Topics**			
国家科技项目	National S&T Projects	214850	128384	3272130
地方科技项目	Local S&T Projects	222517	98061	770955
企业委托科技项目	S&T Projects Entrusted by Enterprise	158454	61044	2301498
自选科技项目	S&T Projects Chosen by Enterprise	103338	32582	201006
来自国外的科技项目	Oversease S&T Projects	3393	1427	57023
其它科技项目	Others	8458	2996	24316
按合作形式分组	**By Cooperation Modality**			
与境外机构合作	Cooperation with Oversease Institutes	3138	1638	58607
与国内高校合作	Cooperation with Higher Education	22718	12132	414615
与国内独立研究机构合作	Cooperation with Independent Research Institutes	16992	9524	403702
与境内注册的外商独资企业合作	Cooperation with Sole Foreign Enterprise	742	263	8258
与境内注册的其他企业合作	Cooperation with Other Enterprise	33545	15701	504167
独立完成	Independent Implementation	619387	279866	5089417
其　他	Others	14488	5371	148164

4-16 各地区高等学校
S&T Output of Higher

地 区	Region	发表科技论文（篇） Scientific Papers Issued (piece)	#国外发表 Published in Foreign Periodicals	出版科技著作（种） Publication on S&T (kind)
全 国	**National Total**	**1127210**	**249673**	**37866**
东部地区	Eastern Region	528314	138285	18717
中部地区	Middle Region	236318	42352	7791
西部地区	Western Region	247131	41672	6988
东北地区	Northeast Region	115447		4370
北 京	Beijing	113220	27570	5410
天 津	Tianjin	26869	8288	837
河 北	Hebei	31005	4118	917
山 西	Shanxi	13373	2640	523
内蒙古	Inner Mongolia	13249	1396	509
辽 宁	Liaoning	51531	10990	2048
吉 林	Jilin	28634	5564	978
黑龙江	Heilongjiang	35282	10810	1344
上 海	Shanghai	72225	23994	2576
江 苏	Jiangsu	104738	26576	2840
浙 江	Zhejiang	43374	12538	1553
安 徽	Anhui	37394	6750	1120
福 建	Fujian	18770	4967	691
江 西	Jiangxi	24040	3726	509
山 东	Shandong	50325	14970	1649
河 南	Henan	44891	5823	1929
湖 北	Hubei	70435	15161	2329
湖 南	Hunan	46185	8252	1381
广 东	Guangdong	63073	14963	1803
广 西	Guangxi	24716	2669	624
海 南	Hainan	4715	301	441
重 庆	Chongqing	29645	6641	1092
四 川	Sichuan	55792	13728	1207
贵 州	Guizhou	14890	845	403
云 南	Yunnan	20773	2251	721
西 藏	Tibet	1050	31	24
陕 西	Shaanxi	49872	10498	1254
甘 肃	Gansu	16951	2479	752
青 海	Qinghai	2298	70	103
宁 夏	Ningxia	5569	249	95
新 疆	Xinjiang	12326	815	204

科技产出(2013年)
Education by Region(2013)

专利申请数 (件) Patents Application (piece)	#发明专利 Invetions	有效发明专利 (件) Patent in Force (piece)	专利所有权转让及许可数 (件) Number of Transfer and Licensing of Patent Ownership (piece)	专利所有权转让及许可收入 (万元) Revenue from Transfer and Licensing of Patent Ownership (10 000 yuan)	形成国家或行业标准数 (项) Number of National and Industrial Standard (item)
133865	**81251**	**138893**	**2344**	**43624**	**250**
94046	90973	90998	1327	27557	173
16624	15865	15863	404	9992	20
19575	19372	19399	395	3305	51
13119	12597	12633	218	2770	6
26178	26158	26165	193	11364	125
4442	4299	4299	83	982	
1325	1110	1110	86	1637	2
1333	1333	1333	74	318	
270	270	268	1	20	5
5383	5295	5327	95	1349	
1871	1849	1850	45	465	
5865	5453	5456	78	957	6
12900	12801	12796	253	3932	1
22721	20557	20523	431	4728	30
12085	11839	11831	76	1046	
2527	2110	2103	121	1289	10
2797	2797	2797	35	527	7
1003	793	797	14	93	
4625	4516	4510	90	1869	2
2021	1965	1962	30	1347	
5857	5822	5824	91	2267	
3883	3842	3844	74	4680	10
6895	6819	6890	80	1471	6
1084	1061	1074	104	543	
78	77	77			
3374	3236	3240	51	854	
3981	3981	3981	109	966	
443	403	402	3	217	
1189	1189	1202	22	124	1
2	2	2			
8089	8087	8087	101	536	
786	786	786	2	10	24
15	15	15			21
78	78	78			
264	264	264	2	35	

4-17 各地区理工农医类

S&T Output of Higher Education in Social

地 区	Region	发表科技论文 (篇) Scientific Papers Issued (piece)	#国外发表 Published in Foreign Periodicals	出版科技著作 (种) Publication on S&T (kind)
全 国	**National Total**	**808666**	**239355**	**11493**
东部地区	Eastern Region	382102	132149	4514
中部地区	Middle Region	167350	41116	2936
西部地区	Western Region	175855	40022	2253
东北地区	Northeast Region	83359	26068	1790
北 京	Beijing	79814	25703	963
天 津	Tianjin	20511	8079	175
河 北	Hebei	20398	3997	398
山 西	Shanxi	10102	2615	249
内 蒙 古	Inner Mongolia	9005	1272	171
辽 宁	Liaoning	37737	10458	809
吉 林	Jilin	18714	4950	318
黑 龙 江	Heilongjiang	26908	10660	663
上 海	Shanghai	54079	22860	425
江 苏	Jiangsu	79321	25998	1108
浙 江	Zhejiang	31363	11914	332
安 徽	Anhui	27010	6635	522
福 建	Fujian	11680	4702	176
江 西	Jiangxi	17665	3511	140
山 东	Shandong	37464	14462	415
河 南	Henan	29120	5636	704
湖 北	Hubei	50631	14704	771
湖 南	Hunan	32822	8015	550
广 东	Guangdong	45308	14178	423
广 西	Guangxi	17914	2585	163
海 南	Hainan	2164	256	99
重 庆	Chongqing	19736	6203	303
四 川	Sichuan	42302	13332	369
贵 州	Guizhou	8504	828	114
云 南	Yunnan	12871	2167	127
西 藏	Tibet	504	27	10
陕 西	Shaanxi	39284	10228	614
甘 肃	Gansu	10761	2321	244
青 海	Qinghai	1642	70	48
宁 夏	Ningxia	4689	245	16
新 疆	Xinjiang	8643	744	74

高等学校科技产出(2013年)
Sciences & Humanities by Region(2013)

专利申请数(件) Patents Application (piece)	#发明专利 Invetions	有效发明专利(件) Patent in Force (piece)	专利所有权转让及许可数(件) Number of Transfer and Licensing of Patent Ownership (piece)	专利所有权转让及许可收入(万元) Revenue from Transfer and Licensing of Patent Ownership (10 000 yuan)	形成国家或行业标准数(项) Number of National and Industrial Standard (item)
129034	**80977**	**138533**	**2310**	**43547**	**250**
90862	90862	90862	1325	27527	173
15805	15805	15805	380	9949	20
19368	19368	19368	390	3302	51
12498	12498	12498	215	2770	6
26152	26152	26152	193	11364	125
4299	4299	4299	83	982	
1102	1102	1102	86	1637	2
1333	1333	1333	74	318	
268	268	268	1	20	5
5201	5201	5201	95	1349	
1847	1847	1847	42	465	
5450	5450	5450	78	957	6
12792	12792	12792	253	3932	1
20493	20493	20493	429	4698	30
11825	11825	11825	76	1046	
2101	2101	2101	98	1245	10
2797	2797	2797	35	527	7
786	786	786	13	93	
4509	4509	4509	90	1869	2
1942	1942	1942	30	1347	
5820	5820	5820	91	2267	
3823	3823	3823	74	4680	10
6816	6816	6816	80	1471	6
1061	1061	1061	99	540	
77	77	77			
3236	3236	3236	51	854	
3981	3981	3981	109	966	
402	402	402	3	217	
1188	1188	1188	22	124	1
2	2	2			
8087	8087	8087	101	536	
786	786	786	2	10	24
15	15	15			21
78	78	78			
264	264	264	2	35	

4-18 各地区人文社科类

S&T Output of Higher Education in Social

地 区	Region	发表科技论文（篇） Scientific Papers Issued (piece)	#国外发表 Published in Foreign Periodicals	出版科技著作（种） Publication on S&T (kind)
全 国	**National Total**	**318544**	**10318**	**26373**
东部地区	Eastern Region	146212	6136	14203
中部地区	Middle Region	68968	1236	4855
西部地区	Western Region	71276	1650	4735
东北地区	Northeast Region	32088	1296	2580
北 京	Beijing	33406	1867	4447
天 津	Tianjin	6358	209	662
河 北	Hebei	10607	121	519
山 西	Shanxi	3271	25	274
内蒙古	Inner Mongolia	4244	124	338
辽 宁	Liaoning	13794	532	1239
吉 林	Jilin	9920	614	660
黑龙江	Heilongjiang	8374	150	681
上 海	Shanghai	18146	1134	2151
江 苏	Jiangsu	25417	578	1732
浙 江	Zhejiang	12011	624	1221
安 徽	Anhui	10384	115	598
福 建	Fujian	7090	265	515
江 西	Jiangxi	6375	215	369
山 东	Shandong	12861	508	1234
河 南	Henan	15771	187	1225
湖 北	Hubei	19804	457	1558
湖 南	Hunan	13363	237	831
广 东	Guangdong	17765	785	1380
广 西	Guangxi	6802	84	461
海 南	Hainan	2551	45	342
重 庆	Chongqing	9909	438	789
四 川	Sichuan	13490	396	838
贵 州	Guizhou	6386	17	289
云 南	Yunnan	7902	84	594
西 藏	Tibet	546	4	14
陕 西	Shaanxi	10588	270	640
甘 肃	Gansu	6190	158	508
青 海	Qinghai	656		55
宁 夏	Ningxia	880	4	79
新 疆	Xinjiang	3683	71	130

高等学校科技产出(2013年)

Sciences & Humanities by Region(2013)

专利申请数(件) Patents Application (piece)	#发明专利 Invetions	有效发明专利(件) Patent in Force (piece)	专利所有权转让及许可数(件) Number of Transfer and Licensing of Patent Ownership (piece)	专利所有权转让及许可收入(万元) Revenue from Transfer and Licensing of Patent Ownership (10 000 yuan)	形成国家或行业标准数(项) Number of National and Industrial Standard (item)
4831	**274**	**360**	**34**	**77**	
3184	111	136	2	30	
819	60	58	24	44	
207	4	31	5	3	
621	99	135	3		
26	6	13			
143					
223	8	8			
2	2				
182	94	126			
24	2	3	3		
415	3	6			
108	9	4			
2228	64	30	2	30	
260	14	6			
426	9	2	23	44	
217	7	11	1		
116	7	1			
79	23	20			
37	2	4			
60	19	21			
79	3	74			
23		13	5	3	
1					
138		4			
41	1				
1	1	14			
2					

Sciences & Humanities by Zoeton (2013)

五、高技术产业

High-tech Industry

5-1 高技术产业基本情况

Basic Statistics on High-tech Industry

指　标	Item	1995	2000	2005	2008	2009	2010	2011	2012	2013
生产经营情况	**Statistics on Production and Operation**									
企业数（个）	Number of Enterprises(unit)	18834	9758	17527	25817	27218	28189	21682	24636	26894
主营业务收入（亿元）	Revenue from Principal Business (100 million yuan)	3917.1	10033.7	33921.8	55728.9	59566.7	74482.8	87527.2	102284.0	116048.9
利润（亿元）	Profits (100 million yuan)	178.0	673.5	1423.2	2725.1	3278.5	4879.7	5244.9	6186.3	7233.7
利税（亿元）	Profits and Taxes (100 million yuan)	326.2	1033.4	2089.6	4023.9	4660.3	6753.1	7813.8	9494.3	11117.0
出口交货值（亿元）	Export(100 million yuan)	1125.2	3388.4	17636.0	31503.9	29435.3	37001.6	40600.3	46701.1	49285.1
科技活动及相关情况	**Statistics on Science and Technology Activities and Relative Statistics**									
研发机构数（个）	R&D Institutions(unit)	2138	1379	1619	2534	2845	3184	3254	4566	4583
R&D人员全时当量(万人年)	R&D Personnel (10 000 man-year)	5.8	9.2	17.3	28.5	32.0	39.9	42.7	52.6	55.9
R&D经费（亿元）	Expenditure on R&D (100 million yuan)	17.8	111.0	362.5	655.2	774.0	967.8	1237.8	1491.5	1734.4
新产品开发经费（亿元）	Expenditure on New Produts Development(100 million yuan)	32.3	117.8	415.7	798.4	925.1	1006.9	1528.0	1827.5	2069.5
专利申请数（件）	Patent Applications (piece)	612	2245	16823	39656	51513	59683	77725	97200	102532
有效发明专利数（件）	Number of Inventions In Force (piece)	410	1443	6658	23915	31830	50166	67428	97878	115884
固定资产投资情况	**Statistics on Investment in Fixed Assets**									
施工项目数（个）	Number of Projects under Construction(unit)		2734	7095	8534	9780	10723	13204	15681	17691
#新开工项目数	Number of Projects Started This Year		1640	4460	4872	6220	7117	8447	10223	11637
全部建成或投产项目数（个）	Number of Projects Completed and Put into Use (unit)		1282	3158	4290	5412	6011	7735	8968	10528
投资额（亿元）	Investment(100 million yuan)		563.0	2144.0	4169.2	4882.2	6944.7	9468.5	12932.7	15557.7
新增固定资产（亿元）	Newly Increased Fixed Assets (100 million yuan)		421.0	1464.0	2574.2	3160.5	4450.4	6355.2	8377.1	9874.3

注：本表生产经营情况的数据口径为规模以上工业企业，科技活动及相关情况的数据口径为大中型工业企业；2011年及之后年份固定资产投资情况的数据口径为投资额在500万元及以上的项目，2011年之前的数据口径为50万元及以上的项目。

Note: Statistics on production and operation cover industrial enterprises above designated size and statistics on science and technology activities and S&T-related cover Large and Medium-sized Enterprises; From the year 2011,statistics on investment in fi

5-2 高技术产业生产经营情况（2013年）
Statistics on Production and Management in High-tech Industry(2013)

单位：亿元 (100 million yuan)

行业	Industry	企业数（个） Number of Enterprises (unit)	主营业务收入 Revenue from Principal Business	利润 Profits	利税 Profits and Taxes	出口交货值 Export
合计	**Total**	**26894**	**116048.9**	**7233.7**	**11117.0**	**49285.1**
医药制造业	**Manufacture of Medicines**	**6839**	**20484.2**	**2132.7**	**3316.2**	**1184.2**
#化学药品制造	Manufacture of Chemical Medicine	2366	9433.8	936.0	1502.8	724.4
中成药生产	Manufacture of Finished Traditional Chinese Herbal Medicine	1555	5022.6	562.6	893.5	48.2
生物药品制造	Manufacture of Biological Medicine	889	2403.7	296.1	426.9	194.1
航空、航天器及设备制造业	**Manufacture of Aircrafts and Spacecrafts**	**318**	**2853.2**	**139.3**	**183.9**	**370.1**
#飞机制造	Manufacture of Airplanes	126	2071.7	86.5	113.7	216.5
航天器制造	Manufacture of Spacecrafts	29	183.5	14.0	15.1	0.8
电子及通信设备制造业	**Manufacture of Electronic Equipment and Communication Equipment**	**13465**	**60633.9**	**3326.8**	**5277.9**	**28738.4**
#通信设备制造	Manufacture of Communication Equipment	1449	17018.9	897.2	1716.9	8102.9
#通信系统设备制造	Manufacture of Communication System Equipment	756	6504.5	535.5	957.2	2547.7
通信终端设备制造	Manufacture of Communication Terminal Equipment	693	10514.5	361.7	759.7	5555.2
广播电视设备制造	Manufacture of Broadcasting and TV Equipment	624	1554.0	106.7	153.6	575.0
雷达及配套设备制造	Manufacture of Radar and Its Fittings	58	444.2	28.3	38.7	91.3
视听设备制造	Manufacture of Audio and Video Equipment	1039	7560.7	379.5	589.4	3295.2
电子器件制造	Manufacture of Electronic Appliances	2593	13560.6	797.4	1072.5	8411.8
#电子真空器件制造	Manufacture of Electronic Vacuum Appliances	103	205.0	15.6	24.4	52.1
半导体分立器件制造	Manufacture of Semiconductor Discreting Appliances	328	793.9	33.7	48.6	407.6
集成电路制造	Manufacture of Integrate Circuit	438	2683.8	164.7	235.8	1706.3
电子元件制造	Manufacture of Electronic Components	5367	13613.9	704.1	1069.3	6309.0
其他电子设备制造	Manufacture of Other Electronic Equipment	1095	3043.8	166.9	262.5	1252.7
计算机及办公设备制造业	**Manufacture of Computers and Office Equipment**	**1565**	**23214.2**	**810.4**	**1148.4**	**17640.7**
#计算机整机制造	Manufacture of Entired Computer	167	13893.5	412.4	590.9	10524.8
计算机零部件制造	Manufacture of Parts and Fixture for Computer	510	4661.7	165.3	232.4	3990.6
计算机外围设备制造	Manufacture of Computer Peripheral Equipment	441	2505.6	100.2	143.7	1875.4
办公设备制造	Manufacture of Office Equipment	240	1192.5	64.2	91.1	762.8
医疗仪器设备及仪器仪表制造业	**Manufacture of Medical Equipment and Measuring Instrument and Meter**	**4707**	**8863.5**	**824.6**	**1190.6**	**1351.8**
医疗仪器设备及器械制造	Manufacture of Medical Equipment and Appliances	1084	1853.6	201.1	264.7	445.2
仪器仪表制造	Manufacture of Measuring Instrument and Meter	3623	7009.9	623.5	925.9	906.6

注：表5-2至表5-11的数据口径为规模以上工业企业。
Note: Statistics from table 5-2 to table 5-11 cover industrial enterprises above designated size.

5-3 各地区高技术产业生产经营情况（2013年）

Statistics on Production and Management in High-tech Industry by Region(2013)

单位：亿元　　(100 million yuan)

地区	Region	企业数(个) Number of Enterprises (unit)	主营业务收入 Revenue from Principal Business	利润 Profits	利税 Profits and Taxes	出口交货值 Export
全国	**National Total**	**26894**	**116048.9**	**7233.7**	**11117.0**	**49285.1**
东部地区	Eastern Region	18761	85972.2	5157.4	7809.5	40541.6
中部地区	Middle Region	4319	14123.3	949.5	1536.7	3745.0
西部地区	Western Region	2502	11548.8	789.7	1258.7	4548.3
东北地区	Northeast Region	1312	4404.5	337.2	512.1	450.2
北京	Beijing	782	3826.1	292.4	402.7	1118.8
天津	Tianjin	585	4243.5	297.9	546.6	1537.0
河北	Hebei	504	1381.0	107.8	155.9	150.5
山西	Shanxi	138	707.8	25.1	43.2	388.5
内蒙古	Inner Mongolia	100	344.8	33.9	53.0	11.2
辽宁	Liaoning	735	2362.4	173.1	253.0	417.0
吉林	Jilin	394	1431.3	115.3	180.2	19.7
黑龙江	Heilongjiang	183	610.8	48.8	78.9	13.5
上海	Shanghai	1024	6823.4	235.7	289.6	4503.8
江苏	Jiangsu	4865	24854.0	1521.5	2155.3	12244.5
浙江	Zhejiang	2391	4360.1	419.2	599.1	1425.8
安徽	Anhui	841	1831.4	157.8	232.6	300.3
福建	Fujian	742	3545.0	176.9	234.3	1936.5
江西	Jiangxi	696	2289.6	156.0	243.9	257.7
山东	Shandong	2015	8946.5	700.3	1037.3	1663.5
河南	Henan	933	4284.4	274.1	466.6	1894.0
湖北	Hubei	830	2445.3	148.4	241.6	415.9
湖南	Hunan	881	2564.9	188.1	308.9	488.5
广东	Guangdong	5802	27871.1	1388.6	2361.1	15957.1
广西	Guangxi	301	1126.2	124.2	163.0	231.8
海南	Hainan	51	121.4	17.0	27.7	4.1
重庆	Chongqing	383	2624.2	73.6	123.1	1710.2
四川	Sichuan	841	5160.5	370.0	625.6	2440.6
贵州	Guizhou	149	372.0	27.8	48.2	9.2
云南	Yunnan	136	291.1	42.2	62.7	7.0
西藏	Tibet	8	11.8	3.3	4.8	
陕西	Shaanxi	402	1374.0	86.2	139.3	110.6
甘肃	Gansu	107	140.9	19.1	25.0	17.7
青海	Qinghai	28	50.7	7.8	10.7	0.2
宁夏	Ningxia	19	31.8	-0.1	0.1	8.8
新疆	Xinjiang	28	20.7	1.9	3.1	1.0

5-4 高技术产业R&D活动情况（2013年）
Statistics on R&D Activities in High-tech Industry(2013)

单位：万元 (10 000 yuan)

行业	Industry	R&D机构数（个）R&D Institutions (unit)	R&D人员全时当量（人年）Full-time Equivalent of R&D Personnel (man-year)	R&D经费内部支出 Intramual Expenditure on R&D	R&D项目数（项）R&D Projects (item)	R&D项目经费 Expenditure on R&D Projects
合　计	**Total**	**8972**	**670222**	**20343380**	**80860**	**18049839**
医药制造业	**Manufacture of Medicines**	**2529**	**123200**	**3476553**	**25425**	**3106987**
#化学药品制造	Manufacture of Chemical Medicine	1127	65241	1854316	15805	1665073
中成药生产	Manufacture of Finished Traditional Chinese Herbal Medicine	592	28340	717620	4467	651700
生物药品制造	Manufacture of Biological Medicine	396	15855	537284	2905	462212
航空、航天器及设备制造业	**Manufacture of Aircrafts and Spacecrafts**	**148**	**47875**	**1747135**	**3698**	**1161981**
#飞机制造	Manufacture of Airplanes	86	38290	1425122	2191	950523
航天器制造	Manufacture of Spacecrafts	13	3701	220058	1101	127078
电子及通信设备制造业	**Manufacture of Electronic Equipment and Communication Equipment**	**4079**	**356885**	**11703282**	**36205**	**10746471**
#通信设备制造	Manufacture of Communication Equipment	481	127711	5042582	5874	4885506
#通信系统设备制造	Manufacture of Communication System Equipment	297	105608	4194310	3870	4089537
通信终端设备制造	Manufacture of Communication Terminal Equipment	184	22103	848272	2004	795969
广播电视设备制造	Manufacture of Broadcasting and TV Equipment	202	12721	285109	1466	263456
雷达及配套设备制造	Manufacture of Radar and Its Fittings	40	5980	172095	927	153143
视听设备制造	Manufacture of Audio and Video Equipment	271	33348	1255146	5562	1126833
电子器件制造	Manufacture of Electronic Appliances	884	62396	2185723	8433	1825805
#电子真空器件制造	Manufacture of Electronic Vacuum Appliances	29	1074	22693	177	18602
半导体分立器件制造	Manufacture of Semiconductor Discreting Appliances	124	4998	104346	978	88440
集成电路制造	Manufacture of Integrate Circuit	169	19917	753810	1509	599046
电子元件制造	Manufacture of Electronic Components	1449	77165	1681004	9369	1540776
其他电子设备制造	Manufacture of Other Electronic Equipment	322	15937	511014	1886	444974
计算机及办公设备制造业	**Manufacture of Computers and Office Equipment**	**419**	**59940**	**1484825**	**3276**	**1356659**
#计算机整机制造	Manufacture of Entired Computer	57	19877	677800	745	609662
计算机零部件制造	Manufacture of Parts and Fixture for Computer	109	19090	287111	613	263526
计算机外围设备制造	Manufacture of Computer Peripheral Equipment	114	9153	264307	971	249622
办公设备制造	Manufacture of Office Equipment	77	4643	102442	411	94080
医疗仪器设备及仪器仪表制造业	**Manufacture of Medical Equipment and Measuring Instrument and Meter**	**1797**	**82322**	**1931585**	**12256**	**1677741**
医疗仪器设备及器械制造	Manufacture of Medical Equipment and Appliances	379	**16065**	486942	2529	402125
仪器仪表制造	Manufacture of Measuring Instrument and Meter	1418	66257	1444643	9727	1275615

5-5 各地区高技术产业R&D活动情况（2013年）

Statistics on R&D Activities in High-tech Industry by Region(2013)

单位：万元 (10 000 yuan)

地区	Region	R&D机构数（个）R&D Institutions (unit)	R&D人员（人年）R&D Personnel (man-year)	R&D经费内部支出 Intramual Expenditure on R&D	R&D项目数（项）R&D Projects (item)	R&D项目经费 Expenditure on R&D Projects
全　国	**National Total**	**8972**	**670222**	**20343380**	**80860**	**18049839**
东部地区	Eastern Region	6839	514475	15817080	56491	14362358
中部地区	Middle Region	1170	73364	1990256	8486	1711522
西部地区	Western Region	687	61745	1719199	9272	1406568
东北地区	Northeast Region	276	20638	816845	6611	569391
北　京	Beijing	250	23707	1065430	5391	769426
天　津	Tianjin	124	13242	451315	2890	385332
河　北	Hebei	122	8960	216687	1634	174483
山　西	Shanxi	39	3076	58480	334	54287
内蒙古	Inner Mongolia	16	625	15532	86	12715
辽　宁	Liaoning	123	9717	533576	1049	323765
吉　林	Jilin	78	3706	72387	4617	64369
黑龙江	Heilongjiang	75	7216	210882	945	181257
上　海	Shanghai	207	26865	1061501	2973	962083
江　苏	Jiangsu	3019	100729	2798080	11183	2481797
浙　江	Zhejiang	1136	55109	1304677	7639	1242554
安　徽	Anhui	324	11100	301380	2212	237811
福　建	Fujian	265	29186	705357	2195	656350
江　西	Jiangxi	131	9553	214956	1190	200747
山　东	Shandong	584	46887	1562172	5480	1387561
河　南	Henan	237	15947	249531	1448	215951
湖　北	Hubei	192	24479	732174	2217	599504
湖　南	Hunan	247	9211	433737	1085	403221
广　东	Guangdong	1103	208174	6612820	16500	6272881
广　西	Guangxi	75	1989	63038	516	57101
海　南	Hainan	29	1617	39039	606	29891
重　庆	Chongqing	116	5392	166156	1073	149144
四　川	Sichuan	178	19814	618378	4066	485180
贵　州	Guizhou	52	9100	155535	742	150117
云　南	Yunnan	49	1885	61105	314	58135
西　藏	Tibet	4	11	1454	9	1221
陕　西	Shaanxi	151	21120	583150	2014	446639
甘　肃	Gansu	24	1035	30488	161	25842
青　海	Qinghai	3	199	6093	22	5853
宁　夏	Ningxia	11	473	14822	245	11711
新　疆	Xinjiang	8	103	3448	24	2910

5-6 高技术产业新产品开发及生产（2013年）
Statistics on New Products Production in High-tech Industry (2013)

单位：万元 (10 000 yuan)

行 业	Industry	新产品开发项目数(项) New Products (unit)	新产品开发经费支出 Expenditure on New Produts Development	新产品销售收入 Sales Revenue of New Products	#出口 Export
合 计	**Total**	**97230**	**24279546**	**312296100**	**122333390**
医药制造业	**Manufacture of Medicines**	**29247**	**3645006**	**36061674**	**3168255**
#化学药品制造	Manufacture of Chemical Medicine	18579	1888503	20282116	2376198
中成药生产	Manufacture of Finished Traditional Chinese Herbal Medicine	4629	747376	8296029	85244
生物药品制造	Manufacture of Biological Medicine	3348	596301	3266623	472717
航空、航天器及设备制造业	**Manufacture of Aircrafts and Spacecrafts**	**3825**	**1856287**	**7566092**	**438492**
#飞机制造	Manufacture of Airplanes	2202	1416974	6683992	428265
航天器制造	Manufacture of Spacecrafts	1105	317472	435840	
电子及通信设备制造业	**Manufacture of Electronic Equipment and Communication Equipment**	**44751**	**14414560**	**193907207**	**78984744**
#通信设备制造	Manufacture of Communication Equipment	8212	6034498	90731953	40650874
#通信系统设备制造	Manufacture of Communication System Equipment	5806	4966033	30178607	13757529
通信终端设备制造	Manufacture of Communication Terminal Equipment	2406	1068466	60553347	26893346
广播电视设备制造	Manufacture of Broadcasting and TV Equipment	1935	404330	3709958	1357137
雷达及配套设备制造	Manufacture of Radar and Its Fittings	1112	201544	1204193	64754
视听设备制造	Manufacture of Audio and Video Equipment	6668	1508341	33199982	11570292
电子器件制造	Manufacture of Electronic Appliances	10049	2807635	28557741	12985822
#电子真空器件制造	Manufacture of Electronic Vacuum Appliances	245	29507	628798	353577
半导体分立器件制造	Manufacture of Semiconductor Discreting Appliances	1055	132491	998409	302204
集成电路制造	Manufacture of Integrate Circuit	1988	1008634	6093248	3323460
电子元件制造	Manufacture of Electronic Components	11002	1987548	22923691	9375768
其他电子设备制造	Manufacture of Other Electronic Equipment	2627	706562	5385038	672674
计算机及办公设备制造业	**Manufacture of Computers and Office Equipment**	**4338**	**2041757**	**57374228**	**37281236**
#计算机整机制造	Manufacture of Entired Computer	914	955832	26037166	12794494
计算机零部件制造	Manufacture of Parts and Fixture for Computer	816	420288	22195318	20411069
计算机外围设备制造	Manufacture of Computer Peripheral Equipment	1309	324029	5964034	3084719
办公设备制造	Manufacture of Office Equipment	553	134190	1451598	507858
医疗仪器设备及仪器仪表制造业	**Manufacture of Medical Equipment and Measuring Instrument and Meter**	**15069**	**2321937**	**17386899**	**2460663**
医疗仪器设备及器械制造	Manufacture of Medical Equipment and Appliances	3338	610727	3014633	645838
仪器仪表制造	Manufacture of Measuring Instrument and Meter	11731	1711210	14372266	1814825

5-7 各地区高技术产业新产品开发及生产（2013年）

Statistics on New Products Production in High-tech Industry by Region(2013)

单位：万元 (10 000 yuan)

地 区	Region	新产品开发项目数（项）New Products (unit)	新产品开发经费支出 Expenditure on New Produts Development	新产品销售收入 Sales Revenue of New Products	#出口 Export
全 国	**National Total**	**97230**	**24279546**	**312296100**	**122333390**
东部地区	Eastern Region	68249	19063624	252004184	101303834
中部地区	Middle Region	9881	2230945	40446000	19937058
西部地区	Western Region	12065	2122651	14001371	685048
东北地区	Northeast Region	7035	862326	5844545	407450
北 京	Beijing	6801	1500594	15844619	4416106
天 津	Tianjin	2510	438171	18228710	8551080
河 北	Hebei	1603	198076	1994115	223606
山 西	Shanxi	479	76544	473710	10201
内蒙古	Inner Mongolia	94	37388	181415	17852
辽 宁	Liaoning	1265	537321	3852562	356827
吉 林	Jilin	4786	108333	1336505	13970
黑龙江	Heilongjiang	984	216672	655479	36654
上 海	Shanghai	3979	1421741	7950113	2607658
江 苏	Jiangsu	13744	4023235	61542994	26939959
浙 江	Zhejiang	8114	1475047	18187699	4367763
安 徽	Anhui	2738	409680	4199537	500534
福 建	Fujian	2407	728582	12232979	5713162
江 西	Jiangxi	1300	206844	2783578	254157
山 东	Shandong	5756	1636704	18191965	3516105
河 南	Henan	1673	246938	19808745	17726009
湖 北	Hubei	2309	796119	5563646	515426
湖 南	Hunan	1382	494820	7616784	930731
广 东	Guangdong	22815	7594487	97687742	44968394
广 西	Guangxi	544	66433	906869	41493
海 南	Hainan	520	46988	143249	
重 庆	Chongqing	1154	172709	1522376	58587
四 川	Sichuan	6267	853626	7309076	284826
贵 州	Guizhou	828	187538	882589	46019
云 南	Yunnan	293	64896	524205	24486
西 藏	Tibet	3	520	23454	141
陕 西	Shaanxi	2295	675881	2183206	88922
甘 肃	Gansu	285	43730	295040	98467
青 海	Qinghai	18	1009	10065	
宁 夏	Ningxia	240	12522	140505	24255
新 疆	Xinjiang	44	6399	22573	

5-8 高技术产业专利情况（2013年）

Statistics on Patents in High-tech Industry(2013)

单位：件 (piece)

行　业	Industry	专利申请数 Patent Applications	#发明专利 Inventions	有效发明专利数 Inventions in Force
合　计	**Total**	**143005**	**74059**	**138785**
医药制造业	**Manufacture of Medicines**	**17124**	**10475**	**19558**
#化学药品制造	Manufacture of Chemical Medicine	6951	4366	8162
中成药生产	Manufacture of Finished Traditional Chinese Herbal Medicine	4762	3331	7309
生物药品制造	Manufacture of Biological Medicine	2421	1447	2401
航空、航天器及设备制造业	**Manufacture of Aircrafts and Spacecrafts**	**4336**	**2131**	**3133**
#飞机制造	Manufacture of Airplanes	3101	1635	2219
航天器制造	Manufacture of Spacecrafts	592	265	485
电子及通信设备制造业	**Manufacture of Electronic Equipment and Communication Equipment**	**83168**	**45001**	**88636**
#通信设备制造	Manufacture of Communication Equipment	26815	21111	54318
#通信系统设备制造	Manufacture of Communication System Equipment	18897	15911	51435
通信终端设备制造	Manufacture of Communication Terminal Equipment	7918	5200	2883
广播电视设备制造	Manufacture of Broadcasting and TV Equipment	3826	1336	2234
雷达及配套设备制造	Manufacture of Radar and Its Fittings	719	358	1030
视听设备制造	Manufacture of Audio and Video Equipment	7205	2762	4958
电子器件制造	Manufacture of Electronic Appliances	20376	10557	11516
#电子真空器件制造	Manufacture of Electronic Vacuum Appliances	323	92	285
半导体分立器件制造	Manufacture of Semiconductor Discreting Appliances	871	328	742
集成电路制造	Manufacture of Integrate Circuit	5226	3834	3741
电子元件制造	Manufacture of Electronic Components	13846	4873	7334
其他电子设备制造	Manufacture of Other Electronic Equipment	4104	1640	2766
计算机及办公设备制造业	**Manufacture of Computers and Office Equipment**	**13408**	**8404**	**14349**
#计算机整机制造	Manufacture of Entired Computer	7115	5655	10113
计算机零部件制造	Manufacture of Parts and Fixture for Computer	1767	700	1094
计算机外围设备制造	Manufacture of Computer Peripheral Equipment	1910	754	1411
办公设备制造	Manufacture of Office Equipment	1339	525	511
医疗仪器设备及仪器仪表制造业	**Manufacture of Medical Equipment and Measuring Instrument and Meter**	**24969**	**8048**	**13109**
医疗仪器设备及器械制造	Manufacture of Medical Equipment and Appliances	6579	2310	4147
仪器仪表制造	Manufacture of Measuring Instrument and Meter	18390	5738	8962

5-9 各地区高技术产业专利情况（2013年）

Statistics on Patents in High-tech Industry by Region(2013)

单位：件 (piece)

地区	Region	专利申请数 Patent Applications	#发明专利 Inventions	有效发明专利数 Inventions in Force
全国	**National Total**	**143005**	**74059**	**138785**
东部地区	Eastern Region	114043	61171	117768
中部地区	Middle Region	13689	5964	9111
西部地区	Western Region	11462	4848	8927
东北地区	Northeast Region	3811	2076	2979
北京	Beijing	8308	5358	8714
天津	Tianjin	3678	2275	3456
河北	Hebei	883	403	928
山西	Shanxi	452	199	277
内蒙古	Inner Mongolia	58	36	51
辽宁	Liaoning	2267	1247	1780
吉林	Jilin	708	388	606
黑龙江	Heilongjiang	836	441	593
上海	Shanghai	7088	4873	5359
江苏	Jiangsu	19439	7723	14243
浙江	Zhejiang	12586	3569	6672
安徽	Anhui	3784	1555	2722
福建	Fujian	3901	1768	2665
江西	Jiangxi	1456	570	967
山东	Shandong	8106	3935	4667
河南	Henan	1967	718	950
湖北	Hubei	3351	1761	2888
湖南	Hunan	2679	1161	1307
广东	Guangdong	49691	31018	70733
广西	Guangxi	457	251	403
海南	Hainan	363	249	331
重庆	Chongqing	1641	400	1044
四川	Sichuan	5029	1943	3684
贵州	Guizhou	1119	644	1005
云南	Yunnan	359	197	697
西藏	Tibet	3	2	27
陕西	Shaanxi	2296	1122	1855
甘肃	Gansu	220	77	102
青海	Qinghai	16	16	1
宁夏	Ningxia	208	146	39
新疆	Xinjiang	56	14	19

5-10 高技术产业技术获取及技术改造（2013年）

Technology Acquisition and Renovation in High-tech Industry (2013)

单位：万元 (10 000 yuan)

行业	Industry	技术引进经费支出 Expenditure for Acquisition of Foreign Technology	消化吸收经费支出 Expenditure for Assimilation of Technology	购买国内技术经费支出 Expenditure for Purchase of Domestic Technology	技术改造经费支出 Expenditure for Technical Renovation
合计	**Total**	**582291**	**145743**	**352120**	**4256677**
医药制造业	**Manufacture of Medicines**	**58131**	**63096**	**210435**	**1279734**
#化学药品制造	Manufacture of Chemical Medicine	34341	41871	151563	749264
中成药生产	Manufacture of Finished Traditional Chinese Herbal Medicine	5862	6901	34497	286421
生物药品制造	Manufacture of Biological Medicine	5104	4038	7561	104324
航空、航天器及设备制造业	**Manufacture of Aircrafts and Spacecrafts**	**16308**	**1563**	**8448**	**505497**
#飞机制造	Manufacture of Airplanes	6741	1521	7895	452931
航天器制造	Manufacture of Spacecrafts				33914
电子及通信设备制造业	**Manufacture of Electronic Equipment and Communication Equipment**	**391741**	**66613**	**109503**	**1919548**
#通信设备制造	Manufacture of Communication Equipment	37605	1251	11444	195852
#通信系统设备制造	Manufacture of Communication System Equipment	5172	478	3038	165112
通信终端设备制造	Manufacture of Communication Terminal Equipment	32434	774	8406	30740
广播电视设备制造	Manufacture of Broadcasting and TV Equipment	3546	1620	5488	28353
雷达及配套设备制造	Manufacture of Radar and Its Fittings	2917		5414	40340
视听设备制造	Manufacture of Audio and Video Equipment	67138	6152	30957	254079
电子器件制造	Manufacture of Electronic Appliances	148045	34330	14855	867333
#电子真空器件制造	Manufacture of Electronic Vacuum Appliances	71	1540	460	5788
半导体分立器件制造	Manufacture of Semiconductor Discreting Appliances	1084	1614	1256	26046
集成电路制造	Manufacture of Integrate Circuit	29587	9233	1332	70687
电子元件制造	Manufacture of Electronic Components	89200	6361	34989	287405
其他电子设备制造	Manufacture of Other Electronic Equipment	3686	5527	1767	29827
计算机及办公设备制造业	**Manufacture of Computers and Office Equipment**	**20901**	**3391**	**7388**	**91590**
#计算机整机制造	Manufacture of Entired Computer	6753	430	148	46618
计算机零部件制造	Manufacture of Parts and Fixture for Computer	3114	150	680	24937
计算机外围设备制造	Manufacture of Computer Peripheral Equipment	9855		125	11255
办公设备制造	Manufacture of Office Equipment	984	2761		1708
医疗仪器设备及仪器仪表制造业	**Manufacture of Medical Equipment and Measuring Instrument and Meter**	**95208**	**11080**	**16347**	**460308**
医疗仪器设备及器械制造	Manufacture of Medical Equipment and Appliances	54194	1546	1817	111441
仪器仪表制造	Manufacture of Measuring Instrument and Meter	41015	9535	14529	348866

5-11 各地区高技术产业技术获取及技术改造（2013年）
Technology Acquisition and Renovation in High-tech Industry by Region(2013)

单位：万元 (10 000 yuan)

地　区	Region	技术引进经费支出 Expenditure for Acquisition of Foreign Technology	消化吸收经费支出 Expenditure for Assimilation of Technology	购买国内技术经费支出 Expenditure for Purchase of Domestic Technology	技术改造经费支出 Expenditure for Technical Renovation
全　国	**National Total**	**582291**	**145743**	**352120**	**4256677**
东部地区	Eastern Region	527783	117685	287789	3005435
中部地区	Middle Region	32385	18902	23145	599397
西部地区	Western Region	18440	4622	29854	435344
东北地区	Northeast Region	3683	4534	11333	216501
北　京	Beijing	78880	975	5475	16091
天　津	Tianjin	43753	1360	307	18394
河　北	Hebei	1047	5911	7266	45065
山　西	Shanxi	1277	2932	1024	12177
内蒙古	Inner Mongolia			804	
辽　宁	Liaoning	3056	704	6376	68445
吉　林	Jilin	627	3700	4192	60788
黑龙江	Heilongjiang		130	765	87268
上　海	Shanghai	44133	14319	16630	53959
江　苏	Jiangsu	149637	40894	47167	1159213
浙　江	Zhejiang	22223	15645	38852	314396
安　徽	Anhui	8218	3417	3184	72062
福　建	Fujian	79906	11918	64382	167595
江　西	Jiangxi	483	235	88	98287
山　东	Shandong	42671	15545	62493	394211
河　南	Henan	471	1338	5095	55933
湖　北	Hubei	20777	6749	7571	72406
湖　南	Hunan	1160	4231	6183	288532
广　东	Guangdong	64171	10190	20512	819897
广　西	Guangxi		30	3893	27134
海　南	Hainan	1362	926	24705	16614
重　庆	Chongqing	724	689	7240	38508
四　川	Sichuan	16177	2752	15546	158596
贵　州	Guizhou		3		33554
云　南	Yunnan	55	486	943	17936
西　藏	Tibet				
陕　西	Shaanxi	1485	182	1161	136442
甘　肃	Gansu				1583
青　海	Qinghai				
宁　夏	Ningxia		480	80	16182
新　疆	Xinjiang			187	5410

5-12 高技术产业投资（2013年）

Statistics on Investment in Fixed Assets in High-tech Industry(2013)

单位：个，亿元 (unit,100 million yuan)

行　业	Industry	施　工项目数 Number of Projects under Construction	#新开工项目数 Number of Projects Started This Year	全部建成或投产项目数 Number of Projects Completed and Put into Use	投资额 Investment	新增固定资产 Newly Increased Fixed Assets
合　计	**Total**	**17691**	**11637**	**10528**	**15557.7**	**9874.3**
医药制造业	**Manufacture of Medicines**	**5755**	**3706**	**3335**	**4529.3**	**2989.4**
#化学药品制造	Manufacture of Chemical Medicine	1810	1117	1048	1592.0	1131.6
中成药生产	Manufacture of Finished Traditional Chinese Herbal Medicine	1131	718	652	831.8	522.2
生物药品制造	Manufacture of Biological Medicine	1025	642	546	994.8	527.8
航空、航天器及设备制造业	**Manufacture of Aircrafts and Spacecrafts**	**370**	**206**	**191**	**620.6**	**352.7**
#飞机制造	Manufacture of Airplanes	127	63	58	232.3	100.1
航天器制造	Manufacture of Spacecrafts	31	14	20	40.6	34.5
电子及通信设备制造业	**Manufacture of Electronic Equipment and Communication Equipment**	**7754**	**5118**	**4586**	**7573.4**	**4682.6**
#通信设备制造	Manufacture of Communication Equipment	791	480	399	897.0	509.2
#通信系统设备制造	Manufacture of Communication System Equipment	500	313	255	454.7	232.1
通信终端设备制造	Manufacture of Communication Terminal Equipment	291	167	144	442.3	277.1
广播电视设备制造	Manufacture of Broadcasting and TV Equipment	315	192	223	215.9	150.9
雷达及配套设备制造	Manufacture of Radar and Its Fittings	88	45	54	67.0	37.7
视听设备制造	Manufacture of Audio and Video Equipment	193	131	116	210.1	148.8
电子器件制造	Manufacture of Electronic Appliances	1608	1014	930	2485.9	1467.6
#电子真空器件制造	Manufacture of Electronic Vacuum Appliances	186	108	129	121.7	88.3
半导体分立器件制造	Manufacture of Semiconductor Discreting Appliances	117	71	72	115.3	76.5
集成电路制造	Manufacture of Integrate Circuit	249	142	127	575.6	265.3
电子元件制造	Manufacture of Electronic Components	2606	1858	1600	1655.8	1110.1
其他电子设备制造	Manufacture of Other Electronic Equipment	901	611	519	852.6	507.0
计算机及办公设备制造业	**Manufacture of Computers and Office Equipment**	**799**	**524**	**464**	**835.8**	**497.9**
#计算机整机制造	Manufacture of Entired Computer	120	65	71	282.7	155.2
计算机零部件制造	Manufacture of Parts and Fixture for Computer	276	184	167	248.2	157.7
计算机外围设备制造	Manufacture of Computer Peripheral Equipment	130	92	85	124.9	77.3
办公设备制造	Manufacture of Office Equipment	49	34	26	32.9	18.3
医疗仪器设备及仪器仪表制造业	**Manufacture of Medical Equipment and Measuring Instrument and Meter**	**3013**	**2083**	**1952**	**1998.6**	**1351.6**
医疗仪器设备及器械制造	Manufacture of Medical Equipment and Appliances	1064	771	702	673.0	477.7
仪器仪表制造	Manufacture of Measuring Instrument and Meter	1949	1312	1250	1325.5	873.9

注：表5-12和表5-13的数据口径为投资额在500万元及以上项目。

Note: Statistics on table 5-12 and 5-13 cover the projects with the investments above 5 million yuan.

5-13 各地区高技术产业投资（2013年）

Statistics on Investment in Fixed Assets in High-tech Industry by Region(2013)

单位：个，亿元　　(unit,100 million yuan)

地区	Region	施工项目数 Number of Projects under Construction	#新开工项目数 Number of Projects Started This Year	全部建成或投产项目数 Number of Projects Completed and Put into Use	投资额 Investment	新增固定资产 Newly Increased Fixed Assets
全　国	**National Total**	**17691**	**11637**	**10528**	**15557.7**	**9874.3**
东部地区	Eastern Region	9118	5973	5463	7119.8	5165.1
中部地区	Middle Region	4725	3159	2821	4730.5	2656.3
西部地区	Western Region	2749	1741	1550	2503.6	1296.6
东北地区	Northeast Region	1099	764	694	1203.7	756.4
北　京	Beijing	197	40	45	138.7	296.2
天　津	Tianjin	295	194	156	312.6	241.9
河　北	Hebei	510	305	337	562.9	499.3
山　西	Shanxi	175	95	94	228.5	105.8
内蒙古	Inner Mongolia	141	99	95	268.3	103.4
辽　宁	Liaoning	423	295	275	611.5	366.9
吉　林	Jilin	446	323	315	443.2	283.8
黑龙江	Heilongjiang	230	146	104	149.0	105.6
上　海	Shanghai	276	111	37	308.2	86.2
江　苏	Jiangsu	3009	2296	2363	2617.8	1945.7
浙　江	Zhejiang	1972	1267	983	551.1	342.4
安　徽	Anhui	1038	674	670	870.0	464.4
福　建	Fujian	500	283	243	377.5	234.9
江　西	Jiangxi	928	661	585	833.1	512.6
山　东	Shandong	1233	874	746	1277.7	842.3
河　南	Henan	764	429	425	1206.2	716.8
湖　北	Hubei	769	500	365	909.1	411.2
湖　南	Hunan	1051	800	682	683.7	445.6
广　东	Guangdong	1103	589	545	934.6	652.7
广　西	Guangxi	615	447	414	231.9	169.3
海　南	Hainan	23	14	8	38.8	23.4
重　庆	Chongqing	410	271	196	415.1	214.7
四　川	Sichuan	694	404	406	823.6	462.0
贵　州	Guizhou	58	35	16	107.5	42.8
云　南	Yunnan	142	86	75	61.6	32.4
西　藏	Tibet	17	10	9	3.2	1.8
陕　西	Shaanxi	326	172	167	403.6	148.0
甘　肃	Gansu	242	163	124	112.5	74.5
青　海	Qinghai	15	9	7	27.0	4.2
宁　夏	Ningxia	41	25	21	17.8	14.6
新　疆	Xinjiang	48	20	20	31.5	28.8

5-14 国家级高新区企业

Major Indicators of High-Technology

单位：万元

开发区	Development Area	企业数 (个) Number of Enterprises (unit)	期末从业人员 (人) Employed Persons (person)
合　计	**Total**	**71180**	**14601730**
北京中关村科技园区	Beijing Zhongguancun Science Park	15455	1898756
天津新技术产业园区	Tianjin New Technology Industrial Park	3175	342824
石家庄高新技术产业开发区	Shijiazhuang High-tech Industrial Development Zone	608	102204
保定高新技术产业开发区	Baoding High-tech Industrial Development Zone	169	90687
唐山高新技术产业开发区	Tangshan High-tech Industrial Development Zone	122	17407
燕郊高新技术产业开发区	Yanjiao High-tech Industrial Development Zone	181	29461
承德高新技术产业开发区	Chengde High-tech Industrial Development Zone	27	7746
太原高新技术产业开发区	Taiyuan High-tech Industrial Development Zone	1097	117835
包头稀土高新技术产业开发区	Baotou Rare Earth High-tech Industrial Development Zone	517	118069
呼和浩特金山高新技术产业开发区	Hohhot Jinshan High-tech Industrial Development Zone	29	64593
沈阳高新技术产业开发区	Shenyang High-tech Industrial Development Zone	783	147864
大连高新技术产业开发区	Dalian High-tech Industrial Development Zone	2035	205300
鞍山高新技术产业开发区	Anshan High-tech Industrial Development Zone	547	87796
营口高新技术产业开发区	Yingkou High-tech Industrial Development Zone	288	44455
辽阳高新技术产业开发区	Liaoyang High-tech Industrial Development Zone	32	35177
本溪高新技术产业开发区	Benxi High-tech Industrial Development Zone	114	25347
辽宁阜新高新技术产业开发区	Liaoning Fuxin High-tech Industrial Development Zone	179	22495
长春高新技术产业开发区	Changchun High-tech Industrial Development Zone	729	161469
吉林高新技术产业开发区	Jilin High-tech Industrial Development Zone	529	113435
延吉高新技术产业开发区	Yanji High-tech Industrial Development Zone	187	14228
长春净月高新技术产业开发区	Changchun Jingyue High-tech Industrial Development Zone	911	120819
通化医药高新技术产业开发区	Tonghua Medicine High-tech Industrial Development Zone	52	10216
哈尔滨高新技术产业开发区	Haerbin High-tech Industrial Development Zone	310	163435
大庆高新技术产业开发区	Daqing High-tech Industrial Development Zone	480	108024
齐齐哈尔高新技术产业开发区	Qiqihaer High-tech Industrial Development Zone	43	26387
上海市张江高科技园区	Shanghai Zhangjiang Hi-Tech Park	2806	722450
上海紫竹高新技术产业开发区	Shanghai Zizhu High-tech Industrial Development Zone	85	19241
南京高新技术产业开发区	Nanjing High-tech Industrial Development Zone	365	203336
常州高新技术产业开发区	Changzhou High-tech Industrial Development Zone	976	168827
无锡高新技术产业开发区	Wuxi High-tech Industrial Development Zone	1234	342885
苏州高新技术产业开发区	Suzhou High-tech Industrial Development Zone	1100	234070
泰州医药高新技术产业开发区	Taizhou Medical High-tech Industrial Development Zone	290	36492
昆山高新技术产业开发区	Kunshan High-tech Industrial Development Zone	892	287957
江阴高新技术产业开发区	Jiangyin High-tech Industrial Development Zone	183	101200
武进高新技术产业开发区	Wujin High-tech Industrial Development Zone	333	88593
徐州高新技术产业开发区	Xuzhou High-tech Industrial Development Zone	115	43498
南通高新技术产业开发区	Nantong High-tech Industrial Development Zone	368	85326
杭州高新技术产业开发区	Hangzhou High-tech Industrial Development Zone	1832	254257
宁波高新技术产业开发区	Ningbo High-tech Industrial Development Zone	381	120403
绍兴高新技术产业开发区	Shaoxing High-tech Industrial Development Zone	208	38154
温州高新技术产业开发区	Wenzhou High-tech Industrial Development Zone	336	70069
衢州高新技术产业开发区	Quzhou High-tech Industrial Development Zone	174	50698
合肥高新技术产业开发区	Hefei High-tech Industrial Development Zone	530	156427
蚌埠高新技术产业开发区	Bengbu High-tech Industrial Development Zone	268	54375
芜湖高新技术产业开发区	Wuhu High-tech Industrial Development Zone	190	43397
马鞍山慈湖高新技术产业开发区	Maanshan Cihu High-tech Industrial Development Zone	125	29586
福州高新技术产业开发区	Fuzhou High-tech Industrial Development Zone	184	62202

主要经济指标（2013年）
Industrial Development Zone (2013)

(10 000 yuan)

总收入 Revenue	#技术收入 Tech-related	#销售收入 Sales Revenue	总产值 Gross Output Value	净利润 Profits after Taxes	实缴税费 Taxes	出口额（万美元） Exports (USD 10 000)
1996488831	**151411086**	**1685465179**	**1513675683**	**124436031**	**110430721**	**41333452**
304974331	40324295	221280485	78903138	19081977	15066297	3361667
56744498	6217360	38735057	31195307	5774251	1879519	1058244
15034148	2698059	11757105	10026799	912186	743839	112512
9443206	4528	9362155	9408936	38619	578202	155437
1170498	92674	1048508	1193438	83824	84244	10439
4856823	8345	4695925	4063607	186757	261841	10152
594858	28	563554	598822	40692	58979	753
16048078	949263	14868426	13803223	280014	503863	28595
12996914	258631	12409739	13205114	1165626	748660	197978
5329852	788	5291839	1515134	327379	296648	
18216985	2728249	14557100	14715402	1193014	887726	212965
22841497	3047995	17492183	16503599	1592995	1121113	652304
20691759	1221938	19268376	18661925	2027686	1400844	123084
4975897		4888992	5108184	242213	163062	143382
8388825		8287768	6397703	317410	646273	164590
1907451	26055	1879933	1889401	179145	209056	10556
1848648	9932	1835127	2083636	97760	48272	2843
48785900	1448988	46848199	46356744	4435787	6203571	55361
10999109	136628	10787476	10845035	-185292	945048	29028
2510252	34839	2437351	2507305	213064	746660	16464
9124308	1500847	7573748	6557148	1133598	497828	122283
5408122		5402848	4362766	253375	79643	1750
19893850	1530758	16909654	15319417	703653	1461398	128628
20729332	1338217	16893311	17829363	1377256	1321624	23929
2302236	5685	2187038	2004354	117182	87058	49796
113689130	6608597	82716657	66658164	7289280	5956765	3127534
3406754	190781	2196542	1512948	694005	348235	77933
43108773	836688	40736707	40562993	1858608	1809725	803246
21466546	282336	20890994	20659220	953683	821484	594233
29410637	452923	28406021	28939630	1215990	1081845	1863965
28258069	1490006	26586741	27255592	988981	839192	2389239
7185915	60173	7040701	7309864	355261	525667	105167
20032855	5274	19752636	19869611	697000	800988	603699
17787357	13140	15377264	16202400	732116	1017696	489781
6583421	45731	6487141	6759971	549211	269837	161142
5404710	121995	4867900	4835025	345263	249076	17143
11285634	225391	8385685	8802858	669408	538689	367116
27987224	7207143	19554933	16104341	2814059	1711397	512558
19379539	1430706	16997298	10048339	1010284	521821	688449
2103885	1187	2073861	2065823	65812	91254	75497
3820946	3685	3776688	4010863	162682	170151	88342
5173522	1265	4720887	4776563	274939	185822	56719
29764719	4540780	23208330	26934243	3108651	3602552	657745
6227993	87682	5792088	6541718	372674	406118	69508
6463589	54065	6328819	6819162	306771	227876	65044
6240180	35886	6073680	5169598	205989	172112	47346
6735435	206402	6211127	7023117	432931	216184	385678

5-14 续表

单位：万元

开发区	Development Area	企业数（个） Number of Enterprises (unit)	期末从业人员（人） Employed Persons (person)
厦门火炬高技术产业开发区	Xiamen Torch High-tech Industrial Development Zone	410	156963
泉州高新技术产业开发区	Quanzhou High-tech Industrial Development Zone	190	67432
莆田高新技术产业开发区	Putian High-tech Industrial Development Zone	113	51683
漳州高新技术产业开发区	Zhangzhou High-tech Industrial Development Zone	161	48932
南昌高新技术产业开发区	Nanchang High-tech Industrial Development Zone	370	108688
景德镇高新技术产业开发区	Jingdezhen High-tech Industrial Development Zone	145	56727
新余高新技术产业开发区	Xinyu High-tech Industrial Development Zone	153	41386
鹰潭高新技术产业开发区	Yingtan High-tech Industrial Development Zone	93	22459
济南高新技术产业开发区	Jinan High-tech Industrial Development Zone	559	236254
青岛高新技术产业开发区	Qingdao High-tech Industrial Development Zone	200	132558
淄博高新技术产业开发区	Zibo High-tech Industrial Development Zone	450	119197
潍坊高新技术产业开发区	Weifang High-tech Industrial Development Zone	473	144318
威海火炬高技术产业开发区	Weihai Torch High-tech Industrial Development Zone	221	102533
济宁高新技术产业开发区	Jining High-tech Industrial Development Zone	442	167464
烟台高新技术产业开发区	Yantai High-tech Industrial Development Zone	253	55874
临沂高新技术产业开发区	Linyi High-tech Industrial Development Zone	355	66045
泰安高新技术产业开发区	Taian High-tech Industrial Development Zone	318	71475
郑州高新技术产业开发区	Zhengzhou High-tech Industrial Development Zone	755	175040
洛阳高新技术产业开发区	Luoyang High-tech Industrial Development Zone	708	110120
南阳高新技术产业开发区	Nanyang High-tech Industrial Development Zone	164	43714
安阳高新技术产业开发区	Anyang High-tech Industrial Development Zone	219	46567
新乡高新技术产业开发区	Xinxiang High-tech Industrial Development Zone	149	45029
武汉东湖新技术开发区	Wuhan Donghu New Technology Development Zone	2883	419022
襄樊高新技术产业开发区	Xiangfan High-tech Industrial Development Zone	622	138333
宜昌高新技术产业开发区	Yichang High-tech Industrial Development Zone	301	110354
孝感高新技术产业开发区	Xiaogan High-tech Industrial Development Zone	345	76737
荆门高新技术产业开发区	Jingmen High-tech Industrial Development Zone	267	70346
长沙高新技术产业开发区	Changsha High-tech Industrial Development Zone	846	214835
株洲高新技术产业开发区	Zhuzhou High-tech Industrial Development Zone	215	107439
湘潭高新技术产业开发区	Xiangtan High-tech Industrial Development Zone	271	81049
益阳高新技术产业开发区	Yiyang High-tech Industrial Development Zone	222	24447
衡阳高新技术产业开发区	Hengyang High-tech Industrial Development Zone	80	36474
广州高新技术产业开发区	Guangzhou High-tech Industrial Development Zone	2313	454226
深圳高新技术产业开发区	Shenzhen High-tech Industrial Development Zone	1485	419616
珠海高新技术产业开发区	Zhuhai High-tech Industrial Development Zone	469	186348
惠州高新技术产业开发区	Huizhou High-tech Industrial Development Zone	313	171921
中山火炬高技术产业开发区	Zhongshan Torch High-tech Industrial Development Zone	400	85455
佛山高新技术产业开发区	Foshan High-tech Industrial Development Zone	612	288209
肇庆高新技术产业开发区	Zhaoqing High-tech Industrial Development Zone	149	44341
江门高新技术产业开发区	Jiangmen High-tech Industrial Development Zone	242	52154
东莞松山湖高新技术产业开发区	Dongguan Songshanhu High-tech Industrial Development Zone	305	69314
南宁高新技术产业开发区	Nanning High-tech Industrial Development Zone	662	136822
桂林高新技术产业开发区	Guilin High-tech Industrial Development Zone	314	87948
柳州高新技术产业开发区	Liuzhou High-tech Industrial Development Zone	194	83939
海口高新技术产业开发区	Haikou High-tech Industrial Development Zone	146	32438
重庆高新技术产业开发区	Chongqing High-tech Industrial Development Zone	855	191803
成都高新技术产业开发区	Chengdu High-tech Industrial Development Zone	1626	272326
绵阳高新技术产业开发区	Mianyang High-tech Industrial Development Zone	110	112769
自贡高新技术产业开发区	Zigong High-tech Industrial Development Zone	102	31777
乐山高新技术产业开发区	Leshan High-tech Industrial Development Zone	85	30807
贵阳高新技术产业开发区	Guiyang High-tech Industrial Development Zone	501	216801
昆明高新技术产业开发区	Kunming High-tech Industrial Development Zone	286	67069
玉溪高新技术产业开发区	Yuxi High-tech Industrial Development Zone	41	18522
西安高新技术产业开发区	Xi'an High-tech Industrial Development Zone	3368	323328
宝鸡高新技术产业开发区	Baoji High-tech Industrial Development Zone	454	132399
杨凌农业高新技术产业示范区	Yangling Agricultural High-tech Industries Demonstration Zone	144	16002
渭南高新技术产业开发区	Weinan High-tech Industrial Development Zone	60	23205
咸阳高新技术产业开发区	Xianyang High-tech Industrial Development Zone	64	13867
榆林高新技术产业开发区	Yulin High-tech Industrial Development Zone	14	12671
兰州高新技术产业开发区	Lanzhou High-tech Industrial Development Zone	600	156211
白银高新技术产业开发区	Baiyin High-tech Industrial Development Zone	157	92335
青海高新技术产业开发区	Qinghai High-tech Industrial Development Zone	57	11630
银川高新技术产业开发区	Yinchuan High-tech Industrial Development Zone	59	9196
宁夏石嘴山高新技术产业开发区	Ningxia Shizuishan High-tech Industrial Development Zone	94	21137
乌鲁木齐高新技术产业开发区	Wulumuqi High-tech Industrial Development Zone	267	69689
昌吉高新技术产业开发区	Changji High-tech Industrial Development Zone	87	10886
新疆生产建设兵团石河子高新技术产业开发区	The Xinjiang Production and Construction Corps, Shihezi High-tech Industrial Development Zone	18	15603

continued

(10 000 yuan)

总收入 Revenue	#技术收入 Tech-related	#销售收入 Sales revenue	工业总产值 Gross Output Value	净利润 Profits after Taxes	实缴税费 Taxes	出口额（万美元） Exports (USD 10 000)
19852846	238058	19502662	19159198	586139	940760	2048322
4406327	10858	4013868	5790338	331608	176181	71233
3541683		3539800	3580924	108741	37538	12077
3214275	12	3175088	3244968	185652	102056	111483
14361908	388502	13434794	13327820	491954	1321501	197947
7507379	15098	7392091	7567865	223707	327640	87976
5637132		5604612	5527539	227631	170717	67981
3930328		3922482	3886595	111007	151885	4118
28310623	4008672	24222246	20241445	1990884	2710855	482537
19706494	78836	18557029	15491595	1464423	1323739	337645
22675280	1027059	21405179	21527331	1198356	1935390	270693
19647363	736158	17997708	16107121	1587337	1441463	299433
12331374	729	12225094	12201430	894401	724181	451707
24179009	29771	23061399	22648853	1258607	941967	180471
3554461	39402	3485961	3650787	228189	197729	77207
8890090	913	8709023	8805214	575052	354516	96788
5003341	18168	4626323	4654303	330075	280913	38234
30858291	2238547	26160891	26895280	1750413	1537043	112476
15539376	1710432	12528497	12432208	1177470	988392	101650
2560263	90927	2329147	2531021	187301	105803	33867
4200912	9911	4088309	3102324	182782	177259	20044
5702001	1603	5235203	5241780	840969	151306	32652
65172074	9394570	53359128	50861738	3946837	3208591	1047288
20688463	1447983	18998087	20278377	1674806	1008563	79836
16978732	14611	16088550	17604687	767006	435371	96337
8346953	8797	8175424	8217657	300162	227498	18211
7981654	26607	7899683	8094098	454442	168915	34544
33859676	1624637	30971876	32071632	2260028	1648045	246990
13447951	147210	12837335	14222901	720409	733476	111767
11599979	12465	10314805	11106983	239659	291376	86128
5169921	299075	4756103	4781890	158338	146013	27946
5231367	5	5192254	5246232	173261	163263	114076
46801779	7601551	37767326	35014146	3672230	1774874	2381963
46560424	7104122	38025104	48159398	3735140	2718367	1685553
18051260	294918	16990644	17353859	1291677	964206	1207861
27076615	12310	25201851	25042728	860630	1085676	2186586
16487582	1211385	14927734	15931583	1277939	509804	898705
30274233	1198883	28415540	29537247	2099487	1058850	1166307
7182815	394	6829410	7281573	152160	163290	74310
2949527	3346	2822337	2969765	122010	113741	100543
7534485	33057	7256034	7090877	29351	139302	291327
12042522	1370764	10315154	10449092	727290	495555	140906
6960700	830949	5970474	7076693	677163	377120	48512
13953361	217716	12987574	13429232	540464	725050	82691
3094643	8789	3030473	3121334	209557	349344	48425
17622185	3064040	13775758	15023380	1444191	653123	347590
48147024	9657203	37137356	36623599	4609849	2532422	1648577
9091760	17279	8901522	11278478	154854	395767	156441
3737438	13443	3650750	3816656	180741	214256	79664
2239985	3471	2192604	2224987	157676	105540	86919
19084603	267237	16364021	14978493	1163689	756755	303828
13991108	358599	12053187	9990861	321146	649464	56809
9498238	12288	8954502	7674632	690515	4856484	360
66222416	5751354	47096579	51576544	4399988	4800146	788021
14634210	70258	13457266	14651461	623121	775307	69291
1388075	402374	970976	961393	40997	49439	2156
3126612	675	3085220	3353472	230556	155761	32010
4205360	1085	4190085	3866965	130274	641931	10540
2757088		2756890	2776119	286042	167651	73578
14007477	628970	9221740	8657320	414137	845503	24990
6817972	2238	6709832	6444021	91895	177984	50170
778220	12	776494	1227854	36767	37062	161
1336025		1332315	1347016	123907	12276	29617
1858131	297	1736911	1549369	81998	79497	19460
11070056	165211	7306179	5160865	214117	221550	314081
2184892	1045	2177462	2024637	192334	70308	4441
2298271	274	1822628	1990360	130732	21621	1573

5-15 高技术产品进出口贸易

Value of Imports and Exports of High-tech Products

单位：百万美元 (million US dollar)

项　目	Item	出口贸易额 Exports	进口贸易额 Imports	进出口贸易总额 Total
	1985	521	4734	5255
	1990	2686	6967	9653
	1995	10091	21827	31918
	2000	37043	52507	89550
	2005	218253	197713	415966
	2006	281451	247299	528750
	2007	347819	286984	634803
	2008	415606	341820	757425
	2009	376931	309853	686784
	2010	492379	412655	905034
	2011	548830	463225	1012054
	2012	601173	506864	1108037
	2013	660330	558193	1218523
计算机与通讯技术	Computer and Communication Technology	439090	127420	566510
生命科学技术	Life Science and Technology	22577	21903	44480
电子技术	Electronics	136791	279956	416747
计算机集成制造技术	Computer Integrated Manufacturing Technology	10961	33455	44416
航空航天技术	Aviation and Aerospace	5112	30190	35302
光电技术	Photonics	39329	58132	97461
生物技术	Biotechnology	608	775	1383
材料技术	Material Science	5155	5354	10509
其他技术	Others	707	1007	1714

5-16 按贸易方式分高技术产品进出口贸易（2013年）

Value of Imports and Exports of High-tech Products by Trade Form(2013)

单位：百万美元 (million US dollar)

项　目	Item	出口贸易额 Exports	进口贸易额 Imports	进出口贸易总额 Total
合　计	**Total**	**660330**	**558193**	**1218523**
一般贸易	Ordinary Trade	110728	135145	245874
国家间、国际组织无偿援助和	Aid or Donation Between Governments or		10	10
赠送的物资	by International Organizations	171		171
其他捐赠物资	Other Donations	1	1	2
加工贸易	Processing Trade	431416		431416
#来料加工装配贸易	Processing & Assembling	28361	33878	62239
进料加工贸易	Processing with Imported Materials	403055	208922	611978
边境小额贸易	Border Trade	1237	1	1238
加工贸易进口设备	Equipment for Processing Trade		763	763
对外承包工程出口货物	Contracting Projects	1068		1068
租赁贸易	Goods on Lease	13	8077	8090
外商投资企业作为投资进口的设备、物品	Equipment/Materials Imported as Investment by FIE		4704	4704
出料加工贸易	Outward Processing	67	80	147
保税仓库进出境货物	Customs Warehousing Trade	9099	19963	29062
保税区仓储转口货物	Entrepot Trade by Bonded Area	106260	142730	248990
出口加工区进口设备	Equipment Imported into Export Processing Zone		3053	3053
其他	Others	269	865	1134

5-17 各地区高技术产品进出口贸易（2013年）

Value of Imports and Exports of High-tech Products by Region(2013)

单位：百万美元 (million US dollar)

地 区	Region	出口贸易额 Imports	进口贸易额 Exports	进出口贸易总额 Total
全 国	**National Total**	**660330**	**558193**	**1218523**
东部地区	Eastern Region	563327	492016	1055342
中部地区	Middle Region	37092	24506	61598
西部地区	Western Region	53799	34529	88328
东北地区	Northeast Region	6111	7142	13253
北 京	Beijing	20354	29219	49573
天 津	Tianjin	19289	30637	49926
河 北	Hebei	2811	1143	3953
山 西	Shanxi	3228	944	4172
内蒙古	Inner Mongolia	110	787	896
辽 宁	Liaoning	5430	4557	9987
吉 林	Jilin	386	1921	2307
黑龙江	Heilongjiang	296	664	960
上 海	Shanghai	88710	79191	167901
江 苏	Jiangsu	127965	93009	220974
浙 江	Zhejiang	14276	7667	21944
安 徽	Anhui	2826	2805	5631
福 建	Fujian	15527	14772	30299
江 西	Jiangxi	3442	1574	5016
山 东	Shandong	17394	15621	33015
河 南	Henan	20726	14810	35536
湖 北	Hubei	5209	3217	8426
湖 南	Hunan	1660	1156	2816
广 东	Guangdong	256431	218669	475100
广 西	Guangxi	1942	1213	3156
海 南	Hainan	571	2087	2657
重 庆	Chongqing	24836	11476	36313
四 川	Sichuan	19217	13664	32881
贵 州	Guizhou	154	69	223
云 南	Yunnan	2019	1396	3415
西 藏	Tibet	56	13	69
陕 西	Shaanxi	4739	5614	10353
甘 肃	Gansu	242	118	360
青 海	Qinghai	24	27	51
宁 夏	Ningxia	129	38	166
新 疆	Xinjiang	331	114	444

5-18 高技术产品、工业制成品、
Imports and Exports of High-tech Products,

单位：亿美元,%

项　目	Item	1995	2000	2001	2002	2003
商品出进口贸易总额	**Total Value of Exports and Imports**	**2809**	**4743**	**5097**	**6208**	**8510**
工业制成品	Manufactured Goods	2350	4021	4376	5430	7437
占总额比重	% of Total Exports and Imports	83.6	84.8	85.9	87.5	87.4
#高技术产品	High-tech Products	319	896	1106	1507	2296
占总额比重	% of Total Exports and Imports	11.4	18.9	21.7	24.3	27.0
占工业制成品比重	% of Total Manufactured Goods	13.6	22.3	25.3	27.8	30.9
初级产品	Primary Goods	459	722	721	778	1073
占总额比重	% of Total Exports and Imports	16.3	15.2	14.2	12.5	12.6
商品出口贸易总额	**Total Value of Exports**	**1488**	**2492**	**2662**	**3256**	**4384**
工业制成品	Manufactured Goods	1273	2238	2398	2971	4036
占总额比重	% of Total Exports	85.6	89.8	90.1	91.3	92.1
#高技术产品	High-tech Products	101	370	465	679	1103
占总额比重	% of Total Exports	6.8	14.9	17.5	20.8	25.2
占工业制成品比重	% of Total Manufactured Goods	7.9	16.6	19.4	22.8	27.3
初级产品	Primary Goods	215	255	264	285	348
占总额比重	% of Total Exports	14.4	10.2	9.9	8.7	7.9
商品进口贸易总额	**Total Value of Imports**	**1321**	**2251**	**2436**	**2952**	**4128**
工业制成品	Manufactured Goods	1077	1784	1978	2459	3401
占总额比重	% of Total Imports	81.5	79.2	81.2	83.3	82.4
#高技术产品	High-tech Products	218	525	641	828	1193
占总额比重	% of Total Imports	16.5	23.3	26.3	28.1	28.9
占工业制成品比重	% of Total Manufactured Goods	20.3	29.4	32.4	33.7	35.1
初级产品	Primary Goods	244	467	458	493	728
占总额比重	% of Total Imports	18.5	20.8	18.8	16.7	17.6
商品出进口贸易差额	**Balance**	**167**	**241**	**225**	**304**	**256**
工业制成品	Manufactured Goods	196	454	420	512	635
#高技术产品	High-tech Products	-117	-155	-177	-150	-90
初级产品	Primary Goods	-29	-213	-194	-208	-380

初级产品的进出口贸易额

Manufactured Goods and Primary Goods

(USD 100 million,%)

2004	2005	2006	2007	2008	2009	2010	2011	2012	2013
11546	**14219**	**17604**	**21738**	**25633**	**22075**	**29728**	**36419**	**38668**	**41603**
9969	12254	15204	18693	21229	18546	24585	29371	31316	33954
86.3	86.2	86.4	86.0	82.8	84.0	82.7	80.6	81.0	81.6
3267	4160	5288	6348	7574	6868	9050	10120	11080	12185
28.3	29.2	30.0	29.2	29.5	31.1	30.4	27.8	28.7	29.3
32.8	33.9	34.8	34.0	35.7	37.0	36.8	34.5	35.4	35.9
1577	1965	2401	3045	4404	3529	5143	7049	7352	7649
13.7	13.8	13.6	14.0	17.2	16.0	17.3	19.4	19.0	18.4
5934	**7620**	**9689**	**12180**	**14307**	**12016**	**15779**	**18986**	**20490**	**22100**
5528	7130	9160	11565	13527	11385	14962	17980	19484	21027
93.2	93.6	94.5	95.0	94.6	94.7	94.8	94.7	95.1	95.1
1654	2182	2815	3478	4156	3769	4924	5488	6012	6603
27.9	28.6	29.0	28.6	29.0	31.4	31.2	28.9	29.3	29.9
29.9	30.6	30.7	30.1	30.7	33.1	32.9	30.5	30.9	31.4
406	490	529	615	780	631	817	1006	1006	1073
6.8	6.4	5.5	5.0	5.4	5.3	5.2	5.3	4.9	4.9
5614	**6601**	**7915**	**9558**	**11326**	**10059**	**13948**	**17433**	**18178**	**19503**
4441	5124	6043	7128	7702	7161	9623	11391	11832	12927
79.1	77.6	76.4	74.6	68.0	71.2	69.0	65.3	65.1	66.3
1613	1977	2473	2870	3418	3099	4127	4632	5069	5582
28.7	30.0	31.2	30.0	30.2	30.8	29.6	26.6	27.9	28.6
36.3	38.6	40.9	40.3	44.3	43.3	42.9	40.7	42.8	43.2
1173	1477	1871	2430	3624	2898	4326	6044	6346	6576
20.9	22.4	23.6	25.4	32.0	28.8	31.0	34.7	34.9	33.7
319	**1019**	**1775**	**2622**	**2981**	**1957**	**1831**	**1553**	**2312**	**2597**
1087	2006	3117	4437	5826	4224	5339	6590	7652	8100
41	205	342	608	738	671	797	856	943	1021
-768	-987	-1342	-1815	-2844	-2267	-3508	-5038	-5340	-5503

六、国家科技计划

National Program for Science and Technology Development

6-1 国家主要科技计划基本情况

Appropriation for S&T by Central Government in the Main Programs of S&T

单位：万元 (10 000 yuan)

项 目	Item	2001	2005	2006	2007	2008	2009	2010	2011	2012	2013
863计划	863 Program	73153	398628	379501	444416	559200	511500	511500	511500	551500	520263
基础研究计划	Basic Research Program										
国家自然科学基金	National Natural Science Fund	159835	270128	362014	433096	535851	642697	1E+06	1404343	2E+06	2E+06
国家重点基础研究发展计划(973计划)	National Key Basic Research Program of China	60000	100000	97892	129263	150415	189976	271813	309245	267819	282811
国家重大科学研究计划	National Major Scientific Research Program of China			37527	35318	39585	70024	128187	140756	132181	122710
科技支撑计划/科技攻关计划	Key Technologies R&D Program	105340	162440	288790	542337	506556	500000	500000	550000	642555	612553
科技基础条件建设	S&T Basic Conditional Construction Program										
科技基础条件平台专项	National Science and Technology Infrastructure Program		57330	75365	68555	2347	2127		24600	26500	27400
国家重点实验室建设计划	State Key Laboratory Construction Program	13000	13360	21640	160000	216774	291695	275922	296081	337768	289089
国家工程技术研究中心	National Engineering Research Centres	5000	5950	8350	8550		10300	10500	19500	10500	9893
科技基础性工作专项	S&T Basic Work	19968		10274	17843	15000	15048	15515	18350	22506	23937
星火计划	Spark Program	10000	11700	10160	15000	20000	21892	20000	30000	20000	18785
火炬计划	Torch Program	7000	7000	10825	13875	15176	22765	22000	32000	22000	20735
国家重点新产品计划	National New Products Program	14000	14000	13900	14000	15000	20000	20000	29850	20000	18710
科技型中小企业技术创新基金	Innovation Fund for Small Technology-based Firms	78330	98848	84288	125620	162109	348357	429709	463999	511385	512105
农业科技成果转化资金	Agricultural Science and Technology Transfer Fund	10000	30000	30000	30000	30000	40000	50000	50000	50000	50000
国际科技合作重点项目计划	International S&T Cooperation Program	10000	18000	30000	30000	40000	50000	130177	125000	70000	75401
科研院所技术开发专项	Special Technnology Development Project for Research Institutions	15830	18604	20000	25000	25000	25000	25000	25000	30000	30000

注：表中各项国家主要科技计划及相关内容依据“十一五”国家科技计划体系。科技攻关计划2006年起调整为科技支撑计划。

Note: In the table, the main program plans of S&T and its related contents base on "the Eleven Five" National S&T Programs.S&T programs for tackling key programs adjust to S&T support programs from 2006.

6-2 国家科技支撑计划/国家科技攻关计划①中央财政拨款

Appropriation for S&T by Central Government in Key Technologies R&D Program

单位：万元 (10 000 yuan)

项目	Item	2001	2005	2006	2007	2008	2009	2010	2011	2012	2013
合　计	**Total**	**105340**	**162440**	**288790**	**542337**	**506556**	**500000**	**500000**	**550000**	**642555**	**612553**
能　源②	Energy	7380	11620	18471	17914	24148	15863	15532	17635	23810	21981
资　源③	Resource	14003	15520	21330	33695	43393	42771	34322	36265	27686	25498
环　境	Environment			18241	22771	33188	37681	38827	47399	39015	42059
农　业	Agriculture	26053	30293	78879	118355	102004	96600	110132	131919	115032	112191
材　料	Material	11110	12610	20480	46358	51483	53625	41434	51134	62411	56999
制造业	Manufacture	10530	7990	20548	62897	45199	28749	14873	24403	35460	34171
交通运输	Traffic and Transport			19917	50114	30795	71304	78626	54087	31545	37648
信息产业与现代服务业	Information and Services	6500	7993	28394	30284	46562	41036	52849	72237	152096	133962
人口与健康	Population and Health	8077	39364	24641	68576	47422	46871	61482	52584	69878	58184
城镇化与城市发展	Urbanization and Urban Development			11340	36496	26845	26127	18069	30451	36264	45670
公共安全及其他	Public Security and Other	21687	37050	26549	54877	55517	39373	33854	31886	49358	43490
社会事业④	Social Undertakings										700

注：①2005年及以前为国家科技攻关计划，自2006年起为国家科技支撑计划。
②2001-2005年数据包括交通运输领域。
③2001-2005年数据包括环境领域。
④2001-2005年数据包括城镇化与城市发展领域。

Note: a) Data before 2005 refer to S&T programs for tackling key programs and adjust to S&T support programs from 2006.
b) Data from 2001 to 2005 contain the field of transportation.
c) Data from 2001 to 2005 contain the field of environment.
d) Data from 2001 to 2005 contain the fields of urbanization and urban development.

6-3 国家重点基础研究发展计划(973计划)中央财政拨款

Appropriation for S&T by Central Government in National Key Basic Research Program of China

单位：万元 (10 000 yuan)

项目	Item	2001	2005	2006	2007	2008	2009	2010	2011	2012	2013
合　计	**Total**	**60000**	**100000**	**97892**	**129263**	**150415**	**189976**	**271813**	**309245**	**267819**	**282811**
农　业	Agriculture Science	9970	10883	11117	14537	16982	22860	21961	25959	31268	25312
能　源	Energy Science	7707	9481	9019	15615	16811	24038	29658	32051	18967	23193
信　息	Information Science	7917	11426	7978	15883	15302	20310	27367	40940	21288	29332
资源环境	Environment Science	13758	14611	12447	15318	18156	23698	24155	21831	28330	20613
健　康	Health Science	8921	20261	15079	19416	26059	31976	34108	40276	49087	36326
材　料	Materials Science	8838	11923	11700	16221	18889	21300	30326	31417	19918	28114
制造与工程	Manufacturing and Infrastructural Engineering Science								13541	11060	10453
综合交叉①	Synthesis Science	1819	19052	16955	16138	17527	23547	66691	68863	38671	65628
重大科学前沿	Forefront of Major Science			13597	16135	20689	22248	37547	34367	49230	43840
其它	Others	1070	2363								

注：2001-2005年数据包括重大科学前沿。

Note: Data from 2001 to 2005 contain forefront of major science.

6-4 国家重大科学研究计划中央财政拨款

Appropriation for S&T by Central Government in National Major Scientific Research Program of China

单位：万元 (10 000 yuan)

项 目	Item	2006	2007	2008	2009	2010	2011	2012	2013
合 计	**Total**	**37527**	**35318**	**39585**	**70024**	**128187**	**140756**	**132181**	**122710**
纳米研究	Nano Studies	7399	14083	11882	24005	34889	42353	34905	35587
量子调控研究	Quantum Regulation Studies	10752	3301	8622	12499	15876	21694	18697	19085
蛋白质研究	Protein Studies	12730	5450	9992	15446	16070	28673	24406	22651
发育与生殖研究	Growth and Reproduction Studies	6646	12484	9089	18074	20729	27617	20719	17471
干细胞研究	Stem Cell Studies					12287	4941	9376	11724
全球变化研究	Global Change Studies					28336	15478	24078	16192

6-5 国家自然科学基金资助项目经费

Project Funding Approved by the National Natural Science Foundation of China

单位：万元 (10 000 yuan)

项 目	Item	2000	2005	2006	2007	2008	2009	2010	2011	2012	2013
总 计	**Total**	**111879**	**352060**	**410956**	**497083**	**630863**	**705392**	**965315**	**1827450**	**2365585**	**2352354**
面上项目	General Programs	63348	225898	268595	227457	288647	330516	452450	898941	1248000	1200000
重点项目	Key Programs	6826	50947	44349	63530	77973	72408	96450	142500	156700	166300
重大项目	Major Program	765	7000			17000	11000	16000	22500	32200	39000
重大研究计划	Major Research Plan		5033	8492	22578	24972	33379	48605	62213	71023	72605
联合资助基金项目	Program of Joint Funds with other Institutions			9497	15730	16654	18008	16790	36900	47787	50964
国家杰出青年科学基金（包括外籍）	Projects of National Distinguished Young Scientists (including Foreign)	17015	16580	33280	35280	35220	35020	38820	38760	38980	38760
优秀青年科学基金	Excellent Young Scientists Fund									40000	39900
青年科学基金项目*	Young Scientists Fund				61737	93994	120304	164600	311710	337500	370000
地区科学基金项目*	Regional Fund				10196	16974	22180	33560	99920	120000	120000
海外和香港、澳门青年学者合作研究基金	Programs of Joint Research for Oversea Young Scientists	2400	3200	3200	3200	1580	1540	1660	4000	6340	6400
创新研究群体科学基金	Programs of Innovation Research Teams	5280	7800	10700	24730	26315	26480	34660	38460	36900	39660
国家基础科学人才培养基金	Projects of States Foundation for Basic Science Scientists	3804	17385	11400	9930	5180	1370	4770	28800	24510	12640
国家重大科研仪器设备研制专项	Special Fund for Research on National Major Research Instruments and Facilities									108700	91300
科学仪器基础研究专款	Special Fund for Basic Research on Scientific Instruments									15000	15000
委主任基金、科学部主任基金	Projects of President and Directors' Funds	2732	5676	4722	4780	5412	8167	13746	16227	18387	18924
专项基金	Projects of Special Programes	4472	3564	4704	4708	6498	8125	14270	78705	5746	7210
国际合作与交流	International Cooperation and Exchange	5236	8977	12017	13227	14444	16895	28934	47814	57813	63691

注："青年科学基金项目"和"地区科学基金项目"自2007年开始从原"面上项目"中分出。

Note: Date of "Youth Scientists Fund" and "Regional Fund" seperated from "General Programs" in 2007.

6-6 分部门国家自然科学基金资助项目经费(2013年)

Project Funding Approved by the National Natural Science Foundation of China by Sectors (2013)

单位：万元 (10 000 yuan)

项 目	Item	合 计 Total	高等学校 Higher Education	#教育部所属院校 Subordinated Directly to Ministry of Education	科研机构 Research Institution	#中国科学院 China Academy of Sciences	其 他 Others
总 计	**Total**	**2352354**	**1834164**	**1003314**	**483206**	**325107**	**34983**
面上项目	General Programs	1200000	970641	533946	211606	135180	17753
重点项目	Key Programs	166300	118363	86128	46777	36340	1160
重大项目	Major Program	39000	18100	14800	20900	17900	
重大研究计划	Major Research Plan	72605	45803	35804	26557	22074	245
联合资助基金项目	Program of Joint Funds with other Institutions	50964	36854	16252	13803	8846	307
国家杰出青年科学基金(包括外籍)	Projects of National Distinguished Young Scientists(including Foreign)	38760	26540	20540	12220	10020	
优秀青年科学基金	Excellent Young Scientists Fund	39900	29900	23100	9700	8300	300
青年科学基金项目	Young Scientists Fund	370000	282082	120864	81105	44922	6814
地区科学基金项目	Regional Fund	120000	107588		8341		4071
海外和香港、澳门青年学者合作研究基金	Programs of Joint Research for Oversea Young Scientists	6400	5100	3580	1300	1140	
创新研究群体科学基金	Programs of Innovation Research Teams	39660	23220	20220	16440	13440	
国家基础科学人才培养基金	Projects of States Foundation for Basic Science Scientists	12640	12340	8500	300	300	
国家重大科研仪器设备研制专项	Special Fund for Research on National Major Research Instruments and Facilities	91300	81750	67500	9550	7250	
科学仪器基础研究专款	Special Fund for Basic Research on Scientific Instruments	15000	12050	8415	2680	2380	270
委主任基金、科学部主任基金	Projects of President and Directors' Funds	18924	13780	7285	4572	3437	572
专项基金	Projects of Special Programes	7210	6160	5080	1050	770	
国际合作与交流	International Cooperation and Exchange	63691	43894	31300	16306	12809	3491

6-7 国家重点实验室

State Key Laboratories and National

项　目	Item	实验室数(个) Number of Laboratories (unit)①	实验室人员 Personnel of Laboratories	
			固定人员(人) Full-time Personnel (person)	客座人员(人) Guest Researchers (person)
总　计	**Total**	**265**	**21286**	**9069**
工业与信息化部	Ministry of Industry and Information Technology of the People's Republic of China	8	597	245
国家卫生和计划生育委员会	National Population and Family Planning Commission of China	8	543	163
教育部	Ministry of Education	136	10461	4540
农业部	Ministry of Agriculture	6	406	172
水利部	Ministry of Water Resources	1	72	12
国土资源部	Ministry of Land and Resources	1	65	8
环境保护部	Ministry of Environmental Protection	1	88	52
国家林业局	State Forestry Administration	1	81	11
中国科学院	Chinese Academy of Sciences	83	7486	3316
中国地震局	China Seismological Bureau	1	74	62
总后勤部卫生部	Health Department of The General Logistics Department，PLA	6	458	83
中国气象局	China Meteorological Administration	1	64	26
国家海洋局	State Oceanic Administration People's Republic of China	1	45	49
河北省科学技术厅	Hebei Science and Technology Department	1	66	10
陕西省科学技术厅	Shaanxi Science and Technology Deparment	1	70	31
山西省科学技术厅	The Shanxi Science and Technology Department	1	50	21
四川省科学技术厅	Science and technology Bureau of Sichuan Province	2	194	121
江苏省科学技术厅	Jiangsu Science and Technology Department	2	191	36
山东省科学技术厅	Department of Science and Technology of Shandong Province	1	63	27
广东省科技厅	Guangdong Science and Technology Department	1	50	10
广西壮族自治区科学技术厅	Guangdong Science and Technology Department	1	90	31
湖南省科学技术厅	Hunan Science and Technology Department	1	72	43

注：①以上数据按259个国家重点实验室和6个国家实验室(筹)统计。

②获奖成果按国家自然科学奖、国家科技进步奖、国家技术发明奖三项国家科技奖励统计。

运行情况(2013年)

Laboratories Operation By Sectors (2013)

研究经费 Funds 筹集(万元) R&D Founds (10 000 yuan)	研究经费 Funds 支出(万元) R&D Expenditure (10 000 yuan)	科研项目 Projects 项数(项) R&D Projects (item)	科研项目 Projects 经费(万元) Funds (10 000 yuan)	获奖成果(项) Achievements Awarded (item)②	发表论文(篇) Paper Published (piece)	毕业研究生(人) Graduated Masters & Doctors (person)
1648751	**1163012**	**39529**	**2150760**	**129**	**57150**	**26478**
44422	40492	1170	50021	5	2371	1143
40464	33162	889	41558	2	941	390
926907	618149	23419	967371	76	34619	19037
26406	29219	709	33230	3	995	459
8138	7698	114	8042	2	155	55
4727	4130	39	3669		77	10
8050	8050	105	4199	2	324	28
1940	2161	83	2924		56	79
497076	347550	10590	944507	26	14468	3440
3640	3001	79	3582		138	26
23020	6568	394	20174	3	620	151
800	789	70	3885		107	23
6398	5257	58	3476	1	102	12
2552	2250	149	2792		241	149
8188	7693	166	7987	2	133	134
5427	2857	75	3283		80	31
15968	19685	524	16358	2	824	602
13020	12257	429	10265	2	369	269
4271	4271	119	4108		117	150
1900	1136	42	5546	1	110	40
	1200	200	8079		225	207
5437	5437	106	5702	2	78	43

Note: a) Data are about 259 State Key Laboratories and 6 National Laboratories.

b) Data on awards are calculated by three national awards in science and technogy, namely, the National Natural Sciences Award, National S&T

6-8 国家主体性计划项目实施情况(2013年)
Projects of National Main Research Program (2013)

项 目	Item	合 计 Total	"973" 计划 National Basic Research Program	国家重大科学研究计划 National Major Scientific Research Program	"863" 计划 "863" Program	国家科技支撑计划 Key Technologies R&D Program
实施课题数(项)	Projects in Practice (item)	8785	2861	1159	1836	2929
课题组人员(人次)	Personnel in Project Group(person-time)	300271	69430	25196	75665	129980
高级职称	Senior Title	98767	19401	6314	24653	48399
中级职称	Middle Title	69491	9930	3233	20320	36008
课题人员当年投入工作量(人年)	Personnel Input(man-year)	169463	40385	15535	43076	70467
当年落实课题资金(万元)	Funds Arranged(10 000 yuan)	2983296	533385	126443	1000090	1323378
#政府资金	Government Funds	1546855	529334	125621	415800	476101
#科研机构承担的项目	Performed by R&D Institutes	437041	96225	52188	105677	182951
高等学校承担的项目	Performed by Higher Education	964448	405602	71171	225871	261804
企业承担的项目	Performed by Enterprises	1498689	28225	620	645288	824555
培养博士、硕士(人)	Cultivated of Master and Doctor(person)	48403	17653	5656	9787	15307
发表科技论文(篇)	Scientific Papers Issued(piece)	94794	40888	13883	15664	24359
#向国外发表	Published in Foreign Periodicals	53103	26083	11434	7788	7798
出版科技著作 (万字)	Science Works (10 000 words)	27231	7495	1166	2547	16023
专利申请数(件)	Patent Applications (piece)	27784	6662	1740	8515	10867
#发 明	Inventions	21949	6154	1663	6651	7481
#向国外申请专利	Accepted by Foreign Countries	759	186	85	246	242
专利授权数(件)	Patent Applications Granted (piece)	10535	2739	660	2695	4441
#发 明	Inventions	6865	2430	609	1636	2190
#国外授权专利	Granted by Foreign Countries	211	58	29	56	68

6-9 分社会经济目标国家主体性计划项目投入(2013年)

Input of Projects of National Mandatory Program by Socio-economic Objective (2013)

单位：万元 (10 000 yuan)

项　　目	Item	当年落实资金 Funds Arranged	"973"计划 National Basic Research Program	国家重大科学研究计划 National Major Scientific Research Program	"863"计划 "863" Program	国家科技支撑计划 Key Technologies R&D Program
合　计	**Total**	**2983296**	**533385**	**126443**	**1000090**	**1323378**
环境保护、生态建设及污染防治	Environmental conservation and Prevention of Pollution	174596	15179	7834	60206	91377
环境一般问题	General Research on Environment	92	92			
环境与资源评估	Environmental and Resource Evaluation	15727	4215	3864	2622	5026
环境监测	Environmental Monitoring	16426	533	645	6853	8395
生态建设	Ecosystem Building	13425	1698	1095	68	10564
环境污染预防	Prevention of Pollution	70079	2463	534	36340	30742
环境治理	Treatment of Pollution	45899	2243	1031	13824	28800
自然灾害的预防、预报	Prevention and Forecast of Natural Disasters	12948	3934	665	499	7851
能源生产、分配和合理利用	Production,Distribution and Rational Utilisation of	563307	41853	5478	270369	245608
能源一般问题研究	Energy General Research on Production, Distribution and Rational Utilisation of Energy	385	315	70		
能源矿产的勘探技术	Exploration Technology of Energy Mineral	19495	4360		11032	4103
能源矿物的开采和加工技术	Mining and Extraction Technology of Energy Mineral	53670	8755		10326	34589
能源转换技术	Energy Transformation Technology	62532	5712	2417	32887	21516
能源输送、储存与分配技术	Energy Transport,Storage and Distribution Technology	51290	3999	1315	42820	3156
可再生能源	Renewable Energy	133259	7229	1144	72283	52603
能源设施和设备建造	Construction of Energy Facilities and Equipment	64467	2354	80	32486	29548
能源安全生产管理和技术	Safe Production Management and Technology of Energy	15390	1741		2779	10870
节约能源的技术	Technology of Saving Energy	155327	6748	452	60984	87144
能源生产、输送、分配、储存、利用过程中污染的防治与处理	Prevention of Pollution in the Process of Production,Transport,Distribution and Utilisation of Energy	7492	641		4773	2078
卫生事业发展	Development of Human Health	216654	37356	23745	69894	85660
卫生一般问题	General Research on Development of Human Health	2471	512	74	1885	
诊断与治疗	Surgery and Treatment	136419	25220	15550	42086	53563
预防医学	Preventive Medicine	18519	4432	2363	8697	3027
公共卫生	Public Health	4153	1012	244	278	2619
营养和食品卫生	Nutrition and Food Hygiene	7328	725		2675	3927
药物滥用和成瘾	Drug Abuse and Addiction	697	130	309		258
社会医疗	Social Medicine	16082	465		4456	11161
卫生医疗其他研究	Medical Research not Elsewhere Classified	30986	4859	5205	9817	11104
教育事业发展	Development of Education	1605	541	11		1053
教育一般问题	General Research on Development of Education					
学历教育	Academic Education	665	541	11		113
非学历教育与培训	Non-academic Education and Training	567				567
其它教育	Education not Elsewhere Classified	373				373
基础设施以及城市和农村规划	Infrastructure, Urban and Rural Planning	272088	10262	431	102172	159223
交通运输	Transport	220985	4386		90104	126495

6-9 续表 1 continued

单位：万元 (10 000 yuan)

项　目	Item	当年落实资金 Funds Arranged	“973”计划 National Basic Research Program	国家重大科学研究计划 National Major Scientific Research Program	“863”计划 "863" Program	国家科技支撑计划 Key Technologies R&D Program
通信	Communication	23284	5544	431	10707	6603
广播与电视	Broadcast and TV	7714			312	7401
城市规划与市政工程	Urban Planning and Municipal Engineering	8273	155		105	8013
农村发展规划与建设	Rural Development,Planning and Building	9399			478	8921
交通运输、通信、城市与农村发展对环境的影响	Impact on the Environment of Transportation, Communications, Urban and Rural Development	2434	177		466	1791
社会发展和社会服务	Social Development and Community Services	98839	6375	1252	6998	84214
社会发展和社会服务一般问题	General Research on Social Development and Community Services	2294	136	481	686	991
社会保障	Social Security System	3202				3202
公共安全	Public Safety	24626	1559		1494	21574
社会管理	Community management	2158	26			2132
就业	Employment	1176				1176
法律与司法	The Law and Justice	178				178
政府与政治	Government and Politics	819				819
国际关系	International Relations					
遗产保护	Preserving Heritage	5639	1514			4124
语言与文化	Languages and Cultures	4855	93			4762
文艺、娱乐	Arts and Leisure	6879				6879
宗教与道德	Religion and Ethics	456				456
传媒	Media	14484	246		658	13580
科技发展	Development of Science and Technology	17205	2801	771	3065	10569
国土资源管理	Management of Land and Resource	6949			410	6539
其他社会发展和社会服务	Social Development and Community Services not Elsewhere Classified	7918			686	7232
地球和大气层的探索与利用	Exploration and Utilization of the Earth and	294479	257724	8087	16206	12462
地壳、地幔，海底的探测和研究	Atmosphere Exploration and Research of Earth's Crust,Mantle and Sea-bed	12054	5665	399	3647	2343
水文地理	Hydrology	2473	1145	409		919
海洋	Sea and Oceans	23703	5954	2249	9732	5769
大气	Atmosphere	250099	242763	4856	982	1498
地球探测和开发其他研究	Other Research on Exploration and Exploitation of the Earth	6152	2198	174	1846	1934
民用空间探测及开发	Civil Exploration and Exploitation of Space	35921	7245	434	19313	8929
空间探测一般研究	General Research on Exploration and Exploitation of Space	1803	1191		612	
飞行器和运载工具研制	Manufacture of Aircraft and Vehicles	14211	1575		9649	2987
发射与控制系统	Launch and Control Systems	302			302	
卫星服务	Space Laboratories and Space Travel	15209	1672	361	7233	5942
空间探测和开发其他研究	Other Research on Exploration and Exploitation of Space	4396	2806	73	1517	
农林牧渔业发展	Development of Agriculture,Forestry,Animal Husbandry and Fishery	214574	26432	3067	60773	124303
农林牧渔业发展一般问题	General Research on Agriculture,Forestry, Animal Husbandry and Fishery	4607	473		920	3213

6-9 续表 2 continued

单位：万元 (10 000 yuan)

项 目	Item	当年落实资金 Funds Arranged	"973"计划 National Basic Research Program	国家重大科学研究计划 National Major Scientific Research Program	"863"计划 "863" Program	国家科技支撑计划 Key Technologies R&D Program
农作物种植及培育	Planting and Cultivation of Crops	69033	12050	1660	14619	40705
林业和林产品	Forestry and Forestry Products	10215	902	94	430	8788
畜牧业	Animal Husbandry	24461	4903	1003	6130	12425
渔业	Fishery	20067	465		12283	7318
农林牧渔业体系支撑	Support Systems of Agriculture,Forestry, Animal Husbandry and Fishery	82046	7639	310	25629	48468
农林牧渔业生产中污染的防治与处理	Prevention and Treatment of Pollution in the Production of Agriculture,Forestry, Animal Husbandry and Fishery	4146			761	3385
工商业发展	Development of Industry and Commerce	948978	48804	8301	386536	505337
促进工商业发展的一般问题	General Research on Industry and Commerce	1301	534			767
产业共性技术	Industrial Generic Technology	49681	2980	1102	21669	23931
非能源资源矿产的开采	Mining of Mineral Resources (excl. Energy)	21722	1093		2347	18281
食品、饮料和烟草制品业	Manufacture of Food,Beverage and Tobacco Products	46324	574		10258	35493
纺织业、服装及皮革制品业	Manufacture of Textile,Apparel and Leather Products	12723	204	430	7406	4683
化学工业	Chemical Industry	121711	9540	1181	60871	50120
非金属与金属制品业	Manufacture of Nonmetal and Metal Products	85400	8816	766	20082	55737
机械制造业(不包括电子设备、仪器仪表及办公机械)	Machinery	300119	8775	180	140720	150444
电子设备、仪器仪表及办公机械	Electronic Equipment	94423	4446	2987	76939	10051
其他制造业	Other Manufacture	20662	383	176	3462	16642
热力、水的生产和供应	Production and Supply of Heat Power and Water	5975			100	5875
建筑业	Construction	27071	3299		1145	22627
信息与通信技术(ICT)服务业	Information and Communication Technology Services	132109	7986	1479	39993	82651
技术服务业	Technical Service	16538	10		1258	15270
金融业	Finance	2459				2459
房地产业	Real Estate					
商业及其他服务业	Commerce and Other Services	5165	166			4999
工商业活动中的环境保护、污染防治与处理	Prevention and Treatment of Pollution in the Activities of Industry and Commerce	5595			287	5308
非定向研究	Non-oriented Research	151721	80365	67313	3185	859
自然科学领域的非定向研究	Non-oriented Research on Natural Science	116583	59787	55009	1787	
工程与技术科学领域的非定向研究	Non-oriented Research on Engineering Sciences	12887	9686	2214	906	80
农业科学领域的非定向研究	Non-oriented Research on Agricultural Sciences	2953	2434	221	130	168
医学科学领域的非定向研究	Non-oriented Research on Medical Sciences	18682	8457	9869	239	117
社会科学领域的非定向研究	Non-oriented Research on Social Sciences					
人文科学领域的非定向研究	Non-oriented Research on Humanities					
其他	Non-oriented Research not elsewhere classified	616			122	494
其他目标	Other Research	10533	1250	491	4439	4353

6-10 分技术领域国家级火炬计划项目(2013年)
National Torch Program by Technological Fields (2013)

项　　目	Item	项目数(项) Number of Projects (item)	当年落实资金(万元) Funds Arranged (10 000 yuan)	#政府资金 Goverement Funds	#企业资金 Self-raised Funds by Enterprises
总　　计	**Total**	**6059**	**8434968**	**140359**	**5585570**
电子与信息技术	Electronic Information Technology	1010	731150	24843	546118
生物、医药技术	Biological, Medical Technology	712	1255067	24982	871732
新材料	New Materials	1285	2549618	21467	1743387
光机电一体化技术	Integrated Light, Electronics and Machinery	1700	1780945	18920	1164944
新能源、高效节能	New Energy and Efficient Energy-saving	644	1547382	24815	908310
环境保护	Environment Protection	234	240910	5155	147885
其他高技术领域	Other High-tech Fields	474	329896	20178	203195

6-11 国家产业化计划项目实施情况(2013年)
Projects of National Industrialization Program (2013)

项　　目	Item	合　计 Total	火炬计划 Torch Program	星火计划 Spark Program
实施项目数(项)	Projects in Practice (item)	10481	6059	4422
当年落实项目资金(万元)	Funds Arranged (10 000 yuan)	10220590	8434968	1785622
#政府资金	Government Funds	195333	140359	54975
企业资金	Self-raised Funds by Enterprises	6671531	5585570	1085960
贷　款	Bank Loans	2250935	1905134	345801
#科研机构承担项目	Performed by R&D Institutes	67789	19412	48377
高等学校承担项目	Performed by Higher Education	58758	1761	56998
企业承担项目	Performed by Enterprises	9964208	8336909	1627299
新增产值(万元)	Added Value of Output (10 000 yuan)	42570016	37613453	4956564
净利润额(万元)	Profits after Taxes (10 000 yuan)	5079803	4164288	915515
上缴税金(万元)	Taxes(10 000 yuan)	2461334	2238861	222473
出口创汇(万美元)	Export (USD 10 000)	1174798	1090798	84000
专利申请数(件)	Patent Applications (piece)	23871	19945	3926
#发　明	Inventions	9852	7755	2097
#向国外申请专利	Received by Foreign Countries	327	285	42
专利授权数(件)	Patent Applications Granted (piece)	14670	12549	2121
#发　明	Inventions	3854	2921	933
#国外授权专利	Granted by Foreign Countries	218	207	11

6-12 各地区国家产业化计划项目(2013年)
Projects of National Industrialization Program by Region (2013)

地 区	Region	项目数合计 (项) Total (item)	火炬计划 Torch Program	星火计划 Spark Program	当年落实资金 (万元) Funds Arranged (10 000 yuan)	火炬计划 Torch Program	星火计划 Spark Program
全 国	**National Total**	**10481**	**6059**	**4422**	**10220590**	**8434968**	**1785622**
东部地区	Eastern Region	7068	4120	2948	5641796	4748241	893555
中部地区	Middle Region	1446	777	669	2480251	2010353	469898
西部地区	Western Region	1442	778	664	1429269	1165804	263465
东北地区	Northeast Region	525	384	141	669273	510570	158704
北 京	Beijing	307	254	53	153795	147158	6637
天 津	Tianjin	159	96	63	145478	125284	20194
河 北	Hebei	107	63	44	60644	50601	10043
山 西	Shanxi	130	56	74	142315	70412	71904
内蒙古	Inner Mongolia	87	37	50	89896	58394	31502
辽 宁	Liaoning	248	180	68	431599	308383	123216
吉 林	Jilin	124	78	46	113522	88642	24880
黑龙江	Heilongjiang	153	126	27	124153	113545	10608
上 海	Shanghai	161	117	44	106276	96833	9442
江 苏	Jiangsu	2171	1231	940	2164945	1807948	356997
浙 江	Zhejiang	2266	1351	915	1069707	934423	135284
安 徽	Anhui	528	228	300	973814	730944	242871
福 建	Fujian	249	141	108	142900	98377	44523
江 西	Jiangxi	188	69	119	207244	163643	43601
山 东	Shandong	962	509	453	1377344	1107868	269476
河 南	Henan	205	158	47	539800	523930	15870
湖 北	Hubei	274	196	78	429618	374305	55313
湖 南	Hunan	121	70	51	187459	147120	40339
广 东	Guangdong	631	319	312	379071	340070	39001
广 西	Guangxi	124	62	62	60611	44137	16473
海 南	Hainan	55	39	16	41637	39679	1958
重 庆	Chongqing	110	72	38	83255	74531	8724
四 川	Sichuan	182	103	79	436115	398606	37509
贵 州	Guizhou	128	68	60	56232	34347	21885
云 南	Yunnan	117	61	56	141059	100590	40469
西 藏	Tibet	24	5	19	3524	1230	2294
陕 西	Shaanxi	231	160	71	167898	128508	39390
甘 肃	Gansu	130	77	53	48987	32865	16122
青 海	Qinghai	63	34	29	77930	69878	8053
宁 夏	Ningxia	49	31	18	78563	73297	5265
新 疆	Xinjiang	197	68	129	185200	149421	35779

6-13　全国创业风险投资基本情况
Basic Statistics on National VC Capital

项　　目	Item	2003	2004	2005	2006	2007	2008	2009	2010	2011	2012	2013
一、机构数（个）	**No. of VC Firms (unit)**	**315**	**304**	**319**	**345**	**383**	**464**	**576**	**720**	**860**	**942**	**1408**
二、管理资本总额（亿元）	**VC Capital under Managemen (100 Million Yuan)**	**616.5**	**617.5**	**631.6**	**663.8**	**1112.9**	**1455.7**	**1605.1**	**2406.6**	**3198.0**	**3312.9**	**3573.9**
三、投资强度（万元/项）	**Avg. VC Deals Size (10 000 yuan/unit)**	**920.0**	**972.1**	**901.1**	**802.5**	**973.4**	**1041.3**	**1059.8**	**1356.5**	**1550.5**	**1322.7**	**1282.1**
四、累计投资	**Cumulative Investment**											
1.累计投资项目数（项）	No. of Cumulative Deals(unit)		3172	3916	4592	5585	6796	7435	8693	9978	11112	12149
#累计投资高新技术企业(项目)数	In Hi-tech Deals		1628	2453	2601	3369	3845	4737	5160	5940	6404	6779
2.累计投资金额（亿元）	Cumulative Capital (100 Million Yuan)		219.9	326.1	410.8	495.5	769.7	906.2	1491.3	2036.6	2355.1	2634.1
#累计投资高新技术企业(项目)额	In Hi-tech Deals		134.4	149.1	215.9	295.2	427.4	405.1	808.8	1038.6	1193.1	1302.1
五、投资轮次（%）	**Investment Rounds (%)**											
首轮投资	First	72.1	67.2	70.8	77.0	83.1	84.5	82.7	86.2	83.4	80.1	77.5
后续投资	Follows-on	27.9	32.8	29.2	23.0	16.9	15.5	17.3	13.8	16.6	19.9	22.5
六、投资阶段	**Investment Stages**											
1.按投资项目分（%）	By Investment Deal (%)											
种子期	Seed	13.0	15.8	15.4	37.4	26.6	19.3	32.2	19.9	9.7	12.3	18.3
起步期	Startup	19.3	20.6	30.1	21.3	18.9	30.2	20.3	27.1	22.7	28.7	32.5
成长(扩张)期	Expansion	49.5	47.8	41.0	30.0	36.6	34.0	35.2	40.9	48.3	45.0	38.2
成熟(过渡)期	Maturity	18.2	15.5	11.9	7.7	12.4	12.1	9.0	10.0	16.7	13.2	10.0
重建期	Turn Around		0.3	1.6	3.6	5.4	4.4	3.4	2.2	2.6	0.8	1.0
2.按投资金额分（%）	By Investment Amt. (%)											
种子期	Seed	5.3	4.5	5.2	30.2	12.7	9.4	19.9	10.2	4.3	6.6	12.2
起步期	Startup	16.8	12.3	20.0	11.5	8.9	19.0	12.8	17.4	14.8	19.3	22.4
成长(扩张)期	Expansion	37.5	44.8	46.8	39.4	38.2	38.5	45.0	49.2	55.0	32.0	41.4
成熟(过渡)期	Maturity	40.4	38.4	26.3	14.6	35.2	26.5	18.5	20.2	22.3	21.5	22.8
重建期	Turn Around			1.7	4.3	5.0	6.6	3.7	3.0	3.6	0.6	1.2
七、退出方式（%）	**Exit (%)**											
上市	IPO	5.4	12.4	11.9	12.7	24.2	22.7	25.3	29.8	29.4	29.4	24.3
收购	Acquisition	40.4	55.3	44.4	28.4	29.0	23.2	33.0	28.6	30.0	18.9	26.3
回购	Buyback	36.3	27.6	33.3	30.4	27.4	34.8	35.3	32.8	32.3	45.0	44.8
清算	Liquidation	14.9	4.7	10.4	7.8	5.6	9.2	6.3	6.9	3.2	6.7	4.6
其它	Others	3.0			20.6	13.7	10.1					

七、科技活动成果

Results of Science and Technology Activities

7-1 国内专利申请受理数
Domestic Patent Applications Accepted

单位：件 (piece)

地区	Region	1995	2000	2005	2006	2007	2008	2009	2010	2011	2012	2013
全国	**National Total**	**69535**	**140339**	**383157**	**470342**	**586498**	**717144**	**877611**	**1109428**	**1504670**	**1912151**	**2234560**
东部地区	Eastern Region	35808	82700	262416	329422	421636	519818	637402	780151	1079386	1363991	1572329
中部地区	Middle Region	9969	16335	37594	47037	56476	73794	91175	140203	177100	234599	277222
西部地区	Western Region	9741	16381	34053	40587	50941	64152	84721	112713	153545	206046	271064
东北地区	Northeast Region	8407	12758	25823	28165	32011	34403	40751	50930	68730	80933	89011
北京	Beijing	6362	10344	22572	26555	31680	43508	50236	57296	77955	92305	123336
天津	Tianjin	1648	2789	11657	13299	15744	18230	19624	25973	38489	41009	60915
河北	Hebei	2707	3848	6401	7220	7853	9128	11361	12295	17595	23241	27619
山西	Shanxi	917	1475	1985	2824	3333	5386	6822	7927	12769	16786	18859
内蒙古	Inner Mongolia	647	1138	1455	1946	2015	2221	2484	2912	3841	4732	6388
辽宁	Liaoning	4449	7151	15672	17052	19518	20893	25803	34216	37102	41152	45996
吉林	Jilin	1389	2501	4101	4578	5251	5536	5934	6445	8196	9171	10751
黑龙江	Heilongjiang	2569	3106	6050	6535	7242	7974	9014	10269	23432	30610	32264
上海	Shanghai	2456	11337	32741	36042	47205	52835	62241	71196	80215	82682	86450
江苏	Jiangsu	4078	8211	34811	53267	88950	128002	174329	235873	348381	472656	504500
浙江	Zhejiang	4042	10316	43221	52980	68933	89931	108482	120742	177066	249373	294014
安徽	Anhui	1026	1877	3516	4679	6070	10409	16386	47128	48556	74888	93353
福建	Fujian	1979	4211	9460	10351	11341	13181	17559	21994	32325	42773	53701
江西	Jiangxi	1008	1557	2815	3171	3548	3746	5224	6307	9673	12458	16938
山东	Shandong	4624	10019	28835	38284	46849	60247	66857	80856	109599	128614	155170
河南	Henan	2386	3823	8981	11538	14916	19090	19589	25149	34076	43442	55920
湖北	Hubei	2004	3486	11534	14576	17376	21147	27206	31311	42510	51316	50816
湖南	Hunan	2628	4117	8763	10249	11233	14016	15948	22381	29516	35709	41336
广东	Guangdong	7729	21123	72220	90886	102449	103883	125673	152907	196272	229514	264265
广西	Guangxi	1231	1762	2379	2784	3480	3884	4277	5117	8106	13610	23251
海南	Hainan	183	502	498	538	632	873	1040	1019	1489	1824	2359
重庆	Chongqing	318	1780	6260	6471	6715	8324	13482	22825	32039	38924	49036
四川	Sichuan	2868	4496	10567	13109	19165	24335	33047	40230	49734	66312	82453
贵州	Guizhou	562	986	2226	2674	2759	2943	3709	4414	8351	11296	17405
云南	Yunnan	959	1710	2556	3085	3108	4089	4633	5645	7150	9260	11512
西藏	Tibet	11	28	102	89	97	350	195	162	263	170	203
陕西	Shaanxi	1721	2080	4166	5717	8499	11898	15570	22949	32227	43608	57287
甘肃	Gansu	546	798	1759	1460	1608	2178	2676	3558	5287	8261	10976
青海	Qinghai	100	174	216	325	387	431	499	602	732	844	1099
宁夏	Ningxia	169	341	516	671	838	1087	1277	739	1079	1985	3230
新疆	Xinjiang	609	1088	1851	2256	2270	2412	2872	3560	4736	7044	8224
香港	Hongkong	655	1374	2645	2623	2562	2486	2411	2980	3171	3168	3322
澳门	Macao		13	27	12	39	22	38	32	36	65	147
台湾	Taiwan	4955	10778	20599	22496	22833	22469	21113	22419	22702	23349	21465

注：本年鉴中有关专利申请受理与授权的数据口径为由我国专利机构受理与授权的专利，不包括我国在外国申请专利及被授权的数据。

7-2 国内专利申请授权数

Domestic Patents Granted

单位：件 (piece)

地区	Region	1995	2000	2005	2006	2007	2008	2009	2010	2011	2012	2013
全　国	**National Total**	**41881**	**95236**	**171619**	**223860**	**301632**	**352406**	**501786**	**740620**	**883861**	**1163226**	**1228413**
东部地区	Eastern Region	21132	54389	114953	152563	211545	248889	369354	545428	653832	856207	882636
中部地区	Middle Region	5329	11041	15787	20776	26775	32560	45827	72887	97563	132980	150018
西部地区	Western Region	5774	11299	16272	22082	28611	33353	47633	72877	76200	106991	129843
东北地区	Northeast Region	4972	8744	11124	13340	16773	18223	20552	28216	36332	47421	47694
北　京	Beijing	4025	5905	10100	11238	14954	17747	22921	33511	40888	50511	62671
天　津	Tianjin	1034	1611	3045	4159	5584	6790	7404	11006	13982	19782	24856
河　北	Hebei	1580	2812	3585	4131	5358	5496	6839	10061	11119	15315	18186
山　西	Shanxi	569	968	1220	1421	1992	2279	3227	4752	4974	7196	8565
内蒙古	Inner Mongolia	415	775	845	978	1313	1328	1494	2096	2262	3084	3836
辽　宁	Liaoning	2745	4842	6195	7399	9615	10665	12198	17093	19176	21223	21656
吉　林	Jilin	824	1650	2023	2319	2855	2984	3275	4343	4920	5930	6219
黑龙江	Heilongjiang	1403	2252	2906	3622	4303	4574	5079	6780	12236	20268	19819
上　海	Shanghai	1436	4050	12603	16602	24481	24468	34913	48215	47960	51508	48680
江　苏	Jiangsu	2413	6432	13580	19352	31770	44438	87286	138382	199814	269944	239645
浙　江	Zhejiang	2131	7495	19056	30968	42069	52953	79945	114643	130190	188463	202350
安　徽	Anhui	574	1482	1939	2235	3413	4346	8594	16012	32681	43321	48849
福　建	Fujian	933	3003	5147	6412	7761	7937	11282	18063	21857	30497	37511
江　西	Jiangxi	509	1072	1361	1536	2069	2295	2915	4349	5550	7985	9970
山　东	Shandong	2861	6962	10743	15937	22821	26688	34513	51490	58844	75496	76976
河　南	Henan	1145	2766	3748	5242	6998	9133	11425	16539	19259	26791	29482
湖　北	Hubei	1017	2198	3860	4734	6616	8374	11357	17362	19035	24475	28760
湖　南	Hunan	1515	2555	3659	5608	5687	6133	8309	13873	16064	23212	24392
广　东	Guangdong	4611	15799	36894	43516	56451	62031	83621	119343	128413	153598	170430
广　西	Guangxi	665	1191	1225	1442	1907	2228	2702	3647	4402	5900	7884
海　南	Hainan	108	320	200	248	296	341	630	714	765	1093	1331
重　庆	Chongqing	305	1158	3591	4590	4994	4820	7501	12080	15525	20364	24828
四　川	Sichuan	1714	3218	4606	7138	9935	13369	20132	32212	28446	42218	46171
贵　州	Guizhou	274	710	925	1337	1727	1728	2084	3086	3386	6059	7915
云　南	Yunnan	569	1217	1381	1637	2139	2021	2923	3823	4199	5853	6804
西　藏	Tibet	2	17	44	81	68	93	292	124	142	133	121
陕　西	Shaanxi	1085	1462	1894	2473	3451	4392	6087	10034	11662	14908	20836
甘　肃	Gansu	257	493	547	832	1025	1047	1274	1868	2383	3662	4737
青　海	Qinghai	65	117	79	97	222	228	368	264	538	527	502
宁　夏	Ningxia	111	224	214	290	296	606	910	1081	613	844	1211
新　疆	Xinjiang	312	717	921	1187	1534	1493	1866	2562	2642	3439	4998
香　港	Hongkong	633	1285	1669	1881	2106	1892	2250	2601	2588	2619	2297
澳　门	Macao		13	3	15	16	23	15	34	19	26	93
台　湾	Taiwan	4041	8465	11811	13203	15806	17466	16155	18577	17327	16982	15832

7-3 国内有效专利数

Domestic Patents in Force

单位：件 (piece)

地 区	Region	2006	2007	2008	2009	2010	2011	2012	2013
全 国	**National Total**	**548758**	**622409**	**923797**	**1193110**	**1825403**	**2303015**	**3005023**	**3635929**
东部地区	Eastern Region	357461	417907	631209	841515	1308739	1657851	2178907	2611289
中部地区	Middle Region	48493	52530	80506	104881	168457	234200	319521	413120
西部地区	Western Region	53628	58325	87808	111890	175264	211352	273288	349625
东北地区	Northeast Region	34727	34907	49860	56245	79452	98956	127407	151376
北 京	Beijing	36645	43584	55771	71076	100623	131255	170516	219243
天 津	Tianjin	10048	10909	17319	20515	29672	38690	52338	68540
河 北	Hebei	11086	11222	15776	18606	27472	33813	43358	54781
山 西	Shanxi	4012	4125	6076	7921	11998	14764	19561	25037
内 蒙 古	Inner Mongolia	2494	2727	3711	4188	5935	7162	8996	11421
辽 宁	Liaoning	18679	18948	27614	31107	45241	54320	64019	74134
吉 林	Jilin	6362	6199	8657	9619	13201	15594	18818	21926
黑 龙 江	Heilongjiang	9686	9760	13589	15519	21010	29042	44570	55316
上 海	Shanghai	37747	46547	66941	83235	126178	149202	173513	194496
江 苏	Jiangsu	43969	53065	94372	154887	273249	371322	537180	616779
浙 江	Zhejiang	62128	75298	121343	170474	268471	331703	449957	552681
安 徽	Anhui	5787	6438	10447	16608	32460	60400	88326	119704
福 建	Fujian	15332	16068	22976	28364	44116	58969	81267	107246
江 西	Jiangxi	3543	3820	5706	7050	10931	14237	19663	26037
山 东	Shandong	32823	37342	58482	71771	111295	139884	177511	206983
河 南	Henan	11772	13324	20713	26917	39972	50785	67824	84420
湖 北	Hubei	11462	12252	19931	25745	40580	50906	64719	82392
湖 南	Hunan	11917	12571	17633	20640	32516	43108	59428	75530
广 东	Guangdong	106932	123035	177144	221131	325566	400571	490159	586592
广 西	Guangxi	4076	4256	6213	7421	10503	13149	16822	22038
海 南	Hainan	751	837	1085	1456	2097	2442	3108	3948
重 庆	Chongqing	11336	11939	16361	20012	30947	41070	53383	66208
四 川	Sichuan	15373	17197	29310	39415	66644	74455	94938	119531
贵 州	Guizhou	3073	3691	5130	6241	8995	11240	15931	21835
云 南	Yunnan	4552	4913	6608	8051	11363	13683	17483	21837
西 藏	Tibet	151	161	231	430	529	390	462	527
陕 西	Shaanxi	6689	7305	11106	14828	24158	31544	41447	55310
甘 肃	Gansu	1960	2159	3113	3657	5318	6728	9260	12459
青 海	Qinghai	237	320	559	656	857	1195	1502	1588
宁 夏	Ningxia	855	788	1336	1969	2790	2133	2493	3277
新 疆	Xinjiang	2832	2869	4130	5022	7225	8603	10571	13594
香 港	Hongkong	5448	6574	7862	8161	10071	10913	11326	11825
澳 门	Macao	34	29	44	51	84	95	104	176
台 湾	Taiwan	48967	52137	66508	70367	83336	89648	94470	98518

7-4 国内、外三种专利申请受理数
Three Kinds of Applications for Patents Accepted

单位：件 (piece)

项　目	Item	1995	2000	2005	2006	2007	2008	2009	2010	2011	2012	2013
合　计	**Total**	**83045**	**170682**	**476264**	**573178**	**693917**	**828328**	**976686**	**1222286**	**1633347**	**2050649**	**2377061**
1.发　明	Inventions	21636	51747	173327	210490	245161	289838	314573	391177	526412	652777	825136
国　内	Domestic	10018	25346	93485	122318	153060	194579	229096	293066	415829	535313	704936
职　务	Official	2993	12609	62270	81485	107664	140452	172181	223754	324224	428427	571073
大专院校	Universities and Colleges	574	1942	14643	17312	23001	30808	37965	48294	63028	75688	98509
科研单位	Research Institutions	865	2228	6726	6845	9748	12435	14332	18254	25222	29518	36582
企　业	Industrial and Mineral Enterprises	1086	8316	40196	56455	73893	95619	118257	154581	231551	316414	426544
机关团体	Government Agencies and Organizations	468	123	705	873	1022	1590	1627	2625	4423	6807	9438
非职务	Non-official	7025	12737	31215	40833	45396	54127	56915	69312	91605	106886	133863
国　外	Foreign	11618	26401	79842	88172	92101	95259	85477	98111	110583	117464	120200
职　务	Official	11045	25334	77575	85834	89632	92827	82647	95517	107899	114700	117654
非职务	Non-official	573	1067	2267	2338	2469	2432	2830	2594	2684	2764	2546
2.实用新型	Utility Models	43741	68815	139566	161366	181324	225586	310771	409836	585467	740290	892362
国　内	Domestic	43429	68461	138085	159997	179999	223945	308861	407238	581303	734437	885226
职　务	Official	8727	17792	46879	58769	74715	107109	169413	242479	387591	512203	633446
大专院校	Universities and Colleges	771	965	3843	4376	6377	9362	13764	18223	32641	39999	55997
科研单位	Research Institutions	1376	1616	2661	2691	3598	4724	6022	7474	10512	12786	14360
企　业	Industrial and Mineral Enterprises	4739	14912	39649	50350	63371	91374	147618	212081	336298	450002	551056
机关团体	Government Agencies and Organizations	1841	299	726	1352	1369	1649	2009	4701	8140	9416	12033
非职务	Non-official	34702	50669	91206	101228	105284	116836	139448	164759	193712	222234	251780
国　外	Foreign	312	354	1481	1369	1325	1641	1910	2598	4164	5853	7136
职　务	Official	190	259	1171	1077	1002	1331	1612	2248	3772	5482	6666
非职务	Non-official	122	95	310	292	323	310	298	350	392	371	470
3.外观设计	Designs	17668	50120	163371	201322	267432	312904	351342	421273	521468	657582	659563
国　内	Domestic	15433	46532	151587	188027	253439	298620	339654	409124	507538	642401	644398
职　务	Official	8193	22974	49733	63312	93722	116825	141457	192337	250529	352686	350551
大专院校	Universities and Colleges	18	17	1435	1262	3302	4975	9850	12815	14467	16961	13150
科研单位	Research Institutions	104	278	359	342	773	1453	917	1234	2176	2815	2090
企　业	Industrial and Mineral Enterprises	6031	22634	47552	60069	86208	108517	128424	173338	231586	330804	332458
机关团体	Government Agencies and Organizations	2040	45	387	1639	3439	1880	2266	4950	2300	2106	2853
非职务	Non-official	7240	23558	101854	124715	159717	181795	198197	216787	257009	289715	293847
国　外	Foreign	2235	3588	11784	13295	13993	14284	11688	12149	13930	15181	15165
职　务	Official	2013	3432	11230	12697	13519	13776	10972	11535	13315	14456	14289
非职务	Non-official	222	156	554	598	474	508	716	614	615	725	876

7-5 国内、外三种专利申请授权数

Three Kinds of Patents Granted

单位：件 (piece)

项目	Item	1995	2000	2005	2006	2007	2008	2009	2010	2011	2012	2013
合 计	**Total**	**45064**	**105345**	**214003**	**268002**	**351782**	**411982**	**581992**	**814825**	**960513**	**1255138**	**1313000**
1.发 明	Inventions	3393	12683	53305	57786	67948	93706	128489	135110	172113	217105	207688
国 内	Domestic	1530	6177	20705	25077	31945	46590	65391	79767	112347	143847	143535
职 务	Official	932	2824	14761	18400	24488	36955	52265	66149	95069	125954	126860
大专院校	Universities and Colleges	258	652	4453	6198	8214	10265	14391	19036	26616	33821	33309
科研单位	Research Institutions	304	910	2423	2553	3173	3945	5299	6557	9238	11248	12284
企 业	Industrial and Mineral Enterprises	205	1016	7712	9433	12851	22493	32160	40049	58364	78651	79439
机关团体	Government Agencies and Organizations	165	246	173	216	250	252	415	507	851	2234	1828
非职务	Non-official	598	3353	5944	6677	7457	9635	13126	13618	17278	17893	16675
国 外	Foreign	1863	6506	32600	32709	36003	47116	63098	55343	59766	73258	64153
职 务	Official	1748	6222	31555	31757	35132	46112	61422	54169	58541	71871	62991
非职务	Non-official	115	284	1045	952	871	1004	1676	1174	1225	1387	1162
2.实用新型	Utility Models	30471	54743	79349	107655	150036	176675	203802	344472	408110	571175	692845
国 内	Domestic	30195	54407	78137	106312	148391	175169	202113	342256	405086	566750	686208
职 务	Official	6766	15519	29191	42258	62975	82914	110625	209275	271345	410763	512203
大专院校	Universities and Colleges	623	868	2391	3453	5502	7242	9166	16002	21190	33389	43085
科研单位	Research Institutions	1025	1529	1599	2484	3101	4161	4503	7074	8016	7754	11319
企 业	Industrial and Mineral Enterprises	2627	12821	24743	35667	53451	70242	95407	183289	236959	359990	451662
机关团体	Government Agencies and Organizations	2491	301	458	654	921	1269	1549	2910	5180	9630	6137
非职务	Non-official	23429	38888	48946	64054	85416	92255	91488	132981	133741	155987	174005
国 外	Foreign	276	336	1212	1343	1645	1506	1689	2216	3024	4425	6637
职 务	Official	154	261	1011	1079	1342	1179	1400	1903	2662	4085	6233
非职务	Non-official	122	75	201	264	303	327	289	313	362	340	404
3.外观设计	Designs	11200	37919	81349	102561	133798	141601	249701	335243	380290	466858	412467
国 内	Domestic	9523	34652	72777	92471	121296	130647	234282	318597	366428	452629	398670
职 务	Official	5344	17789	27566	32473	46350	49375	99332	146407	192958	262217	233534
大专院校	Universities and Colleges	10	28	555	806	1057	1652	4390	8115	8678	10073	8644
科研单位	Research Institutions	156	248	170	276	284	238	467	637	523	850	1275
企 业	Industrial and Mineral Enterprises	2554	17482	26658	31279	42515	45802	90754	135680	179464	246879	221575
机关团体	Government Agencies and Organizations	2624	31	183	112	2494	1683	3721	1975	4293	4415	2040
非职务	Non-official	4179	16863	45211	59998	74946	81272	134950	172190	173470	190412	165136
国 外	Foreign	1677	3267	8572	10090	12502	10954	15419	16646	13862	14229	13797
职 务	Official	1402	3108	8254	9630	12053	10598	14852	15851	13250	13608	13116
非职务	Non-official	275	159	318	460	449	356	567	795	612	621	681

7-6 国内、外三种专利有效数

Three Kinds of Patents in Force

单位：件 (piece)

项　目	Item	2006	2007	2008	2009	2010	2011	2012	2013
合　计	**Total**	**727225**	**850043**	**1195196**	**1520023**	**2216082**	**2739906**	**3508561**	**4195139**
1.发　明	Inventions	218922	271917	337215	438036	564760	696939	875385	1033908
国　内	Domestic	72941	95678	127596	180042	257893	351288	473187	586493
职　务	Official	51148	70635	98796	144298	209559	291541	411470	519589
大专院校	Universities and Colleges	13966	17130	25130	35413	53144	73320	96707	116337
科研单位	Research Institutions	8982	12484	14004	16507	22976	30545	37639	46734
企　业	Industrial and Mineral Enterprises	27181	40335	58768	91237	131794	185357	274038	351500
机关团体	Government Agencies and Organizations	1019	686	894	1141	1645	2319	3086	5018
非职务	Non-official	21793	25043	28800	35744	48334	59747	61717	66904
国　外	Foreign	145981	176239	209619	257994	306867	345651	402198	447415
职　务	Official	141457	169388	204080	252620	300476	338645	394757	439619
非职务	Non-official	4524	6851	5539	5374	6391	7006	7441	7796
2.实用新型	Utility Models	292323	299242	469729	565804	857968	1120596	1501044	1936789
国　内	Domestic	288032	294463	463342	558791	849454	1109958	1486839	1917122
职　务	Official	124183	137094	231457	309630	501555	717902	1074312	1461587
大专院校	Universities and Colleges	7274	7601	13863	16363	30255	42079	63650	84984
科研单位	Research Institutions	7570	7455	11864	14219	20702	26090	26839	33400
企　业	Industrial and Mineral Enterprises	107807	120620	203110	274357	444655	639741	973122	1329876
机关团体	Government Agencies and Organizations	1532	1418	2620	4691	5943	9992	10701	13327
非职务	Non-official	163849	157369	231885	249161	347899	392056	412527	455535
国　外	Foreign	4291	4779	6387	7013	8514	10638	14205	19667
职　务	Official	3502	3887	5439	5994	7276	9254	12807	18124
非职务	Non-official	789	892	948	1019	1238	1384	1398	1543
3.外观设计	Designs	215980	278884	388252	516183	793354	922371	1132132	1224442
国　内	Domestic	187785	232268	332859	454277	718056	841769	1044997	1132314
职　务	Official	72548	103174	141996	199973	327916	427350	589620	672339
大专院校	Universities and Colleges	1088	1021	2325	5726	12783	13912	17161	19289
科研单位	Research Institutions	566	639	775	986	1584	1696	2671	3395
企　业	Industrial and Mineral Enterprises	70689	99336	136885	189563	308031	403960	564716	646281
机关团体	Government Agencies and Organizations	205	2178	2011	3698	5518	7782	5072	3374
非职务	Non-official	115237	129094	190863	254304	390140	414419	455377	459975
国　外	Foreign	28195	46616	55393	61906	75298	80602	87135	92128
职　务	Official	27203	44555	53880	60306	73046	78070	84519	89259
非职务	Non-official	992	2061	1513	1600	2252	2532	2616	2869

7-7 国内三种专利申请受理数按地区分布(2013年)

Three Kinds of Domestic Patent Applications Accepted by Region (2013)

单位：件 (piece)

地区	Region	合计 Total	发明 Invention	实用新型 Utility Model	外观设计 Design
全国	**National Total**	**2234560**	**704936**	**885226**	**644398**
东部地区	Eastern Region	1572329	467426	583322	521581
中部地区	Middle Region	277222	90520	134403	52299
西部地区	Western Region	271064	95045	118320	57699
东北地区	Northeast Region	89011	40179	39336	9496
北京	Beijing	123336	67554	47586	8196
天津	Tianjin	60915	21946	34134	4835
河北	Hebei	27619	7329	15781	4509
山西	Shanxi	18859	6025	7527	5307
内蒙古	Inner Mongolia	6388	1935	3213	1240
辽宁	Liaoning	45996	25292	18077	2627
吉林	Jilin	10751	4549	5141	1061
黑龙江	Heilongjiang	32264	10338	16118	5808
上海	Shanghai	86450	39157	35584	11709
江苏	Jiangsu	504500	141259	128898	234343
浙江	Zhejiang	294014	42744	127122	124148
安徽	Anhui	93353	34857	45148	13348
福建	Fujian	53701	9884	25769	18048
江西	Jiangxi	16938	3931	7818	5189
山东	Shandong	155170	67642	73862	13666
河南	Henan	55920	15580	29420	10920
湖北	Hubei	50816	18189	26163	6464
湖南	Hunan	41336	11938	18327	11071
广东	Guangdong	264265	68990	93592	101683
广西	Guangxi	23251	14382	6755	2114
海南	Hainan	2359	921	994	444
重庆	Chongqing	49036	12562	24865	11609
四川	Sichuan	82453	23510	33488	25455
贵州	Guizhou	17405	3988	6456	6961
云南	Yunnan	11512	3961	5705	1846
西藏	Tibet	203	92	57	54
陕西	Shaanxi	57287	26487	26157	4643
甘肃	Gansu	10976	3735	5453	1788
青海	Qinghai	1099	520	364	215
宁夏	Ningxia	3230	1792	1187	251
新疆	Xinjiang	8224	2081	4620	1523
香港	Hongkong	3322	957	775	1590
澳门	Macao	147	62	54	31
台湾	Taiwan	21465	10747	9016	1702

7-8 国内三种专利申请授权数按地区分布(2013年)

Three Kinds of Domestic Patent Applications Granted by Region (2013)

单位：件 (piece)

地　区	Region	合计 Total	发明 Invention	实用新型 Utility Model	外观设计 Design
全　国	**National Total**	**1228413**	**143535**	**686208**	**398670**
东部地区	Eastern Region	882636	96804	461725	324107
中部地区	Middle Region	150018	17334	103637	29047
西部地区	Western Region	129843	16635	78745	34463
东北地区	Northeast Region	47694	7564	31931	8199
北　京	Beijing	62671	20695	36301	5675
天　津	Tianjin	24856	3141	18759	2956
河　北	Hebei	18186	2008	13038	3140
山　西	Shanxi	8565	1332	5708	1525
内蒙古	Inner Mongolia	3836	549	2494	793
辽　宁	Liaoning	21656	3830	15582	2244
吉　林	Jilin	6219	1496	3914	809
黑龙江	Heilongjiang	19819	2238	12435	5146
上　海	Shanghai	48680	10644	29859	8177
江　苏	Jiangsu	239645	16790	98246	124609
浙　江	Zhejiang	202350	11139	106238	84973
安　徽	Anhui	48849	4241	36003	8605
福　建	Fujian	37511	2941	22152	12418
江　西	Jiangxi	9970	923	5913	3134
山　东	Shandong	76976	8913	58938	9125
河　南	Henan	29482	3173	21153	5156
湖　北	Hubei	28760	4052	19655	5053
湖　南	Hunan	24392	3613	15205	5574
广　东	Guangdong	170430	20084	77503	72843
广　西	Guangxi	7884	1295	5044	1545
海　南	Hainan	1331	449	691	191
重　庆	Chongqing	24828	2360	16623	5845
四　川	Sichuan	46171	4566	24730	16875
贵　州	Guizhou	7915	776	3916	3223
云　南	Yunnan	6804	1312	4322	1170
西　藏	Tibet	121	44	47	30
陕　西	Shaanxi	20836	4133	13936	2767
甘　肃	Gansu	4737	785	3205	747
青　海	Qinghai	502	91	285	126
宁　夏	Ningxia	1211	184	899	128
新　疆	Xinjiang	4998	540	3244	1214
香　港	Hongkong	2297	374	753	1170
澳　门	Macao	93	18	40	35
台　湾	Taiwan	15832	4806	9377	1649

7-9 国内三种专利有效数按地区分布(2013年)

Three Kinds of Domestic Patents in Force by Region (2013)

单位：件 (piece)

地区	Region	合计 Total	发明 Invention	实用新型 Utility Model	外观设计 Design
全国	**National Total**	**3635929**	**586493**	**1917122**	**1132314**
东部地区	Eastern Region	2611289	394294	1301048	915947
中部地区	Middle Region	413120	60849	269435	82836
西部地区	Western Region	349625	59529	199416	90680
东北地区	Northeast Region	151376	30263	93297	27816
北京	Beijing	219243	85434	109706	24103
天津	Tianjin	68540	12301	46746	9493
河北	Hebei	54781	7404	37393	9984
山西	Shanxi	25037	5250	16202	3585
内蒙古	Inner Mongolia	11421	2114	6623	2684
辽宁	Liaoning	74134	16092	49623	8419
吉林	Jilin	21926	5676	12876	3374
黑龙江	Heilongjiang	55316	8495	30798	16023
上海	Shanghai	194496	48370	109588	36538
江苏	Jiangsu	616779	62112	255399	299268
浙江	Zhejiang	552681	43275	271502	237904
安徽	Anhui	119704	11566	81319	26819
福建	Fujian	107246	10429	62506	34311
江西	Jiangxi	26037	3354	15159	7524
山东	Shandong	206983	27996	148414	30573
河南	Henan	84420	11249	58187	14984
湖北	Hubei	82392	15235	54192	12965
湖南	Hunan	75530	14195	44376	16959
广东	Guangdong	586592	95475	258149	232968
广西	Guangxi	22038	3692	13157	5189
海南	Hainan	3948	1498	1645	805
重庆	Chongqing	66208	8609	39419	18180
四川	Sichuan	119531	16677	61260	41594
贵州	Guizhou	21835	3262	11812	6761
云南	Yunnan	21837	5160	12233	4444
西藏	Tibet	527	184	116	227
陕西	Shaanxi	55310	14394	34665	6251
甘肃	Gansu	12459	2714	7998	1747
青海	Qinghai	1588	364	754	470
宁夏	Ningxia	3277	603	2188	486
新疆	Xinjiang	13594	1756	9191	2647
香港	Hongkong	11825	2338	3545	5942
澳门	Macao	176	43	82	51
台湾	Taiwan	98518	39177	50299	9042

7-10 按国别(地区)分国外三种专利申请受理(2013年)

Three Kinds of Foregin Patent Applications Accepted by Country (Area) (2013)

单位：件 (piece)

国家(地区)	Country (Area)	合计 Total	发明 Invention	实用新型 Utility Model	外观设计 Design
总 计	**Total**	**142501**	**120200**	**7136**	**15165**
阿根廷	Argentina	7	4	2	1
奥地利	Austria	951	811	55	85
澳大利亚	Australia	876	641	48	187
巴哈马	Bahamas	7	7		
巴巴多斯	Barbados	152	145	2	5
比利时	Belgium	698	642	19	37
伯利兹	Belize	14	2	4	8
百慕大群岛	Bermuda	155	122	12	21
巴 西	Brazil	165	115	15	35
保加利亚	Bulgaria	5	4		1
加拿大	Canada	1237	1037	36	164
开曼群岛	Cayman Islands	699	611	39	49
智 利	Chile	17	16	1	
哥伦比亚	Colombia	6	5	1	
克罗地亚	Croatia	5	4	1	
古 巴	Cuba	8	8		
塞浦路斯	Cyprus	28	17	4	7
捷 克	Czech Republic	74	33	4	37
丹 麦	Denmark	1061	840	47	174
埃 及	Egypt	1	1		
爱沙尼亚	Estonia	4	3		1
芬 兰	Finland	1222	1039	83	100
法 国	France	5126	4143	246	737
德 国	Germany	15925	13712	727	1486
希 腊	Greece	13	9		4
匈牙利	Hungary	33	30	1	2
冰 岛	Iceland	11	10		1
印 度	India	302	279	8	15
印度尼西亚	Indonesia	13	8	1	4
伊 朗	Iran	1	1		
爱尔兰	Ireland	213	193	5	15
以色列	Israel	669	530	30	109
意大利	Italy	1992	1318	70	604
日 本	Japan	48537	41193	3048	4296
约 旦	Jordan	5	5		
哈萨克斯坦	Kazakhstan	5	5		
拉托维亚	Latvia	5	5		

7-10 续表 continued

单位：件 (piece)

国家(地区)	Country (Area)	合计 Total	发明 Invention	实用新型 Utility Model	外观设计 Design
列支敦士登	Liechtenstein	105	79	2	24
卢森堡	Luxembourg	227	139	7	81
马来西亚	Malaysia	113	57	14	42
马耳他	Malta	14	10	1	3
毛里求斯	Mauritius	20	19	1	
墨西哥	Mexico	49	40	2	7
摩纳哥	Monaco	8	7		1
荷　兰	Netherlands	2888	2546	66	276
荷属安的列斯群岛	Netherlands Antilles	7	7		
新西兰	New Zealand	157	116	6	35
挪　威	Norway	268	237	4	27
巴基斯坦	Pakistan	4	2	2	
巴拿马	Panama	5	5		
菲律宾	Philippines	5	3	1	1
波　兰	Poland	81	77	1	3
葡萄牙	Portugal	32	29		3
韩　国	South Korea	12916	10866	253	1797
罗马尼亚	Romania	4	4		
俄罗斯联邦	Russian Federation	233	152	36	45
圣马力诺	San Marino				
萨摩亚	Samoa	31	9	11	11
沙特阿拉伯	Saudi Arabia	58	53	1	4
塞舌尔	Seychelles	16	14	1	1
新加坡	Singapore	680	512	46	122
斯洛伐克	Slovakia	9	7		2
斯洛文尼亚	Slovenia	23	18		5
南　非	South Africa	90	67	4	19
西班牙	Spain	533	378	18	137
瑞　典	Sweden	2119	1795	57	267
瑞　士	Switzerland	3926	3212	183	531
泰　国	Thailand	34	15	7	12
突尼斯	Tunis	5	5		
土耳其	Turkey	140	79	4	57
乌克兰	Ukraine	22	10	11	1
委内瑞拉	Venezuela				
越　南	Viet Nam	11	3		8
阿拉伯联合酋长国	United Arab Emirates	33	12	6	15
英　国	United Kingdom	2455	1849	145	461
美　国	United States of America	34421	29992	1658	2771
维尔京群岛	Virgin Islands, British	443	179	63	201
其　他	Others	74	48	16	10

7-11 按国别(地区)分国外三种专利授权(2013年)

Three Kinds of Foregin Patents Granted by Country (Area)(2013)

单位：件 (piece)

国家(地区)	Country (Area)	合计 Total	发明 Invention	实用新型 Utility Model	外观设计 Design
总计	**Total**	**84587**	**64153**	**6637**	**13797**
阿根廷	Argentina	7	7		
奥地利	Austria	412	302	44	66
澳大利亚	Australia	584	366	46	172
巴哈马	Bahamas	11	11		
巴巴多斯	Barbados	64	55	1	8
比利时	Belgium	494	410	10	74
伯利兹	Belize	14		6	8
百慕大群岛	Bermuda	91	53	18	20
巴西	Brazil	99	54	11	34
保加利亚	Bulgaria	2	1	1	
加拿大	Canada	721	570	51	100
开曼群岛	Cayman Islands	247	149	45	53
智利	Chile	9	9		
哥伦比亚	Colombia	7	5	2	
克罗地亚	Croatia	2		2	
古巴	Cuba	12	12		
塞浦路斯	Cyprus	12	7	1	4
捷克	Czech Republic	80	17	15	48
朝鲜	North Korea	2	1	1	
韩国	South Korea	6031	4271	267	1493
丹麦	Denmark	629	431	20	178
埃及	Egypt	1	1		
芬兰	Finland	790	606	90	94
法国	France	3475	2602	242	631
德国	Germany	8623	6589	580	1454
直布罗陀	Gibraltar	3	3		
希腊	Greece	6	5		1
匈牙利	Hungary	33	29	1	3
印度尼西亚	Indonesia	12	4	2	6
伊朗	Iran				
爱尔兰	Ireland	120	110	4	6
以色列	Israel	352	243	47	62
印度	India	118	99	3	16
冰岛	Iceland	19	19		

7-11 续表 continued

单位：件 (piece)

国 家（地区）	Country (Area)	合 计 Total			
		Total	发 明 Invention	实用新型 Utility Model	外观设计 Design
意大利	Italy	1463	830	57	576
日 本	Japan	29830	22609	3056	4165
拉托维亚	Latvia	6	5		1
列支敦士登	Liechtenstein	58	35		23
卢森堡	Luxembourg	144	97	1	46
马来西亚	Malaysia	63	30	8	25
马耳他	Malta	16	16		
毛里求斯	Mauritius	5	4	1	
墨西哥	Mexico	46	39	1	6
摩纳哥	Monaco	4	3		1
荷 兰	Netherlands	2187	1862	61	264
荷属安的列斯群岛	Netherlands Antilles	10	10		
新西兰	New Zealand	92	46	7	39
挪 威	Norway	173	153	1	19
巴拿马	Panama	19	11		8
菲律宾	Philippines				
波 兰	Poland	28	17	4	7
葡萄牙	Portugal	15	8		7
俄罗斯联邦	Russian Federation	97	41	26	30
萨摩亚	Samoa	22	7	10	5
沙特阿拉伯	Saudi Arabia	34	32	1	1
塞舌尔	Seychelles	9	5	3	1
新加坡	Singapore	334	168	58	108
斯洛伐克	Slovakia	3	2		1
斯洛文尼亚	Slovenia	14	11		3
南 非	South Africa	75	47	2	26
西班牙	Spain	279	170	14	95
瑞 典	Sweden	1465	1158	66	241
瑞 士	Switzerland	2293	1745	128	420
泰 国	Thailand	20	4	3	13
土耳其	Turkey	81	29	10	42
乌克兰	Ukraine	8	2	5	1
阿拉伯联合酋长国	United Arab Emirates	12	3	1	8
英 国	United Kingdom	1520	1047	122	351
美 国	United States of America	20666	16674	1406	2586
维尔京群岛	Virgin Islands, British	362	173	65	124
其 他	Others	52	19	10	23

7-12 按国别(地区)分国外三种专利有效数(2013年)

Three Kinds of Foregin Patents in Force by Country (Area)(2013)

单位：件 (piece)

国 家(地区)	Country (Area)	合 计 Total	发 明 Invention	实用新型 Utility Model	外观设计 Design
总 计	**Total**	**559210**	**447415**	**19667**	**92128**
安道尔	Andorra	6	6		
阿根廷	Argentina	25	21	2	2
奥地利	Austria	2456	1955	113	388
澳大利亚	Australia	3652	2209	165	1278
巴哈马	Bahamas	96	69	5	22
巴巴多斯	Barbados	286	259	3	24
比利时	Belgium	2597	2254	40	303
伯利兹	Belize	30	5	15	10
百慕大群岛	Bermuda	421	292	63	66
巴 西	Brazil	546	311	38	197
文 莱	Brunei Darussalam	61	21	21	19
保加利亚	Bulgaria	15	12	1	2
加拿大	Canada	4667	3668	188	811
开曼群岛	Cayman Islands	1597	955	260	382
智 利	Chile	27	23	3	1
哥伦比亚	Colombia	19	12	2	5
克罗地亚	Croatia	11	8	2	1
古 巴	Cuba	66	66		
塞浦路斯	Cyprus	71	48	2	21
捷 克	Czech Republic	467	98	38	331
朝 鲜	North Korea	5	4	1	
韩 国	South Korea	44865	36372	991	7502
丹 麦	Denmark	3372	2437	74	861
埃 及	Egypt	25	3	2	20
芬 兰	Finland	5459	4450	194	815
法 国	France	20492	16026	647	3819
德 国	Germany	51117	39804	1771	9542
直布罗陀	Gibraltar	15	14		1
希 腊	Greece	79	54	1	24
匈牙利	Hungary	175	142	13	20
印度尼西亚	Indonesia	68	14	7	47
伊 朗	Iran	5	1	3	1
爱尔兰	Ireland	568	495	15	58
以色列	Israel	1518	1112	133	273
印 度	India	632	518	14	100
冰 岛	Iceland	78	78		
意大利	Italy	8789	5338	248	3203
日 本	Japan	230917	190007	6943	33967
哈萨克斯坦	Kazakhstan	14	10	4	
吉尔吉斯斯坦	Kirghizia	2	2		
拉托维亚	Latvia	24	15	2	7

7-12 续表 continued

单位：件 (piece)

国 家 (地区)	Country (Area)	合 计 Total	发 明 Invention	实用新型 Utility Model	外观设计 Design
黎巴嫩	Lebanon	11		7	4
列支敦士登	Liechtenstein	544	349	1	194
卢森堡	Luxembourg	1050	835	54	161
马来西亚	Malaysia	532	184	64	284
马耳他	Malta	46	46		
毛里求斯	Mauritius	67	45	11	11
墨西哥	Mexico	235	163	6	66
摩纳哥	Monaco	49	34		15
摩洛哥	Morocco	10	7		3
荷 兰	Netherlands	14344	12230	199	1915
荷属安的列斯群岛	Netherlands Antilles	96	93		3
新西兰	New Zealand	458	310	15	133
挪 威	Norway	1033	863	8	162
巴拿马	Panama	189	163	3	23
菲律宾	Philippines	56	44	1	11
波 兰	Poland	154	62	7	85
葡萄牙	Portugal	90	65	1	24
罗马尼亚	Romania	11	5	1	5
俄罗斯联邦	Russian Federation	502	310	91	101
萨摩亚	Samoa	255	167	60	28
沙特阿拉伯	Saudi Arabia	298	110	4	184
塞舌尔	Seychelles	42	29	5	8
新加坡	Singapore	1984	1294	191	499
斯里兰卡	Sri Lanka	2	1	1	
斯洛伐克	Slovakia	41	14	2	25
斯洛文尼亚	Slovenia	86	68	1	17
南 非	South Africa	423	354	16	53
西班牙	Spain	1593	794	82	717
瑞 典	Sweden	9631	8043	228	1360
瑞 士	Switzerland	15022	11426	534	3062
泰 国	Thailand	148	39	21	88
英属库克群岛	The Cook Islands	25	5		20
突尼斯	Tunis	1	1		
土耳其	Turkey	410	152	37	221
乌克兰	Ukraine	24	14	8	2
阿拉伯联合酋长国	United Arab Emirates	53	24	4	25
英 国	United Kingdom	8769	6412	333	2024
美 国	United States of America	113762	92685	5313	15764
乌拉圭	Uruguay	4	4		
瓦努阿图	Vanuatu				
越 南	Viet Nam	32	3	3	26
维尔京群岛	Virgin Islands, British	1653	705	317	631
南斯拉夫	Yugoslavia	2	2		
其 他	Others	138	73	14	51

7-13 按国际专利标准分类的专利申请受理、授权和有效数(2013年)

Patents Applications Accepted, Granted and in Force by International Patent Classification (2013)

单位：件

项 目	Item	申 请 Application	授 权 Granted	有 效 in Force
合 计	**Total**	**1679337**	**900533**	**2970696**
A部（人类生活需要）	**Section A: Human Necessities**	**309870**	**151812**	**424869**
农、林、牧、渔	Agriculture, Forestry, Animal Husbandry and Fishery	46390	23135	57088
烘烤、食用面团	Baking and Edible Doughs	3376	1014	3014
屠宰、加工	Butchering and Meat Treatment	869	514	1409
食品、食物及处理	Foods and Foodstuffs and their Treatment	31502	10378	29232
烟类及用品	Tobacco, Cigars and Cigarettes	3479	1905	6221
服 装	Clothing	11567	4718	12966
帽类制品	Headwear	1657	710	1876
鞋 类	Footwear	5796	3251	9497
男用服饰用品、珠宝	Haberdashery and Jewelry	2297	1093	3926
手携及旅行用品	Hand or Traveling Articles	13679	6956	16947
刷类用品	Brushware	2327	1173	2971
家具、家庭日用品或设备	Furniture, Domestic Articles, and Appliance	68475	36366	95105
医学、兽医学、卫生学	Medical or Veterinary Science and Hygiene	100729	50712	156066
救生、消防	Life-saving and Fire-fighting	3993	2353	6783
运动、游戏、娱乐活动	Sports, Games and Recreation	12892	7534	21765
本部其他类目中不包括的技术主题	Subject Matter not Otherwise Provided for in this Section	842		3
B部（作业、运输）	**Section B: Industrial and Transportation**	**381891**	**230044**	**682134**
物理或化学的方法功能装置	Physical or Chemical Processes or Apparatus	40586	24031	73647
破碎、研磨、粉碎	Crushing,Pulverizing or Disintegrating	6165	3686	11104
分选、分离	Separation of Solid Materials, Electrostatic Separation	2558	1731	4951
离心装置、离心机	Centrifugal Apparatus or Machines	1241	783	2570
喷射、雾化	Spraying or Atomizing in General	7861	5076	15685
机械振动的产生和传递	Generating or transmission of Mechanical Vibrations	227	163	563
固体分离、分选	Separating Solids from Solids Wastes	4575	2797	7066
清 洁	Cleaning	6692	4030	10269
固体废料的处理	Disposal of Solid Waste	1627	810	2288
金属加工、冲裁	Mechanical Metal-working and Stamping	20889	13299	39645
铸造、粉末冶金	Casting and Powder Metallurgy	9523	5280	17516
机床、其他金属加工	Machine Tools	41570	25987	75725
磨削、抛光	Grinding and Polishing	9081	5514	16841
简单工具	Hand tools, Portable Power Tools and Workshop Equipment	15782	9051	24470
手工切割工具、切断	Hand Cutting Tools, Cutting and Servering	7011	4210	11019
木材加工、保存、钉钉机	Wood Preservation and Nailing or Stapling Machines	3432	1910	6147
加工水泥、粘土和石料	Cement, Clay or Stone	5711	3926	11969
塑料制品的加工	Working of Plastics	18223	10824	32952
压力机	Presses	2752	1715	5459
纸品制作、纸的加工	Paper Making and Processing Paper	1732	1126	3432
叠层产品	Layered Products	8544	4481	12758
印刷、打字机、印刷机	Pringting, Lining Machines, and Typewriters	7058	4329	18953
装订、图册、文件夹	Bookbinding, Albums, and Files	2717	1597	4323
绘图具、办公附属用品	Writing or Drawing Appliances	9731	4481	9623
装饰艺术	Decorative Arts	2980	1696	4709

注：1.本表只包含发明和实用新型专利。
2.分类指专利分类部门对每一件发明专利申请或实用新型专利申请的技术主题进行分类，给出完整的代表发明或实用新型的发明情报的分类号。

7-13 续表 1 continued

单位：件

项　目	Item	申　请 Application	授　权 Granted	有　效 in Force
一般车辆	Vehicles in General	36280	21135	66107
铁　路	Railways	3862	2227	8661
无轨陆用车牌	Land Vehicles other than Rails	17411	10415	33209
船舶、船只，有关的设备	Ships and Related Equipment	4345	2398	7427
飞行器、航空、宇宙航行	Aircraft and Aviation	3337	1317	3474
输送、包装、存储、搬运	Conveying aand Packing Inflammatory Material	58780	37006	100696
卷扬、提升、牵引	Hoistng, Lifting, and Hauling	16236	10940	32835
液体的储运	Opening or Closing Bottles, Jars or Similar Containers	2662	1757	4843
鞍具、室内装璜	Saddlery and Upholstery	136	75	232
微观结构技术	Micro-Structural Technology	501	120	571
超微技术	Nano-Technology	73	121	395
C部（化学、冶金）	**Section C: Chemistry and Metallurgy**	**154289**	**70019**	**258040**
无机化学	Inorganic Chemistry	8544	3816	15803
水、废污水、泥浆的处理	Treatment of Water, Waste Water, Sewage or Sludge	16004	8943	26741
玻璃、矿棉和渣棉	Glass, Mineral or Slag Wool	4198	2420	9127
水泥、陶瓷等、隔音材料	Cements, Concrete, Artificial Stone,Ceramics, Refractories	7586	3243	10227
肥料及制造	Fertilizers and Related Products	4761	1703	4215
炸药、火柴	Explosives and Matches	419	236	827
有机化学	Organic Chemistry	20958	9697	40604
有机高分子化合物	Organic Macromolecular Compounds	20369	7935	37066
杂料、涂料、抛光剂等	Dyes, Paints, Polishes, Resins, and Adhesives	15790	5129	17196
石油、煤气及炼焦工业	Petroleum, Gas or Coke Industries,Inert Gases	7229	4425	13643
动植物油、脂类	Animal or Vegetable Oils, Fats	3661	1118	3712
生化、酒、醋、酶、遗传工程	Biochemistry, Beer, Spirits, Wine, Microbiology	18434	9292	29437
糖或淀粉工业	Sugar Industry	166	87	285
大小原皮、毛皮、皮革	Skins, Hides, Pelts, Leather	497	320	820
黑色冶金	Metallurgy of Iron	5475	3351	12427
冶金学、合金或有色合金	Metallurgy, Ferrous or Non-ferrous Alloys	7682	2753	12140
金属加工涂料、防腐防绣	Coating Metallic Materials	6511	2814	11657
电解电泳方法及设备	Electrolytic or Electrophoretic Processes	4097	1791	8282
晶体生长	Crystal Growth	1843	926	3789
组合技术	Combinatorial Technology	65	20	42
D部（纺织、造纸）	**Section D: Textiles and Papers Making**	**30820**	**15664**	**55340**
线、纤维、纺纱	Natural or Artificial Threads or Fibres, Spinning	5445	2951	11088
纺纱、整经或络经	Yarn, Mechanical Finishing of Yarns or Ropes	1369	584	2034
织　造	Weaving	3727	1713	5375
编带、花边、针织、整理	Braiding, Lacce-making, Knitting	2972	1781	6587
缝纫、绣花、簇绒	Sewing, Embroidering, Tufting	2442	1856	5854
织物等的处理、洗涤	Treatment of Textiles, Laundering	11241	4907	16640
绳、除电缆外的缆绳	Ropes, Cables other than Electric	638	286	1198
造纸、纤维素的生产	Paper-making, Production of Cellulose	2986	1586	6564
E部（固定建筑物）	**Section E: Fixed Constructions**	**98501**	**60953**	**184423**
道路、铁路和桥梁的建筑	Construction od Roads, Railways, or Bridges	10369	6374	19399
水利工程、基础、运土	Hydraulic Engineering, Foundations, Soil-shifting	11561	6366	20081

a) Invention and Utility Model only.

b) Classification refers to the patent classification department classify technology theme of every piece of invention and utility model and give each complete classification number.

7-13 续表 2 continued

单位：件

项 目	Item	申 请 Application	授 权 Granted	有 效 in Force
给水、排水	Water Supply, Sewerage	7381	4295	12065
建筑物	Building	32025	19378	58548
锁、钥匙、门窗、保险箱	Locks, Keys, Windows or Door Fittings,Safes	8928	6053	18989
一般门、窗、百叶窗、梯子	Doors, Windows, Shutters, or Roller Blinds in General,Ladders	9934	5878	17132
钻进、采矿	Well Drilling, Mining	18303	12609	38209
F部（机械工程）	**Section F: Mechanical Engineering**	**199911**	**120575**	**391921**
一般机器、发动机、蒸汽机	Machines or Engines in General,Engines Plants in General, Steam Engines	7281	4118	14905
内燃机等	Combustion Engines	9930	5807	22517
液力机械和其他发动机	Machines or Engines for Liquids	5282	2810	9303
液体变容机械、泵	Prositive-displacement Machines for Liquids	16657	10466	35501
液压调节器、液压技术	Fluid-pressure Ajustors,Hydraulic or Pneumatics in General	4511	2664	8312
工程元件或部件	Engineering Elements of Units	62900	39791	121896
气体或液体的储藏或分配	Storing or Distributing of Gases or Liquids	2489	1584	5191
照 明	Lighting	29272	18231	52855
蒸汽的产生	Steam Generation	1769	1090	3666
燃烧设备、燃烧技术	Combustion Apparatus,Combustion Processes	6555	3689	14130
采暖、炉灶、通风	Heating, Ranges, Ventilation	26958	15937	51486
制冷气体的液化和固化	Refrigeration or Cooling, Heat Pump System	8555	4518	17840
干 燥	Drying	4412	2348	7248
炉、窑、灶、罐	Furnaces, Kins, Ovens	4891	3016	10566
一般热交换	Heat Exchanges in General	5606	3012	11842
武 器	Weapons	1400	628	2103
弹药、爆破	Ammunition, Blasting Caps	1443	866	2560
G部（物理）	**Section G: Physics**	**260213**	**119657**	**435157**
测量、测试	Measurements,Testing	98417	52615	164411
光学技术	Optics	15176	8987	44335
照相术、电影术、电刻术	Photograpphy,Cinematography, Electrography	5374	3475	21798
测时技术	Horology	2715	1334	3816
控制、调节技术	Controlling, Regulating	18416	9462	26128
计算、推算、计数技术	Computing, Calculating, Counting	75109	19520	85898
核算装置	Checking Devices	7893	3981	11526
信号装置	Signaling	12455	6163	16644
教育、密码、显示、广告等	Education, Cryptography, Advertising, Seals	16357	9668	31881
乐器、声学	Musical Instruments, Acoustics	3177	1716	7114
信息的储存	Information Storage	3682	2030	18412
仪器的零部件	Instrument Details	218	161	1116
核物理、核工程	Nuclear Physics, Nuclear Engineering	1212	545	2078
本部其他类目中不包括的技术主题	Subject Matter not Otherwise Provided for in this Section	12		
H部（电学）	**Section H: Electricity**	**243842**	**131809**	**538812**
基本电器元件	Basic Electric Elements	88855	50970	214502
电力的发电、变电或配电	Generation, Conversion, or Distribution of Electric Power	54991	30937	100351
基本电子电路	Basic Electronic Circuitry	6631	3503	15716
电信技术	Telecommunication Technique	73664	34816	166524
其他类不包括的电技术	Electric Technique not Otherwise Provided for	19701	11583	41719

7-14 国外主要检索工具收录我国论文总数及在世界上的位置

Number of Chinese Paper Taken by Major Foreign Referencing Systems and Precedence in the World

项 目 Item	1995	2000	2005	2006	2007	2008	2009	2010	2011	2012
收录论文数(篇)										
Number of Papers Taken(piece)										
《Science Citation Index》	13134	30499	68226	71184	89147	116677	127532	143769	165818	192761
《Engineering Index》	8109	13163	54362	65041	75587	89377	97877	119374	127420	124382
《Conference Proceedings Citation Index-Science》	5152	6016	30786	35653	43131	64824	54749	37780	52757	77518
位 次 Precedence										
《Science Citation Index》	15	8	5	5	3	2	2	2	2	2
《Engineering Index》	7	3	2	2	1	1	1	1	1	1
《Conference Proceedings Citation Index-Science》	10	8	5	2	2	2	2	2	2	2

注：为便于国际比较，本表数据统一使用各检索系统直接检索结果，未经逐一核对。
Note: For international comparison,data in this table refer to retrieval results using the retrieval systems without ticking off.

7-15 国外主要检索工具收录的我国科技人员在国内外期刊上发表论文数

Number of Papers by Chinese Scientists and Technicians Published in Domestic and Foreign Periodicals and Taken by Major Foreign Referencing System

单位：篇 (piece)

项 目	Item	1995	2000	2005	2006	2007	2008	2009	2010	2011	2012
《Science Citation Index》收录合计	**Taken by SCI**	**7980**	**22608**	**63150**	**71184**	**79669**	**95506**	**108806**	**121026**	**136445**	**158615**
国内发表	Published in Domestic Periodicals	1087	9208	16669	16856	18410	20804	22229	25934	22988	22670
比重(%)	As % of Total	14	41	26.4	23.7	23.1	21.8	20.4	21.4	16.8	14.3
国外发表	Published in Foreign Periodicals	6893	13400	46481	54328	61259	74702	86577	95092	113457	135945
比重(%)	As % of Total	86	59	73.6	76.3	76.9	78.2	79.6	78.6	83.2	85.7
《Engineering Index》收录合计	**Taken by 《Engineering Index》**	**6791**	**13991**	**60301**	**65041**	**75568**	**85381**	**98115**	**119374**	**116343**	**116429**
国内发表	Published in Domestic Periodicals	3038	8293	35262	33454	40656	45686	46415	56578	54602	51146
比重(%)	As % of Total	45	59	58.5	51.4	53.8	53.5	47.3	47.4	46.9	43.9
国外发表	Published in Foreign Periodicals	3753	5698	25039	31587	34912	39695	51700	62796	61741	65283
比重(%)	As % of Total	55	41	41.5	48.6	46.2	46.5	52.7	52.6	53.1	56.1

注：表7-15至表7-19数据为逐一核对的第一作者单位在中国的论文数。
Note: Data from table 7-15 to 7-19 is the checked number of papers whose frist author belong to China.

7-16 国外主要检索工具收录我国科技论文按学科分布(2012年)

Chinese Scientific Papers Taken by Major Foreign Referencing System by Discipline (2012)

学 科	Discipline	篇数(篇) Pieces(piece)			位 次 Precedence		
		SCI	EI	CPCI-S	SCI	EI	CPCI-S
合 计	**Total**	**158615**	**116429**	**56351**			
数 学	Mathematics	7190	7311	119	7	7	25
力 学	Mechanics	1650	6387	1907	18	8	7
信息、系统科学	Information, Systems Science	1228	1380	69	20	20	26
物理学	Physics	18822	11269	2214	2	2	6
化 学	Chemistry	33384	8183	1326	1	6	8
天文学	Astronomy	1092	163	176	22	30	22
地 学	Earth Science	4987	3157	290	10	13	18
生物学	Biology	16731	4981	677	3	10	12
预防医学与卫生学	Protective Medicine	1094		1	21	33	37
基础医学	Basic Medicine	7478	128	623	6	31	13
药 学	Pharmacy	3739		35	12	33	29
临床医学	Clinic Medicine	14757		908	4	33	10
中医学	Traditional Chinese Medicine	813		6	25	33	34
军事医学与特种医学	Special Medicine	106		11	35	33	31
农 学	Agriculture	2280	461	313	14	24	17
林 学	Forestry	279			33	33	38
畜牧、兽医科学	Livestock, Veterinary Medicine	989		10	23	33	32
水产学	Aquatic	499			29	33	38
测绘科学技术	Surveying & Mapping	13	684		40	23	38
材料科学	Material Science	13242	12411	15125	5	1	1
工程与技术基础学科	Engineering & Basic Technology Science	541	3223	383	28	12	14
矿山工程技术	Mining	85	299	3	36	26	36
能源科学技术	Energy	2275	3094	4469	15	14	4
冶金、金属学	Metallurgy, Metallography	1698	2445	266	16	15	19
机械、仪表	Machinery, Instrument	1656	4670	328	17	11	16
动力与电气	Power & Electrical Engineering	809	5849	369	26	9	15
核科学技术	Nuclear Technology	333	225	122	31	27	24
电子、通讯与自动控制	Electronics,Communication & Automation	5447	11038	8977	8	3	3
计算技术	Computer	5051	8472	10783	9	5	2
化 工	Chemical Engineering	2366	1875	50	13	17	28
轻工、纺织	Light Industry & Textile Industry	20	46	10	39	32	32
食 品	Food	1556	208	15	19	29	30
土木建筑	Civil Construction	793	10809	3991	27	4	5
水 利	Water Conservancy	841	841	147	24	22	23
交通运输	Transportaiton	65	2034	5	37	16	35
航空航天	Aviation and Aerospace	299	920	213	32	21	21
环 境	Environment	3842	1523	1207	11	19	9
安全科学技术	Security	361	221	257	30	28	20
管 理	Management Science	157	1666	59	34	18	27
其 他	Others	47	456	887	38	25	11

7-17 国外主要检索工具收录我国科技论文按地区分布(2012年)

Chinese Scientific Papers Taken by Major Foreign Referencing System by Region (2012)

地区	Region	篇数(篇) Pieces(piece)			位次 Precedence		
		SCI	EI	CPCI-S	SCI	EI	CPCI-S
全国	**National Total**	**158615**	**116429**	**56351**			
北京	Beijing	29455	22536	8793	1	1	1
天津	Tianjin	4520	3520	2140	12	13	13
河北	Hebei	1850	1662	2148	20	19	11
山西	Shanxi	1297	1039	539	23	22	24
内蒙古	Inner Mongolia	410	262	408	27	26	25
辽宁	Liaoning	6207	5583	3085	10	8	7
吉林	Jilin	4454	3287	1623	13	14	16
黑龙江	Heilongjiang	4292	4909	2356	15	10	10
上海	Shanghai	16105	9223	3269	2	3	4
江苏	Jiangsu	15177	11444	3978	3	2	2
浙江	Zhejiang	9092	5746	2702	5	6	8
安徽	Anhui	4313	3060	1125	14	15	18
福建	Fujian	3156	1807	742	17	18	21
江西	Jiangxi	1355	1078	1065	22	21	19
山东	Shandong	7435	4109	3182	7	12	5
河南	Henan	2707	2228	2577	18	17	9
湖北	Hubei	7936	5753	3097	6	5	6
湖南	Hunan	5340	5708	1631	11	7	15
广东	Guangdong	9223	4741	2093	4	11	14
广西	Guangxi	1052	591	654	24	24	22
海南	Hainan	249	74	150	28	28	27
重庆	Chongqing	3566	2834	1223	16	16	17
四川	Sichuan	6495	5204	2147	9	9	12
贵州	Guizhou	428	215	160	26	27	26
云南	Yunnan	1579	619	866	21	23	20
西藏	Tibet	3	3	8	32	31	32
陕西	Shaanxi	7416	7292	3788	8	4	3
甘肃	Gansu	2619	1476	551	19	20	23
青海	Qinghai	114	52	27	29	29	30
宁夏	Ningxia	109	39	79	30	30	29
新疆	Xinjiang	647	332	130	25	25	28
其他	Others	14	3	15	31	31	31

7-18 1995-2010年《SCI》收录的我国科技论文的5年滚动被引用情况

Citation Impact of Chinese Scientific Papers in 5 Year over Lapping Taken in SCI

单位：篇 (piece)

项 目	Item	1995-1999	1996-2000	1997-2001	1998-2002	1999-2003	2000-2004	2001-2005	2002-2006	2003-2007	2004-2008	2005-2009	2006-2010	2007-2011	2008-2012
收录论文数 (A)	Number of Papers Taken by SCI	89787	101613	116079	131933	152946	175913	210099	249582	349560	414391	472766	548309	633056	658718
被引用次数 (B)	Citations times	142026	170984	212161	259772	332297	412145	549879	692283	936676	1206096	1796896	2362146	3923960	3701530
论文影响 (B/A)	Impact	1.58	1.68	1.83	1.97	2.17	2.34	2.62	2.77	2.68	2.91	3.80	4.31	6.20	5.62

7-19 中文科技期刊刊登的科技论文篇数按机构类型分类(2012年)

Scientific Papers Published in Chinese Science and Technology Periodicals by Type of Institutions (2012)

单位：篇 (piece)

项 目	Item	合 计 Total	高等院校 Universities	研究机构 Research Institutes	企 业 Enterprises	医 院 Hospital	其 他 Others
总 计	**Total**	**523589**	**337216**	**55656**	**33386**	**78655**	**18676**
基础学科	Basic Disciplines	52800	38157	9347	1929	317	3050
数 学	Mathematics	5276	5088	137	13	2	36
力 学	Mechanics	1980	1700	178	64		38
信息、系统	Information, System Science	2273	2167	53	24		29
物 理	Physics	6062	4913	959	105	3	82
化 学	Chemistry	10704	8197	1365	521	36	585
天 文	Astronomy	340	173	156	3	1	7
地 学	Earth Sciences	13230	6331	3907	1047	6	1939
生 物	Biological Sciences	12935	9588	2592	152	269	334
医药卫生	Medical Care	219273	121808	15339	1367	76933	3826
农林牧渔	Agriculture, Forestry, Animal Husbandry and Fishery	34777	20248	10428	888	71	3142
工业技术	Manufacturing Technology	197382	141893	18715	28482	968	7324
其 他	Others	19357	15110	1827	720	366	1334

7-20 重大科技成果
Major Research Results of Science and Technology

单位：项 (item)

项目	Item	2000	2005	2006	2007	2008	2009	2010	2011	2012	2013
合计	**Total**	**32858**	**32359**	**33644**	**34170**	**35971**	**38688**	**42108**	**44208**	**51723**	**52477**
按成果类别分组											
基础理论	Elementary Theory	2368	2129	2107	2509	3227	2997	3288	3083	5995	3918
应用技术	Applied Technology	28843	28559	30103	29956	30847	33905	37029	39218	43234	46456
软科学	Soft Science	1647	1671	1434	1705	1897	1786	1791	1907	2494	2103
按完成单位类型分组	**by Type of Performing Institutes**										
研究机构	Research Institutions	7859	6140	6495	6263	6047	6826	7141	6998	8244	8165
高等院校	Universities	6508	7469	7064	7592	7700	8498	8536	8288	9837	10193
企　业	Enterprises	10586	11525	11918	12220	13301	14345	16704	18064	20904	22688
其　他	Others	7905	7225	8167	8095	8923	9019	9727	10858	12738	11431
应用技术成果按行业分组	**by Industries**										
农林牧渔业	Farming, Forestry, Animal Husbandry and Fishery	4147	5123	5216	5148	5006	5169	5868	6170	7354	7311
采矿业	Mining	600	1004	1022	1243	1845	1225	1568	1594	1728	1731
制造业	Manufacturing	5334	5054	6164	5338	5836	6824	7526	8107	9683	10921
电力、热力、煤气及水的生产和供应业	Production and Distribution of Electricity,Gas and Water	1279	1274	1297	1414	1397	1522	2647	2635	2629	2712
建筑业	Construction	1189	1334	1358	1201	1296	1251	1376	1583	1760	1741
批发和零售业	Wholesale and Retail Trade	152	109	111	105	93	48	146	115	139	145
交通运输、仓储和邮政业	Traffic,Transport, Storage and Post	1963	1641	1671	1477	1499	1548	1704	1645	2154	2182
金融业	Finance	244	175	178	105	62	96	82	98	210	254
房地产业	Real Estate	176	72	73	57	43	30	52	36	65	90
科学研究和技术服务业	Scientific Research, Technical Service			4311	4284	4022	3968	4571	4783	2660	5568
水利、环境和公共设施管理业	Management of Water Conservancy, Environment and Public Establishment	580	655	667	1010	1027	987	1077	1192	1467	1411
居民服务、修理和其他服务业	Resident Services and Other Services	404	407	414	162	167	296	187	187	275	282
卫生和社会工作	Sanitation and Social Works	6009	5834	5940	6821	6894	7155	7622	8369	9802	9002
文化、体育和娱乐业	Culture, Sports and Entertainment	456	253	263	318	241	304	342	309	498	375
公共管理、社会保障和社会组织	Public Management and Social Organization	501	649	661	207	327	375	423	561	618	544
其　他	Others	3655	741	757	1066	1092	3107	1838	1834	2192	2187

7-21 国家级科技奖励
National Science and Technology Awards

单位：项 (item)

项目	Item	2000	2005	2006	2007	2008	2009	2010	2011	2012	2013
合　计	**Total**	**292**	**321**	**329**	**352**	**348**	**374**	**356**	**384**	**337**	**323**
一、国家科学技术进步奖	**National S&T Advancement Award**	**250**	**236**	**241**	**255**	**254**	**282**	**273**	**283**	**212**	**188**
特　等	Special Grade			1	1	3	3	3	1	3	3
一　等	1st Class	22	18	20	19	26	17	31	20	22	24
二　等	2nd Class	228	218	220	235	225	262	239	262	187	161
二、国家技术发明奖	**National Invention Award**	**23**	**40**	**56**	**51**	**55**	**55**	**46**	**55**	**77**	**71**
一　等	1st Class		1	1	1	3	2	2	2	3	2
二　等	2nd Class	23	39	55	50	52	53	44	53	74	69
三、国家自然科学奖	**National Natural Science Award**	**15**	**38**	**29**	**39**	**34**	**28**	**30**	**36**	**41**	**54**
一　等	1st Class			2			1				1
二　等	2nd Class	15	38	27	39	34	27	30	36	41	53
四、国家最高科学技术奖	**National Supreme Award of Science and Technology**	**2**	**2**	**1**	**2**	**2**	**2**	**2**	**2**	**2**	**2**
五、国际科学技术合作奖	**International Science and Technology Co-operation Award**	**2**	**5**	**2**	**5**	**3**	**7**	**5**	**8**	**5**	**8**

7-22 国家级科技奖励分布

Distribution of National Science and Technology Awards

单位：项 (item)

项　目	Item	2000	2005	2006	2007	2008	2009	2010	2011	2012	2013
一、国家科技进步奖	**National S&T Advancement Award**	**250**	**236**	**241**	**255**	**254**	**282**	**273**	**283**	**212**	**188**
按行业分组	**by Industries**										
工业交通	Manufacturing and Transportation	79	113	92	88	77	93	91	98	69	67
农林牧渔	Agriculture, Forestry, Animal Husbandry and Fishery	24	27	30	26	35	38	41	27	56	24
文教卫生	Education, Culture and Health Care	35	35	35	36	31	42	38	47	27	25
国防公安	National Defense and Public Security	71	61	57	63	72	60	59	65	50	51
其　他	Others	41		27	42	39	49	44	46	10	21
按隶属分组	**by Subordination**										
部　委	Ministries and Commissions	123	62	57	53	58	73	82	63	68	44
省市自治区	Province	51	79	84	88	85	106	98	102	54	56
其它单位	Others		31	43	51	39	43	58	53	40	37
军　口	Military System	76	64	57	63	72	60	35	65	50	51
二、国家发明奖	**National Invention Award**	**23**	**40**	**56**	**51**	**55**	**55**	**46**	**55**	**77**	**71**
按行业分组	**by Industries**										
工业交通	Manufacturing and Transportation	16	28	29	26	28	27	21	29	45	37
农林牧渔	Agriculture, Forestry, Animal Husbandry and Fishery	1	5	5	5	3	4	4	5	11	8
文教卫生	Education, Culture and Health Care	3	1	3	4	2	3	3	4	7	3
国防公安	National Defense and Public Security	2	6	15	12	18	16	13	14	14	16
其　他	Others	1		4	4	4	5	5	3		7
按隶属分组	**by Subordination**										
部　委	Ministries and Commissions	12	12	16	5	10	12	17	14	21	22
省市自治区	Province	9	15	15	21	15	15	15	21	24	17
其它单位	Others		6	10	13	12	12	9	6	18	16
军　口	Military System	2	7	15	12	18	16	5	14	14	16
三、获国家自然科学奖	**National Natural Sciences Award**	**15**	**38**	**29**	**39**	**34**	**28**	**30**	**36**	**41**	**54**
按学科分组	**by Disciplines**										
数　理	Maths & Physics	3	7	4	8	7	7	8	5	10	12
化　学	Chemistry	3	6	5	6	4	5	6	6	7	7
生物医学	Biol-medical	3	10	6	9	8	4	6	7	9	10
地　球	Earth Sciences	5	6	5	5	5	3	4	6	4	5
材料工程	Material Engineering	1	7	7	2	5	5	4	8	6	13
信　息	Information		2	2	4	5	4	2	4	5	7
其　他	Others				5						
按隶属分组	**by Subordination**										
部　委	Ministries and Commissions	11	17	14	22	22	12	10	22	27	27
省市自治区	Province	4	20	15	14	11	12	14	11	12	20
其它单位	Others								3	1	2
专家推荐	Expertise		1		3	1	4	6		1	5

7-23 商标注册申请及核准注册商标
Registration Application and Approved of Trademark

单位：件 (piece)

年 份	注册申请 Registration Application				核准注册 Registration Approved			
	国内 Domestic	国际 International	马德里 Madrid	合计 Total	国内 Domestic	国际 International	马德里 Madrid	合计 Total
1979					27459	5130		32589
1980				26177	15348	1297		16645
1981				23004	15707	2049		17756
1982	17000	1565		18565	12385	4672		17057
1983	19120	1687		20807	4293	2278		6571
1984	26487	3077		29564	13252	1518		14770
1985	43445	5798		49243	19584	2084		21668
1986	45031	5939		50970	26993	5126		32119
1987	40014	4055		44069	27687	4454		32141
1988	41683	5866		47549	25448	3604		29052
1989	43202	5209		48411	31810	4625		36435
1990	50853	4371	2048	57272	25966	4036	1269	31271
1991	59124	5885	2595	67604	34501	3523	2306	40330
1992	79837	8367	2591	90795	42710	4198	1180	48088
1993	107758	21014	3551	132323	42668	3999	2059	48726
1994	117186	20238	5193	142617	47482	7803	3016	58301
1995	144610	21442	6094	172146	59895	12591	19380	91866
1996	122057	22615	7132	151804	101178	15843	11407	128428
1997	118577	21676	8502	148755	188047	24958	10033	223038
1998	129394	18252	10037	157683	80095	14137	13478	107710
1999	140620	18883	11212	170715	96139	13896	12366	122401
2000	181717	24623	16837	223177	129441	16327	12807	158575
2001	229775	23234	17408	270417	167563	19017	16259	202839
2002	321034	37221	13681	371936	169904	23364	19265	212533
2003	405620	33912	12563	452095	206070	21188	15253	242511
2004	527591	44938	15396	587925	225394	25069	16156	266619
2005	593382	52166	18469	664017	218731	23792	16009	258532
2006	669276	56840	40203	766319	228814	25254	21573	275641
2007	604952	59714	43282	707948	215161	19159	29158	263478
2008	590525	60704	46890	698119	342498	31870	29101	403469
2009	741763	51966	36748	830477	737228	68471	31944	837643
2010	973460	67838	30889	1072187	1211428	108510	29299	1349237
2011	1273827	95831	47127	1416785	926330	66074	30294	1022698
2012	1502540	97190	48586	1648316	919951	58656	26290	1004897
2013	1733361	95177	53008	1881546	909541	59496	27687	996724
累 计	**11694821**	**997293**	**500042**	**13241337**	**7546701**	**708068**	**397589**	**8652358**

7-24 各地区商标注册申请与注册(2013年)

Registration Application and Approved of Trademark by Region (2013)

单位：件 (piece)

地区	Region	申请数 Applications	核准注册 Registrations Approved	1991-2013年核准注册商标 1991-2013 Registrations Approved	截至2013年底有效注册量 Registrations Effected by the end of 2013
全国	**National Total**	**1733361**	**909541**	**7300769**	**6342586**
东部地区	Eastern Region	1110070	592069	4899799	4266867
中部地区	Middle Region	222580	108371	825757	721168
西部地区	Western Region	257861	134396	905258	791767
东北地区	Northeast Region	64496	33930	343627	280814
北京	Beijing	133510	68688	538442	467259
天津	Tianjin	22127	13194	99006	77143
河北	Hebei	43826	21084	204413	166136
山西	Shanxi	16753	6731	62295	52742
内蒙古	Inner Mongolia	13146	6899	65403	56746
辽宁	Liaoning	30440	16881	167702	134082
吉林	Jilin	14977	7330	74412	62575
黑龙江	Heilongjiang	19079	9719	101513	84157
上海	Shanghai	106374	57354	413225	364528
江苏	Jiangsu	110097	60069	538445	459132
浙江	Zhejiang	178978	105825	962983	864161
安徽	Anhui	42981	19523	138312	123834
福建	Fujian	96134	52367	410926	369736
江西	Jiangxi	26862	13064	97493	88125
山东	Shandong	92765	47202	400922	343623
河南	Henan	57591	29410	211124	184866
湖北	Hubei	37031	18190	156905	132396
湖南	Hunan	41362	21453	159628	139205
广东	Guangdong	318789	162264	1296568	1126595
广西	Guangxi	16652	8430	69272	57656
海南	Hainan	7470	4022	34869	28554
重庆	Chongqing	45751	25034	93178	114889
四川	Sichuan	63649	31125	138195	219938
贵州	Guizhou	19814	9655	214922	41448
云南	Yunnan	28051	15637	61992	87927
西藏	Tibet	1316	531	69133	3667
陕西	Shaanxi	40169	21209	43393	104745
甘肃	Gansu	6293	2991	84621	23887
青海	Qinghai	2963	1717	25850	10429
宁夏	Ningxia	3689	2401	12915	13411
新疆	Xinjiang	16368	8767	26384	57024
香港	Hongkong	67889	29907	188373	175097
澳门	Macao	621	321	2569	2778
台湾	Taiwan	9844	10547	135386	104095

7-25 集成电路布图设计登记申请和登记发证(2013年)
Registration Application and Registration Certification of Integrated Circuit Layout-design (2013)

单位：件 (piece)

地区	Region	申请数 Application	发证数 Certification
总计	**Total**	**1561**	**1612**
国内	**Domestic**	**1389**	**1467**
东部地区	Eastern Region	1155	1254
中部地区	Middle Region	86	64
西部地区	Western Region	104	104
东北地区	Northeast Region	8	8
北京	Beijing	170	190
天津	Tianjin	24	42
河北	Hebei	4	3
山西	Shanxi		
内蒙古	Inner Mongolia		
辽宁	Liaoning	8	8
吉林	Jilin		
黑龙江	Heilongjiang		
上海	Shanghai	283	334
江苏	Jiangsu	257	269
浙江	Zhejiang	127	129
安徽	Anhui	63	47
福建	Fujian	20	26
江西	Jiangxi		
山东	Shandong	34	32
河南	Henan	2	2
湖北	Hubei	16	10
湖南	Hunan	5	5
广东	Guangdong	236	229
广西	Guangxi	2	
海南	Hainan		
重庆	Chongqing	11	11
四川	Sichuan	45	45
贵州	Guizhou	2	4
云南	Yunnan		
西藏	Tibet		
陕西	Shanxi	44	44
甘肃	Gansu		
青海	Qinghai		
宁夏	Ningxia		
新疆	Xinjiang		
香港	Hongkong	12	12
台湾	Taiwan	24	25
国外	**Abroad**	**172**	**145**
美国	USA	166	139
韩国	South Korea		
开曼群岛	Cayman Islands	6	6
日本	Japan		

7-26 农业植物新品种权申请和授权

Application and Granted of New Variety Rights of Agriculture Plants

单位：件 (piece)

项　目	Item	1999-2013年累计 Grand Total from 1999 to 2013		2013年申请 Application in 2013
		申　请 Application	授　权 Granted	
合　计	**Total**	**11710**	**4018**	**1333**
一、按单位性质分	**by Units**			
国内科研	Domestic Research	5151	2113	494
国内企业	Domestic Enterprises	4253	1313	618
国内教学	Domestic Education	882	325	65
国内个人	Domestic Individuals	663	175	52
国外企业	Foreign Enterprises	681	89	98
国外个人	Foreign Individuals	40	1	2
国外教学	Foreign Education	22	2	1
国外科研	Foreign Research	18		3
二、按植物种类划分	**by Plant Species**			
大田作物	Field Crops	9811	3692	1079
蔬　菜	Vegetables	658	152	74
花　卉	Flowers	834	106	117
果　树	Fruit Tree	353	68	47
牧　草	Pasture	11		
其　他	Others	43		16

7-27 农业植物新品种权申请和授权
Application and Granted of New Variety Rights of Agriculture Plants

单位：件 (piece)

地区	Region	1999-2013年累计 Grand Total from 1999 to 2013		2013年申请 Application in 2013
		申请 Application	授权 Granted	
总计	**Total**	**11710**	**4018**	**1333**
国内	**Domestic**	**10952**	**3926**	**1231**
东部地区	Eastern Region	4355	1384	549
中部地区	Middle Region	2381	822	299
西部地区	Western Region	2385	931	243
东北地区	Northeast Region	1826	789	140
北京	Beijing	938	190	136
天津	Tianjin	106	20	16
河北	Hebei	522	210	32
山西	Shanxi	126	55	13
内蒙古	Inner Mongolia	171	75	15
辽宁	Liaoning	504	272	31
吉林	Jilin	654	307	37
黑龙江	Heilongjiang	668	210	72
上海	Shanghai	224	41	42
江苏	Jiangsu	828	306	93
浙江	Zhejiang	291	85	64
安徽	Anhui	563	108	139
福建	Fujian	245	94	37
江西	Jiangxi	99	45	2
山东	Shandong	902	346	83
河南	Henan	893	329	70
湖北	Hubei	264	97	25
湖南	Hunan	436	188	50
广东	Guangdong	255	71	36
广西	Guangxi	185	94	14
海南	Hainan	44	21	10
重庆	Chongqing	123	46	15
四川	Sichuan	845	444	67
贵州	Guizhou	153	46	4
云南	Yunnan	520	106	79
西藏	Tibet	5		5
陕西	Shaanxi	142	53	11
甘肃	Gansu	74	17	7
青海	Qinghai	10	2	1
宁夏	Ningxia	25	8	4
新疆	Xinjiang	132	40	21
台湾	Taiwan	5		
国外	**Abroad**	**758**	**92**	**102**
荷兰	Netherlands	290	51	34
美国	USA	216	9	49
韩国	Korea	83	5	1
日本	Japan	55	19	1
德国	Germany	27	3	
比利时	Belgium	14		
法国	France	7		
意大利	Italy	10		
西班牙	Spain	13	2	
以色列	Israel	6		
澳大利亚	Australia	10	2	5
新西兰	New Zealand	13	1	3
南非	South Africa	1		
英国	England	2		1
希腊	Greece	1		
爱尔兰	Ireland	1		
瑞士	Switzerland	8		7
智利	Chile	1		1

7-28 按技术合同构成分全国技术市场成交合同数
Contract Deals in Domestic Technical Markets by Type of Contracts

单位：项 (item)

项 目	Item	2006	2007	2008	2009	2010	2011	2012	2013
合 计	**Total**	**205845**	**220868**	**226343**	**213752**	**229601**	**256428**	**282242**	**294929**
一、按合同类别分	**by Type of Technical Income**								
技术开发	Technology Development	64595	73319	80191	88025	105627	126420	150178	153959
委托开发	Commissioned Development	61261	69372	76044	83416	100093	120086	143302	146121
合作开发	Cooperated Development	3334	3947	4147	4609	5534	6334	6876	7838
技术转让	Technology Transfer	11614	11474	11932	13282	12377	11067	11858	11797
技术秘密转让	Technical Secrets Transfer	9225	9369	8723	9590	8529	6949	7364	7416
专利实施许可转让	Patent License Transfer	1142	1012	1918	2122	2004	2079	2175	2301
专利权转让	Patent Right Transfer	298	359	450	553	669	878	1007	1143
专利申请权转让	Patent Application Right Transfer	47	41	80	75	90	162	120	160
计算机软件著作权转让	Computer Software Copyright Transfer	290	237	309	384	437	488	818	381
集成电路布图设计专有权转让	Integrated Circuit Layout Design Exclusive Right Transfer	52	26	18	18	28	37	24	21
动、植物新品种权转让	New Species of Animals and Plants Patent Right Transfer	113	143	157	195	344	220	179	160
生物、医药新品种权转让	New Species of Biology and Medicine Patent Right Transfer	447	287	277	345	276	254	171	215
技术咨询	Technology Consultation	35814	37820	39344	29203	27714	31581	32582	32564
技术服务	Technology Service	93822	98255	94876	83242	83883	87360	87624	96609
一般性技术服务	Normal Technology Service	91280	96111	93404	82215	82972	86383	86640	95480
技术中介	Technology Intermediary	576	697	184	229	120	167	305	124
技术培训	Technology Training	1966	1447	1288	798	791	810	679	1005
二、按知识产权构成分	**by Intellectural Right**								
技术秘密	Technology Secrets	75873	76261	75353	71460	75362	84845	89506	88649
专利	Patent	5211	2685	4353	5331	4259	5565	6531	6951
发明专利	Invention	3279	1343	2333	3281	2565	3339	3997	4330
实用新型专利	Utility Model	1782	1185	1832	1784	1448	2104	2378	2384
外观设计专利	Design	150	157	188	266	246	122	156	237
计算机软件	Computer Software	23736	27617	32487	36744	42379	48226	55834	49107
动、植物新品种	New Species of Animals and Plants	326	471	454	607	1076	799	779	590
集成电路布图设计	IC Layout Design	431	509	615	605	573	1359	849	1828
生物、医药新品种	New Species of Biology and Medicine	1822	2197	2150	2661	2619	2575	2626	8747
未涉及知识产权	Others	98446	111128	110931	96344	103333	113059	126117	139057

7-28 续表 continued

单位：项 (item)

项　目	Item	2006	2007	2008	2009	2010	2011	2012	2013
三、按技术领域分	**by Technical Field**								
电子信息技术	IT Technology	63155	70047	75415	81129	88538	99241	118800	118496
航空航天技术	Aviation and Aerospace Technology	2899	3106	3299	3494	4168	4726	5500	6340
先进制造技术	Advanced Manufacture Technology	19222	21098	22658	19975	21135	20105	24753	25559
生物、医药和医疗器械技术	Biology,Medicine and Medical Machine Technology	13563	12838	13589	14684	15290	18635	19120	21094
新材料及其应用	Advanced Material and Aplication	7476	8713	8945	7937	9360	10872	12415	12859
新能源与高效节能	New Energy and Power Saving	19405	22675	20697	18961	22357	23071	21268	22246
环境保护与资源综合利用技术	Environment and Source Application Technology	21550	24656	26669	21407	20236	20880	21300	21707
核应用技术	Nuclear Application Technology	587	506	813	1023	885	913	1108	1059
农业技术	Agriculture Technology	5962	6442	5981	5669	6091	6699	9188	11766
现代交通	Modern Traffic	10774	9979	10614	9568	9118	10307	10147	10950
城市建设与社会发展	Urban Construction and Social Development	41252	40808	37663	29905	32423	40979	38643	42853
四、按社会经济目标分	**by Socail and Economic Objectives**								
农业、林业和渔业的发展	Farming,Forestry and Fishery	6663	6926	6964	6686	6917	7611	10405	13204
促进工业的发展	Industry	42157	42521	43283	37674	39285	43193	47393	24452
能源的生产和合理利用	Energy Production and Application	17328	19195	18143	16279	19351	19823	17916	24438
基础设施的发展	Infrastructure	17298	15402	17419	14581	14559	19723	22254	24289
环境治理与保护	Environmental Harness and Protection	16030	16614	19217	15136	14892	15127	14631	19554
卫生(不包括污染)	Sanitation (Excluding Pollution)	9560	7919	8518	8153	7827	9623	8732	14666
社会发展和社会服务	Social Development and Social Service	51229	57233	57324	54530	59128	68879	85012	96913
地球和大气层的探索与利用	Earth and Atmosphere Exploration and Utility	513	552	832	569	661	638	798	2516
知识的发展	Science Development	4160	4195	4976	5233	5510	7007	7402	6500
民用空间	Civil Aerospace	3402	5356	4524	4920	7311	5899	4905	3674
国防	Defense	3601	3742	3810	4028	4213	5146	7171	7347
其他	Others	33904	41213	41333	45963	49947	53759	55623	57376

7-29 按技术合同构成分全国技术市场成交合同金额

Value of Contract Deals in Domestic Technical Markets by Type of Contracts

单位：万元 (10 000 yuan)

项　目	Item	2006	2007	2008	2009	2010	2011	2012	2013
合　计	**Total**	**18181813**	**22265261**	**26652288**	**30390024**	**39065753**	**47635589**	**64370683**	**74691254**
一、按技术性收入的类型分	**by Type of Technical Income**								
技术开发	Technology Development	7170650	8755349	10754595	12641654	16342394	21698091	26359452	27734127
委托开发	Commissioned Development	6438640	7904997	9900437	11656596	14017686	19910409	24574266	26041080
合作开发	Cooperated Development	732011	850351	854158	985058	2324708	1787682	1785186	1693047
技术转让	Technology Transfer	3213269	4203561	5325907	5385174	6100996	5233881	10208414	10837592
技术秘密转让	Technical Secrets Transfer	1858657	2603677	3352574	3326299	4428966	3460013	6880739	7755045
专利实施许可转让	Patent License Transfer	434503	492555	1061457	1216253	632842	894818	2467125	2396267
专利权转让	Patent Right Transfer	434749	522086	596053	411595	433217	587601	431609	316292
专利申请权转让	Patent Application Right Transfer	12021	12498	40256	44461	64039	41309	42417	31909
计算机软件著作权转让	Computer Software Copyright Transfer	173705	146338	155600	195925	104044	125142	252776	210689
集成电路布图设计专有权转让	Integrated Circuit Layout Design Exclusive Right Transfer	179249	289931	24529	10169	17971	17477	1954	5030
动、植物新品种权转让	New Species of Animals and Plants Patent Right Transfer	25236	23601	51533	62488	249444	39587	37224	31523
生物、医药新品种权转让	New Species of Biology and Medicine Patent Right Transfer	95149	112874	43904	117984	170472	67933	94570	90836
技术咨询	Technology Consultation	847216	902429	1016044	941397	1166376	1662229	1502163	1951027
技术服务	Technology Service	6950678	8403923	9555743	11421800	15455987	19041389	26300654	34168507
一般性技术服务	Normal Technology Service	6848446	8316904	9445585	10613836	15072444	17783327	26217001	33991905
技术中介	Technology Intermediary	8607	17014	12586	6696	17747	14515	34963	31750
技术培训	Technology Training	93625	70005	97572	801268	365796	1243546	48690	144852
二、按知识产权构成分	**by Intellectural Right**								
技术秘密	Technology Secrets	7802051	10080513	10460581	10504799	14880803	19520420	20170028	22231149
专利	Patent	1350753	1222117	2439722	3092963	2840886	3570578	6708450	5696288
发明专利	Invention	930691	730376	1526277	1419974	1493441	2202160	4639600	2864671
实用新型专利	Utility Model	362975	418991	769909	1538284	1177995	1337863	2039812	2812200
外观设计专利	Design	57087	72750	143536	134705	169450	30255	29038	19417
计算机软件	Computer Software	2206046	2551104	3297910	3975918	4273564	5009198	8020308	6580997
动、植物新品种	New Species of Animals and Plants	41152	66149	121628	91672	93159	120913	235667	231223
集成电路布图设计	IC Layout Design	361727	520802	250329	150023	240257	513976	502547	1221546
生物、医药新品种	New Species of Biology and Medicine	201965	336462	396145	441878	867857	558746	573211	1972657
未涉及知识产权	Others	6218119	7488114	9685973	12132771	15869228	18341757	28160474	36757393

7-29 续表 continued

单位：万元 (10 000 yuan)

项 目	Item	2006	2007	2008	2009	2010	2011	2012	2013
三、按技术领域分	**by Technical Field**								
电子信息技术	IT Technology	6623100	7573136	8983692	9502024	11722362	12222954	19301188	19465060
航空航天技术	Aviation and Aerospace Technology	280423	287248	441161	952786	490608.8	665562.9	1359669	1640874
先进制造技术	Advanced Manufacture Technology	2971142	3861983	4747810	4504461	5681014	7164822	9855280	9513366
生物、医药和医疗器械技术	Biology,Medicine and Medical Machine Technology	961386	1085956	1596286	2030655	2459065	2582860	2820063	3963664
新材料及其应用	Advanced Material and Aplication	1088033	1416489	1480557	1287683	1899588	2039037	3324911	3211892
新能源与高效节能	New Energy and Power Saving	1622242	2531953	3209816	4012739	5446969	6118954	6482515	7365404
环境保护与资源综合利用技术	Environment and Source Application Technology	977825	1767623	1893241	1686890	2582589	3265839	4543668	6803814
核应用技术	Nuclear Application Technology	206218	52308	74630	728732	331258	1579650	3836376	3354838
农业技术	Agriculture Technology	457905	604884	535215	981695	855798	2020474	1809170	2330207
现代交通	Modern Traffic	1552692	1752632	2248518	2872302	5283271	5009228	6491072	9683286
城市建设与社会发展	Urban Construction and Social Development	1440848	1331051	1441361	1830058	2313230	4966209	4546772	7358847
四、按社会经济目标分	**by Socail and Economic Objectives**								
农业、林业和渔业的发展	Farming,Forestry and Fishery	506906	624555	538905	1030531	912954.8	2010948	1939458	2351218
促进工业的发展	Industry	4836405	7078829	7481514	7237172	8687805	10034739	13557607	7820716
能源的生产和合理利用	Energy Production and Application	1625061	2491707	3265455	4149927	3454779	7443996	9230784	8377690
基础设施的发展	Infrastructure	2746293	1667646	2384287	3255132	7276996	6940250	8548898	13997232
环境治理与保护	Environmental Harness and Protection	735274	998557	1120036	1015722	1441520	1034613	2820672	4243877
卫生(不包括污染)	Sanitation (Excluding Pollution)	669004	590995	597665	663049	1146284	1287883	1417140	2337549
社会发展和社会服务	Social Development and Social Service	3590306	3503331	4695240	5047874	6738125	8710450	12943981	20331124
地球和大气层的探索与利用	Earth and Atmosphere Exploration and Utility	26250	60675	101621	53947	50114	57469	69984	163648
知识的发展	Science Development	156312	392638	353464	398448	401228	674594	914437	578234
民用空间	Civil Aerospace	605360	658603	949874	551124	619649	636313	666968	497517
国防	Defense	422150	384386	441414	625646	528007	703014.3	1211581	1869779
其他	Others	2262492	3813339	4722813	6361450	7808293	8101320	11049173	12122670

7-30 按买卖方构成类别分全国技术市场成交合同数
Contract Deals in Domestic Technical Markets by Category of Technology Seller and Buyer

单位：项 (item)

项 目	Item	2006	2007	2008	2009	2010	2011	2012	2013
总 计	**Total**	**205845**	**220868**	**226343**	**213752**	**229601**	**256428**	**282242**	**294929**
一、按卖方构成类别分	**Category of Technology Seller**								
机关法人	Governments	685	917	585	496	692	1220	2089	1967
事业法人	Public Organizations	68876	78456	83591	70922	79012	88959	101485	104633
科研机构	Research Institutes	39249	42695	44477	30858	29673	31833	36140	33118
高等院校	Higher Education	22228	27551	30115	32786	42251	49782	57966	64368
医疗、卫生	Medical and Sanitation	493	776	772	1391	1575	2182	2347	2627
其它	Others	6906	7434	8227	5887	5513	5162	5032	4520
社团法人	Social Organization	3125	2925	2845	2599	1677	2902	3887	1609
企业法人	Enterprises	130113	135859	136737	137752	146526	161292	172249	183430
内资企业	Domestic Funded Enterprises	122636	126495	125142	125286	132253	145622	155705	167211
港澳台商投资企业	Enterprises with Funds from Hongkong, Macao and Taiwan	785	1282	1703	1729	2454	3189	2958	2512
外商投资企业	Foreign Funded Enterprises	5680	7156	8958	9561	10245	10537	10793	10686
个体经营	Private Enterprises	855	732	663	677	556	496	797	897
境外企业	Oversea Enterprises	157	194	271	499	1018	1448	1996	2124
自然人	Natural Person	297	677	644	580	631	576	2259	1381
其他组织	Other Organizations	2749	2034	1941	1403	1063	1479	273	1909
二、按买方构成类别分	**Category of Technology Buyer**								
机关法人	Governments	15188	16526	17349	17961	19515	22266	29351	31578
事业法人	Public Organizations	24641	27502	29340	29021	31925	36168	41275	43394
科研机构	Research Institutes	11412	10913	11704	11060	12754	14222	16806	17825
高等院校	Higher Education	4069	4579	5018	4985	5654	7116	7975	8057
医疗、卫生	Medical and Sanitation	2217	2532	2943	2883	3190	3438	3309	4266
其它	Others	6943	9478	9675	10093	10327	11392	13185	13246
社团法人	Social Organization	711	588	692	619	796	934	841	820
企业法人	Enterprises	159470	169289	173591	159991	171734	190364	204971	213392
内资企业	Domestic Funded Enterprises	148749	155537	157743	143752	154913	172106	186191	193994
港澳台商投资企业	Enterprises with Funds from Hongkong, Macao and Taiwan	821	1282	1316	1306	1297	1624	1677	1866
外商投资企业	Foreign Funded Enterprises	5612	6747	7878	7781	8985	10530	11142	11826
个体经营	Private Enterprises	1214	1495	1572	1768	1370	1744	2132	2195
境外企业	Oversea Enterprises	3074	4228	5082	5384	5169	4360	3829	3511
自然人	Natural Person	2475	2949	2442	3001	2286	2443	3838	2512
其他组织	Other Organizations	3360	4014	2929	3159	3345	4253	1966	3233

7-31 按买卖方构成类别分全国技术市场成交合同金额
Value of Contract Deals in Domestic Technical Markets by Category of Technology Seller and Buyer

单位：万元 (10 000 yuan)

项 目	Item	2006	2007	2008	2009	2010	2011	2012	2013
总 计	**Total**	**18181813**	**22265261**	**26652288**	**30390024**	**39065753**	**47635589**	**64370683**	**74691254**
一、按卖方构成类别分	**Category of Technology Seller**								
机关法人	Governments	140896	194446	203829	173582	354124	402310	760260	744869
事业法人	Public Organizations	2263012	2600319	2853546	3473955	4206292	5326454	7309135	9007378
科研机构	Research Institutes	1276619	1313030	1472110	1913980	1990272	2614299	4029582	5010078
高等院校	Higher Education	759528	1030362	1182834	1350607	1966902	2488100	2939628	3294932
医疗、卫生	Medical and Sanitation	7359	17583	12330	20629	21401	30289	29023	59043
其它	Others	219506	239345	186272	188739	227718	193766	310902	643325
社团法人	Social Organization	71082	45066	36289	103277	136802	79150	75724	49258
企业法人	Enterprises	15533151	19197882	23321388	26262465	33417389	41192914	55705534	64361831
内资企业	Domestic Funded Enterprises	11984414	14249608	16784091	19108269	25227028	32305402	41990722	51708896
港澳台商投资企业	Enterprises with Funds from Hongkong, Macao and Taiwan	178715	323897	417022	919212	952014	711747	1139036	1379584
外商投资企业	Foreign Funded Enterprises	2667295	3606156	4446876	4865777	5120826	5684605	8351388	8180021
个体经营	Private Enterprises	38453	42522	32286	67417	54492	41075	97205	101978
境外企业	Oversea Enterprises	664275	975700	1641113	1301791	2063028	2450085	4127184	2991352
自然人	Natural Person	47258	93930	66666	72416	50294	155122	317254	114430
其他组织	Other Organizations	126414	133618	170570	304330	900852	479639	202775	413489
二、按买方构成类别分	**Category of Technology Buyer**								
机关法人	Governments	1128181	1543662	1532405	1901885	3831667	3999873	7567657	10193625
事业法人	Public Organizations	1178495	1714926	2085725	2342184	2528836	3936159	3638716	5082236
科研机构	Research Institutes	601920	633958	742114	942536	951608	967275	1581736	1949743
高等院校	Higher Education	145285	115229	183216	218242	260229	376156	565864	596227
医疗、卫生	Medical and Sanitation	34567	50559	61880	66588	88983	152082	233823	182760
其它	Others	396723	915181	1098515	1114819	1228015	2440646	1257294	2353505
社团法人	Social Organization	14717	34569	32998	31716	32466	61520	49854	81040
企业法人	Enterprises	15248273	18288326	21635085	23490165	31559809	37324295	50437022	55982339
内资企业	Domestic Funded Enterprises	11799166	12855523	14699140	16320850	20552884	26642653	38787057	43043836
港澳台商投资企业	Enterprises with Funds from Hongkong, Macao and Taiwan	113982	163598	417575	526850	530051	432933	806204	753006
外商投资企业	Foreign Funded Enterprises	1376517	2010886	2674023	2432090	3845372	2784045	4293477	5611850
个体经营	Private Enterprises	73243	46137	40768	65076	90347	121943	164263	192140
境外企业	Oversea Enterprises	1885365	3212182	3803579	4145299	6541156	7342721	6386022	6381507
自然人	Natural Person	203425	259721	336830	818942	549862	71015	470076	72996
其他组织	Other Organizations	408722	424057	1029245	1805132	563112	2242728	2207358	3279019

7-32 技术市场技术输出地域(合同数)

Contract Exportation from Domestic Technical Markets by Region

单位：项 (item)

地区	Region	2000	2005	2006	2007	2008	2009	2010	2011	2012	2013
全　国	**National Total**	**241008**	**265010**	**205845**	**220868**	**226343**	**213752**	**229601**	**256428**	**282242**	**294929**
东部地区	Eastern Region	153858	182325	148148	151596	154365	144775	154181	170859	184037	191089
中部地区	Middle Region	40957	43328	21618	25983	25900	23847	24302	27297	33105	34753
西部地区	Western Region	19469	19611	17354	22769	22472	23549	29024	34757	42818	48151
东北地区	Northeast Region	26724	19746	18497	20254	23091	21019	20996	21786	20194	18649
北　京	Beijing	21270	37625	51570	50972	52742	49938	50847	53552	59969	62755
天　津	Tianjin	6415	11295	10181	8380	9312	9842	9540	11699	13381	15664
河　北	Hebei	3340	3338	3719	3448	4100	4392	4517	4400	4512	4201
山　西	Shanxi	290	556	506	469	831	826	835	830	796	817
内蒙古	Inner Mongolia	3075	1160	1112	943	1068	865	1231	1386	1232	631
辽　宁	Liaoning	11455	13826	12546	15105	17738	15729	15589	16796	14676	12819
吉　林	Jilin	5386	3879	4196	3542	3647	3222	3424	3072	2730	3252
黑龙江	Heilongjiang	9883	2041	1755	1607	1706	2068	1983	1918	2788	2578
上　海	Shanghai	20974	30290	28102	27667	28593	26952	25945	29005	27649	25952
江　苏	Jiangsu	28618	26178	10844	14366	14089	13938	19815	24526	28921	30724
浙　江	Zhejiang	31218	20628	17734	16398	17391	12786	12826	13858	13551	12074
安　徽	Anhui	3184	5113	4792	4648	5667	5888	4831	5795	6806	6951
福　建	Fujian	5597	6510	5671	5044	5188	4785	5120	4749	5324	5230
江　西	Jiangxi	5068	3321	2530	2809	2266	2273	2250	2261	2184	1942
山　东	Shandong	30962	31908	5331	7027	6908	7672	7865	9037	11114	14263
河　南	Henan	4097	3770	2831	3773	4478	3913	4611	5010	4191	3794
湖　北	Hubei	7203	11131	5309	8297	7147	5689	6638	7747	12757	14701
湖　南	Hunan	21115	19437	5650	5987	5511	5258	5137	5654	6371	6548
广　东	Guangdong	5464	14432	14866	18175	15945	14408	17493	19637	19576	20169
广　西	Guangxi	912	558	247	319	437	290	258	778	423	694
海　南	Hainan		121	130	119	97	62	213	396	40	57
重　庆	Chongqing	1610	2730	2662	3769	2332	2465	2201	3270	3538	4998
四　川	Sichuan	3441	4933	4242	5723	6473	7632	9003	9919	11657	12754
贵　州	Guizhou	43	466	263	457	713	988	650	736	509	593
云　南	Yunnan	2054	1853	920	859	889	1028	1047	1241	2246	3084
西　藏	Tibet										
陕　西	Shaanxi	4023	3392	3542	4856	4846	6243	9470	11125	17596	19292
甘　肃	Gansu	2960	1877	1995	1908	2306	2680	2503	3754	2883	3777
青　海	Qinghai		318	271	486	424	429	460	523	639	747
宁　夏	Ningxia	233	323	336	400	448	450	501	552	564	597
新　疆	Xinjiang	1118	2001	1764	3049	2536	479	1700	1473	1531	984
港澳台	Hongkong,Macao & Taiwan			9	10	31	52	123	220	239	80
国　外	Abroad			219	256	484	510	975	1509	1849	2207

7-33 技术市场技术输出地域(合同金额)

Value of Contract Exportation from Domestic Technical Markets by Region

单位：万元 (10 000 yuan)

地 区	Region	2000	2005	2006	2007	2008	2009	2010	2011	2012	2013
全 国	**National Total**	**6507519**	**15513694**	**18181813**	**22265261**	**26652288**	**30390024**	**39065753**	**47635589**	**64370683**	**74691254**
东部地区	Eastern Region	4167230	11509739	13324975	16431440	19587068	22257438	28347883	34114537	42852302	50574672
中部地区	Middle Region	910023	1484714	1474265	1691594	1891350	2089941	2457020	3215401	4351253	7417148
西部地区	Western Region	858677	1389229	1517580	1618597	2145274	2375111	3464842	4828229	7645096	10099154
东北地区	Northeast Region	571589	1130012	1117094	1454344	1605921	1883244	2024024	2479930	3562301	3098689
北 京	Beijing	1402871	4895922	6973256	8825603	10272173	12362450	15795367	18902752	24585034	28517239
天 津	Tianjin	262581	507093	588624	723356	866122	1054611	1193390	1693819	2323275	2761575
河 北	Hebei	94143	103827	156099	164329	165906	172112	192931	262471	378178	315581
山 西	Shanxi	5258	47980	59213	82677	128425	162068	184911	224825	306088	527681
内蒙古	Inner Mongolia	60287	109939	107127	109835	94423	147651	271464	226719	1060962	387390
辽 宁	Liaoning	347817	865167	806494	929290	997290	1197095	1306811	1596633	2306648	1733775
吉 林	Jilin	71390	122261	153666	174845	196066	197598	188090	262614	251180	347167
黑龙江	Heilongjiang	152382	142585	156934	350209	412565	488550	529123	620682	1004473	1017747
上 海	Shanghai	738952	2317328	3095095	3548877	3861695	4354108	4314374	4807491	5187473	5316804
江 苏	Jiangsu	449568	1008296	688297	784173	940246	1082184	2493406	3334316	4009141	5275020
浙 江	Zhejiang	276275	386954	399618	453474	589189	564581	603478	718968	813079	814958
安 徽	Anhui	61012	142553	184921	264515	324865	356174	461470	650337	861592	1308253
福 建	Fujian	172601	171959	113187	145579	179690	232594	356569	345712	500920	446885
江 西	Jiangxi	69299	111227	93135	99533	77641	97893	230479	341861	397796	430552
山 东	Shandong	288135	983614	232005	450275	660126	719391	1006769	1263778	1400153	1793981
河 南	Henan	211621	263737	237288	261907	254425	263046	272002	387602	399435	402406
湖 北	Hubei	276000	501823	444427	522146	628971	770329	907218	1256876	1963922	3976158
湖 南	Hunan	286833	417394	455281	460816	477024	440432	400940	353901	422420	772098
广 东	Guangdong	482104	1124740	1070257	1328448	2016319	1709850	2358949	2750647	3649384	5293936
广 西	Guangxi	17741	94059	9423	9970	26996	17662	41362	56377	25238	73449
海 南	Hainan		10007	8535	7327	35602	5556	32651	34584	5666	38693
重 庆	Chongqing	296594	357059	553479	395658	621884	383158	794410	681453	540188	902760
四 川	Sichuan	104150	190823	259323	303878	435313	545977	547393	678330	1112438	1485752
贵 州	Guizhou	620	10488	5361	6560	20356	17806	77191	136483	96743	183972
云 南	Yunnan	187742	159175	82747	97496	50547	102469	108827	117144	454779	420003
西 藏	Tibet										
陕 西	Shaanxi	92560	188977	179485	301710	438300	698074	1024140	2153664	3348153	5332787
甘 肃	Gansu	26413	172736	214534	262107	297560	356287	430845	526386	730619	999936
青 海	Qinghai		11812	24665	53017	77033	84967	114051	168443	192989	268863
宁 夏	Ningxia	6402	14131	5349	6641	8898	8982	9972	39447	29135	14289
新 疆	Xinjiang	66168	80029	76084	71724	73963	12078	45188	43783	53853	29953
港澳台	Hongkong, Macao & Taiwan			15557	24308	49309	124063	126750	249756	353197	67307
国 外	Abroad			732342	1044979	1373366	1660227	2645234	2747738	5606534	3434284

7-34 技术市场技术流向地域(合同数)

Contract Inflows to Domestic Technical Markets by Region

单位：项 (item)

地区	Region	2000	2005	2006	2007	2008	2009	2010	2011	2012	2013
全国	**National Total**	**241008**	**265010**	**205845**	**220868**	**226343**	**213752**	**229601**	**256428**	**282242**	**294929**
东部地区	Eastern Region	151815	173205	134370	139293	140503	131410	141227	157529	173601	182269
中部地区	Middle Region	41206	42698	25185	28209	28491	26975	27844	31362	35249	34442
西部地区	Western Region	23905	26203	24072	28046	28978	28971	34011	40509	47414	53572
东北地区	Northeast Region	23279	19647	17549	18550	20766	18839	19044	20758	20605	19634
北京	Beijing	16998	24206	30782	31728	32583	32341	33370	36021	43513	45408
天津	Tianjin	6297	8719	8105	6811	7285	7246	7291	8750	9084	10934
河北	Hebei	5230	5719	5495	5222	5683	5420	5664	5871	6071	6124
山西	Shanxi	1693	2112	2220	2208	2493	2372	2627	3222	3225	3374
内蒙古	Inner Mongolia	3907	2426	2317	2240	2565	2398	2901	3399	3428	2785
辽宁	Liaoning	9631	12677	10927	12462	14242	12576	12691	14573	13769	12446
吉林	Jilin	5257	3655	3946	3595	3859	3419	3529	3200	3226	3473
黑龙江	Heilongjiang	8391	3315	2676	2493	2665	2844	2824	2985	3610	3715
上海	Shanghai	21036	28606	24998	24740	25735	24180	24162	27158	27857	25943
江苏	Jiangsu	25957	22675	12696	16024	15556	14771	19463	23772	27594	32139
浙江	Zhejiang	29197	23639	19853	18770	19765	15204	15313	16220	16726	15331
安徽	Anhui	3276	5299	5226	5052	6078	6389	5318	6073	7393	7064
福建	Fujian	6532	7729	6566	5893	6087	5454	5305	5379	6356	6196
江西	Jiangxi	5772	4014	3025	3367	2774	2648	2774	2716	2916	2673
山东	Shandong	30909	34362	8136	9513	9237	9551	9993	11391	13216	16124
河南	Henan	5312	5382	4439	5009	5560	5070	5410	6298	5680	5556
湖北	Hubei	6166	8419	4898	6609	6256	5415	6591	7289	9616	9758
湖南	Hunan	18987	17472	5377	5964	5330	5081	5124	5764	6419	6017
广东	Guangdong	9277	16930	17142	19979	17995	16595	19910	21845	22213	23034
广西	Guangxi	1566	1382	1118	1196	1327	1192	1351	1784	1979	2198
海南	Hainan	382	620	597	613	577	648	756	1122	971	1036
重庆	Chongqing	1639	2416	2229	2815	1930	2205	2310	2854	2988	4564
四川	Sichuan	4330	5483	4940	5784	6665	7226	8331	9281	10631	11729
贵州	Guizhou	806	1294	1067	1313	1627	2028	1849	2131	2306	2304
云南	Yunnan	2754	3493	2204	2099	2219	2366	2824	3043	3907	1851
西藏	Tibet	41	87	126	108	173	236	211	269	271	553
陕西	Shaanxi	2582	3427	3679	4533	4630	5293	6775	8370	12448	14135
甘肃	Gansu	3590	2106	2368	2193	2534	2707	2462	4032	3362	4735
青海	Qinghai	280	606	594	765	762	813	882	1140	1367	1489
宁夏	Ningxia	488	603	674	797	786	854	1012	1200	1313	1279
新疆	Xinjiang	1922	2880	2756	4203	3760	1653	3103	3006	3414	2947
港澳台	Hongkong, Macao & Taiwan	203	383	695	712	1015	977	1106	1179	1084	1044
其它	Others	600	2874	3974	6058	6590	6580	6369	5091	4289	3968

7-35 技术市场技术流向地域(合同金额)

Value of Contract Inflows to Domestic Technical Markets by Region

单位：万元 (10 000 yuan)

地　区	Region	2000	2005	2006	2007	2008	2009	2010	2011	2012	2013
全　国	**National Total**	**6507519**	**15513694**	**18181813**	**22265261**	**26652288**	**30390024**	**39065753**	**47635589**	**64370683**	**74691254**
东部地区	Eastern Region	4000110	9042086	10163888	11749888	13565353	15488372	19282530	22183631	34348252	36376682
中部地区	Middle Region	790834	1661532	1826837	2155842	2430125	2693098	3534114	3498201	5649679	7560956
西部地区	Western Region	898411	1912047	2386566	2497525	3357871	3426466	4799891	5477800	11135307	15700458
东北地区	Northeast Region	560979	1144779	906473	1077787	1937263	1638186	2816954	4948851	5177322	3792662
北　京	Beijing	1031906	2468704	3800294	3414186	3951167	4824978	4979527	6793373	9743475	9454098
天　津	Tianjin	231158	381307	462407	662662	876416	1381934	1038486	1739671	2047915	2360529
河　北	Hebei	163950	301803	425110	855847	801095	490164	1291728	690142	1152465	964907
山　西	Shanxi	49350	215430	315866	460273	546856	601473	509161	707459	1112606	990082
内蒙古	Inner Mongolia	79600	301516	296279	342845	910604	655260	862605	721485	2176971	1583403
辽　宁	Liaoning	326885	855864	572430	681914	1434258	977954	1840608	3966798	3978888	2482137
吉　林	Jilin	78926	134995	169763	171439	288587	271104	413970	337303	462966	469842
黑龙江	Heilongjiang	155168	153920	164280	224434	214417	389128	562376	644749	735468	840683
上　海	Shanghai	633736	1746358	2206069	2793779	3086825	2727538	3291200	3403479	4085673	4319822
江　苏	Jiangsu	411821	849194	694186	974909	1036150	1105730	3277882	3754843	5149287	5979775
浙　江	Zhejiang	303584	589430	605586	681058	736267	806561	1064031	953168	2933985	1697663
安　徽	Anhui	66604	204344	196148	287299	358785	525582	516323	496209	858507	1135658
福　建	Fujian	193767	250239	221723	304796	322565	555523	442214	590676	1897947	3655125
江　西	Jiangxi	66104	132315	108484	255224	133240	240457	315103	420569	575279	1077970
山　东	Shandong	345610	1143692	499470	863275	844896	1034863	1269040	1877483	1825538	2497618
河　南	Henan	190434	358430	383382	369616	445256	366858	440535	622590	620636	1095852
湖　北	Hubei	190942	393847	458187	503683	530303	618523	1370448	863390	1914445	2164285
湖　南	Hunan	227400	357167	364770	279746	415685	340204	382544	387986	568206	1097109
广　东	Guangdong	669783	1217999	1146341	1124658	1759485	2476809	2435401	2249581	4215379	4838314
广　西	Guangxi	38736	116309	176237	98048	121540	107819	148141	185302	329823	1285552
海　南	Hainan	14795	93360	102701	74717	150486	84272	193023	131215	1296589	608832
重　庆	Chongqing	164500	322759	454611	274851	261018	310811	884903	842699	2264447	1624915
四　川	Sichuan	128590	231663	338133	394221	579322	602196	723340	809442	1406276	2705993
贵　州	Guizhou	16522	53871	61389	145966	152744	283737	218775	319684	445839	368679
云　南	Yunnan	228497	294254	295978	306882	223981	268621	377203	346495	805864	1010724
西　藏	Tibet	2994	7989	15279	15701	13218	19295	32390	32012	37319	72180
陕　西	Shaanxi	84188	189469	286874	324701	362321	469572	597518	1005119	1725711	3620612
甘　肃	Gansu	54557	173761	186482	247342	288985	228703	307727	394750	590801	1232183
青　海	Qinghai	7628	29174	49162	77657	114843	233476	245232	283464	436531	558259
宁　夏	Ningxia	9752	35262	35994	69383	78513	65651	126095	166053	314191	330580
新　疆	Xinjiang	82847	156021	190148	199928	250781	181325	275961	371294	601534	1307378
港澳台	Hongkong, Macao & Taiwan	47241	142287	267900	332406	344019	389146	319517	338794	621777	1314675
其　它	Others	209944	1610964	2630150	4451813	5017657	6754756	8312746	11188312	7438346	9945820

7-36 按合同类别分技术市场技术流向地域(合同数)(2013年)
Contract Inflows to Domestic Technical Markets by Region (2013)

单位：项 (item)

地区	Region	合计 Total	技术开发 Technology Development	技术转让 Technology Transfer	技术咨询 Technology Consultation	技术服务 Technology Service
全国	**National Total**	**294929**	**153959**	**11797**	**32564**	**96609**
东部地区	Eastern Region	182269	98452	6722	20068	57027
中部地区	Middle Region	34442	17525	2116	3589	11212
西部地区	Western Region	53572	24938	1743	5105	21786
东北地区	Northeast Region	19634	9138	881	3746	5869
北京	Beijing	45408	24174	783	2695	17756
天津	Tianjin	10934	4372	316	1619	4627
河北	Hebei	6124	3319	329	347	2129
山西	Shanxi	3374	1521	248	333	1272
内蒙古	Inner Mongolia	2785	1064	98	443	1180
辽宁	Liaoning	12446	5741	554	2755	3396
吉林	Jilin	3473	1827	124	553	969
黑龙江	Heilongjiang	3715	1570	203	438	1504
上海	Shanghai	25943	10625	763	2845	11710
江苏	Jiangsu	32139	18143	1731	6847	5418
浙江	Zhejiang	15331	9420	481	1792	3638
安徽	Anhui	7064	3841	294	732	2197
福建	Fujian	6196	3313	258	1314	1311
江西	Jiangxi	2673	1440	291	252	690
山东	Shandong	16124	9666	1011	981	4466
河南	Henan	5556	2508	431	738	1879
湖北	Hubei	9758	5207	539	991	3021
湖南	Hunan	6017	3008	313	543	2153
广东	Guangdong	23034	14824	1009	1547	5654
广西	Guangxi	2198	1402	110	139	547
海南	Hainan	1036	596	41	81	318
重庆	Chongqing	4564	2651	153	409	1351
四川	Sichuan	11729	6380	503	717	4129
贵州	Guizhou	2301	1290	70	261	683
云南	Yunnan	4854	2933	109	402	1410
西藏	Tibet	553	139	8	16	390
陕西	Shaanxi	14135	5839	280	647	7369
甘肃	Gansu	4735	923	107	1306	2399
青海	Qinghai	1489	396	142	168	783
宁夏	Ningxia	1279	819	25	97	338
新疆	Xinjiang	2947	1102	138	500	1207
港澳台	Hongkong, Macao & Taiwan	1044	747	126	16	155
其它	Others	3968	3159	209	40	560

7-37 按合同类别分技术市场技术流向地域(合同金额)(2013年)

Value of Contract Inflows to Domestic Technical Markets by Region (2013)

单位：万元 (10 000 yuan)

地区	Region	合计 Total	技术开发 Technology Development	技术转让 Technology Transfer	技术咨询 Technology Consultation	技术服务 Technology Service
全国	**National Total**	**74691254**	**27734127**	**10837592**	**1951027**	**34168507**
东部地区	Eastern Region	36376682	14760665	7205502	796235	13614281
中部地区	Middle Region	7560956	2497875	762502	230321	4070257
西部地区	Western Region	15700458	4584627	1365327	546100	9204405
东北地区	Northeast Region	3792662	1352006	487148	321359	1632149
北京	Beijing	9454098	4642121	354434	271733	4185809
天津	Tianjin	2360529	535914	318648	76648	1429319
河北	Hebei	964907	378313	134403	39287	412904
山西	Shanxi	990082	441675	59906	36437	452063
内蒙古	Inner Mongolia	1583403	400484	188972	103310	890638
辽宁	Liaoning	2482137	627063	290358	281764	1282952
吉林	Jilin	469842	215959	49468	16173	188242
黑龙江	Heilongjiang	840683	508984	147322	23422	160955
上海	Shanghai	4319822	1682590	1817520	41706	778006
江苏	Jiangsu	5979775	2880532	1989241	122499	987502
浙江	Zhejiang	1697663	775825	216981	36835	668022
安徽	Anhui	1135658	449158	105278	29217	552005
福建	Fujian	3655125	340563	89821	36588	3188153
江西	Jiangxi	1077970	323022	63950	28295	662703
山东	Shandong	2497618	1319345	474487	83085	620701
河南	Henan	1095852	409801	72769	40565	572716
湖北	Hubei	2164285	589470	365960	78488	1130366
湖南	Hunan	1097109	284748	94638	17320	700403
广东	Guangdong	4838314	1866903	1770136	81338	1119936
广西	Guangxi	1285552	135170	14530	13264	1122588
海南	Hainan	608832	338558	39830	6514	223929
重庆	Chongqing	1624915	441763	529129	61408	592615
四川	Sichuan	2705993	736259	291857	61279	1616597
贵州	Guizhou	368679	233874	9085	55979	69741
云南	Yunnan	1010724	461296	35742	14086	499600
西藏	Tibet	72180	17515	2136	3146	49383
陕西	Shaanxi	3620612	1572823	74984	86347	1886459
甘肃	Gansu	1232183	216046	68582	48290	899265
青海	Qinghai	558259	91492	21352	46326	399088
宁夏	Ningxia	330580	48851	23924	11092	246713
新疆	Xinjiang	1307378	229052	105034	41573	931719
港澳台	Hongkong, Macao & Taiwan	1314675	454655	171895	8446	679679
其它	Others	9945820	4084300	845217	48565	4967737

7-38 按地区分的国外技术引进合同(2013年)
Technology Contracts Imported by Region (2013)

地 区	Region	合同数(项) Number of Contracts (item)	合同金额(万美元) Value of Contracts (USD 10 000)	技术费 for Technology
全 国	**National Total**	**12448**	**4336413**	**4109437**
东部地区	Eastern Region	9308	3334822	3217578
中部地区	Middle Region	794	193910	154222
西部地区	Western Region	1038	601141	541898
东北地区	Northeast Region	1263	158570	158153
北 京	Beijing	1067	393126	350963
天 津	Tianjin	507	259493	256282
河 北	Hebei	71	15900	15900
山 西	Shanxi	50	15060	14404
内蒙古	Inner Mongolia	9	4120	3760
辽 宁	Liaoning	595	84823	84816
吉 林	Jilin	641	69425	69381
黑龙江	Heilongjiang	27	4322	3956
上 海	Shanghai	2897	628671	611086
江 苏	Jiangsu	1190	515395	513338
浙 江	Zhejiang	992	413896	411580
安 徽	Anhui	233	31344	28616
福 建	Fujian	266	117828	116305
江 西	Jiangxi	164	19725	19495
山 东	Shandong	1048	98332	90222
河 南	Henan	77	11856	8453
湖 北	Hubei	165	64903	64793
湖 南	Hunan	105	51022	18461
广 东	Guangdong	1047	715098	682704
广 西	Guangxi	92	11633	10701
海 南	Hainan	223	177083	169199
重 庆	Chongqing	324	442736	440968
四 川	Sichuan	453	71810	51965
贵 州	Guizhou	10	614	515
云 南	Yunnan	54	4737	4736
西 藏	Tibet			
陕 西	Shaanxi	46	9242	9242
甘 肃	Gansu	6	1019	1019
青 海	Qinghai	1	550	550
宁 夏	Ningxia	16	38137	1996
新 疆	Xinjiang	23	14832	14733
新疆建设兵团	The Xinjiang Production and Construction Corps	4	1712	1712

注：国外技术引进合同有一部分无法按地区分类，所以分地区之和不等于全国总计。

7-39 按行业分的国外技术引进合同(2013年)
Technology Contracts Imported by Industry (2013)

行业	Industry	合同数(项) Number of Contracts (item)	合同金额(万美元) Value of Contracts (USD 10 000)	#技术费 for Technology
总　计	**Total**	**12448**	**4336413**	**4109437**
农、林、牧、渔业	Farming, Forestry, Animal Husbandry and Fishery	66	7266	7198
采矿业	Mining	160	92734	36095
制造业	Manufacturing	7856	3418961	3263227
电力、煤气及水的生产和供应业	Production and Distribution of Electricity, Gas and Water	101	30376	23994
建筑业	Construction	226	17377	17362
交通运输、仓储和邮政业	Traffic,Transport, Storage and Post	67	35071	29712
信息传输、软件和信息技术服务业	Information Transfer, Software and Information Technology Services	529	271552	271469
批发和零售业	Wholesale and Retail Trade	208	23233	23233
住宿和餐饮业	Accommodation and Restaurants	66	17923	17923
金融业	Finance	34	6444	6444
房地产业	Real Estate	1634	258346	258207
租赁和商务服务业	Tenancy and Business Services	311	19437	19435
科学研究和技术服务业	Scientific Research, Technical Service	497	54455	54531
水利、环境和公共设施管理业	Management of Water Conservancy, Environment and Public Establishment	20	1561	1333
居民服务、修理和其他服务业和其他服务业	Resident Services and Other Services	388	46320	46320
教育	Education	14	103	103
卫生和社会工作	Resident Services and Other Services	10	1139	1139
文化、体育和娱乐业	Culture, Sports and Entertainment	27	3931	3085
公共管理、社会保障和社会组织	Public Management and Social Organization	1	5	5

7-40 国外技术引进合同按引进方式分(2013年)
Technology Contracts Imported by Type of Import (2013)

项 目	Item	合同数 (项) Number of Contracts (item)	合同金额 (万美元) Value of Contracts (USD 10 000)	#技术费 for Technology
总 计	**Total**	**12448**	**4336413**	**4109437**
专利技术的许可或转让 (包括专利申请权的转让)	Patent Technology License and Transfer	621	636910	632085
专有技术的许可或转让	Technology License and Transfer	2423	1605382	1551271
技术咨询、技术服务	Technology Consultation and Service	8184	1334317	1219214
计算机软件的进口	Import of Computer Software	556	308885	308812
商标许可	Trade Mark License	121	43310	43310
合资生产、合作生产等	Joint-venture Production and Cooperative Production	188	201107	201000
为实施以上内容而进口的成套设备、关键设备、生产线等	Comolete Set of Equipment, Key Equipment and Production Line	73	72940	22567
其它方式的技术进口	Others	282	133562	131179

7-41 按引进国别或地区分的国外技术引进合同(2013年)

Technology Contracts Imported by Country or Area (2013)

国别或地区	Country or Area	合同数(项) Number of Contracts (item)	合同金额(万美元) Value of Contracts (USD 10 000)	#技术费 for Technology
总　计	**Total**	**12448**	**4336413**	**4109437**
阿拉伯酋长国	UAE	9	1238	1238
中国澳门	Macao, China	2	204	204
塞浦路斯	Cyprus	3	73	73
韩国	South Korea	740	562358	562142
泰国	Thailand	54	3644	3644
印度尼西亚	Indonesia	7	27	27
老挝	Laos	2	117	117
文莱	Brunei	3	139	139
中国台湾	Taiwan,China	447	58910	58794
马来西亚	Malaysia	30	2255	2046
越南	Vietnam	1	2	2
以色列	Israel	49	3037	3037
尼泊尔	Nepal	1	303	303
日本	Japan	2761	722576	683011
新加坡	Singapore	335	44412	44273
蒙古	Mongolia	2	22	22
土耳其	Turkey	8	417	417
伊朗	Iran	1	35	35
菲律宾	Philippines	4	297	297
中国香港	Hongkong, China	1219	235050	224598
沙特阿拉伯	Saudi Arabia	1	14	14
巴基斯坦	Pakistan	6	312	312
印度	India	104	13960	13960
埃及	Egypt	3	66	66
南非	South Africa	3	238	238
毛里求斯	Mauritius	4	912	912
塞舌尔	Seychelles	7	655	655
匈牙利	Hungary	3	1031	1031
英国	United Kingdom	365	58397	58086
捷克共和国	Czech Republic	42	20265	20265
俄罗斯	Russia	31	1801	1801
卢森堡	Luxemburg	23	17295	16889
荷兰	Netherlands	198	98958	72713
瑞士	Switzerland	173	65607	64206
法国	France	350	81386	73336
德国	Germany	1726	426458	357757
意大利	Italy	225	42280	31348
斯洛文尼亚共和国	The Republic of Slovenia	4	429	429
哈萨克	Kazakhstan	1	200	200
爱沙尼亚	Estonia	1	177	177
瑞典	Sweden	102	431801	431711
丹麦	Danmark	63	39377	37711
比利时	Belgium	51	17195	15434
保加利亚	Bulgaria	4	85	61
葡萄牙	Portugal	4	199	199
希腊	Greece	7	69	69
克罗地亚共和国	Republika Hrvatska	3	34	34
波兰	Poland	12	394	394
西班牙	Spain	60	11514	10186

7-41 续表 continued

国别或地区	Country or Area	合同数(项) Number of Contracts (item)	合同金额(万美元) Value of Contracts (USD 10 000)	#技术费 for Technology
白俄罗斯	Belarus	6	166	166
斯洛伐克共和国	The Republic of Slovakia	1	189	189
罗马尼亚	Romania	2	63	63
乌克兰	Ukraine	4	830	830
爱尔兰	Ireland	95	14434	14434
奥地利	Austria	121	38127	27800
芬兰	Finland	42	33623	33260
挪威	Norway	46	8314	8310
列支敦士登	Liechtenstein	9	1635	1635
前南斯拉夫马其顿共	The former Yugoslavia Republic of Macedonia	1	31	31
英属维尔京	British Virgin	86	34766	34686
巴哈马	Bahamas	1	167	167
开曼群岛	Cayman Islands	46	17587	17587
巴巴多斯	Barbados	1	328	328
伯利兹	Belize	4	687	687
波多黎各	Puerto Rico	1	600	600
委内瑞拉	Venezuela		4	4
阿根廷	Argentina	2	204	204
智利	Chile	1	78	78
巴西	Brazil	5	1651	1651
古巴	Cuba	1	300	300
巴拿马	Panama	5	216	202
加拿大	Canada	174	19887	14819
百慕大	Bermuda		208	208
美国	United States	2278	1177035	1137692
澳大利亚	Australia	157	10559	10430
马绍尔群岛共和国	The Republic of the Marshall Islands	3	1092	1092
新西兰	New Zealand	7	340	340
萨摩亚	Samoa	16	2290	2290

八、科技服务
Scientific and Technologic Services

8-1 全国非油气地质勘查分地区情况(2013年)

Basic Statistics on Geological Work by Region (2013)

地区	Region	年末从业人员 (人) Year-end Employed Persons (person)	#技术人员 Technical Personnel	地质勘查工作费用 (万元) Expenditure on Geological Work (10 000 yuan)
全国	**National Total**	**954543**	**253438**	**4597909**
北京	Beijing	38927	11143	31719
天津	Tianjin	4390	1639	9766
河北	Hebei	66002	20106	128283
山西	Shanxi	33172	8928	123007
内蒙古	Inner Mongolia	29547	8329	542215
辽宁	Liaoning	33107	9739	58262
吉林	Jilin	35982	8528	71486
黑龙江	Heilongjiang	32149	12124	128850
上海	Shanghai	4789	2127	3171
江苏	Jiangsu	18569	5588	44602
浙江	Zhejiang	21402	3503	45997
安徽	Anhui	37515	11196	159234
福建	Fujian	23567	5536	51618
江西	Jiangxi	47040	12334	106186
山东	Shandong	54062	13662	167225
河南	Henan	64115	16465	105797
湖北	Hubei	33249	7995	65078
湖南	Hunan	55234	10722	151285
广东	Guangdong	28479	7398	70858
广西	Guangxi	28075	7339	93508
海南	Hainan	2789	1464	30685
重庆	Chongqing	10539	3815	56464
四川	Sichuan	51825	17484	206394
贵州	Guizhou	25042	5484	202543
云南	Yunnan	33229	7474	246100
西藏	Tibet	5775	834	104056
陕西	Shaanxi	45534	12210	132057
甘肃	Gansu	40869	7325	218118
青海	Qinghai	16336	4051	297103
宁夏	Ningxia	7836	1812	33406
新疆	Xinjiang	25397	7084	728559
其他	Others			184278

注：1.统计范围为具有地质勘查资质的中央管理的地勘单位、属地化管理的地勘单位(包含各局级地勘单位局机关)和其他地勘单位(含拥有地质勘查资质的矿业公司、科研院所、高等院校、勘查公司和勘查技术服务公司)。

2.2013年地质勘查工作费用不包括石油、天然气、煤层气和页岩气等方面的支出及水工环、科技、基本性地质支出，从业人员不包括各油气公司的从业人员。

Note: a) The statistical range is central geological prospecting units with geological survey qualifications, geological prospecting units of territorial management and other geological prospecting units.

b) The expenditure of geological work exclude expenditure the costs of oil, natural gas, coalbed methane and shale gas, and year-end employed persons exclude employees of all oil and gas companies.

8-2　全国气象部门基本情况
Basic Statistics on Meteorological Units

项　目	Item	2000	2005	2006	2007	2008	2009	2010	2011	2012	2013
一、气象观测业务台站(个)	**Operating Station (Unit)**										
1. 地面观测	Surface Observation Stations	2819	2405	2418	2431	2438	2416	2418	2419	2423	2424
2. 高空探测	Upper-air Observation Stations	156	120	122	123	121	118	120	120	120	120
3. 自动气象站	Automatic Weather Stations	550	7813	16775	23130	28235	31553	30693	33259	45926	53184
4. 天气雷达观测	Weather Radar Observation Stations	238	253	252	304	313	330	342	259	230	212
5. 大气成分观测	Atmospheric Composition Observation Stations		21	73	31	35	35	28	28	28	28
6. 太阳辐射观测	Solar Radiation Observation Stations	99	105	110	103	142	157	100	100	100	100
7. 农业气象观测	Agro-Meteorological Observation Stations	1125	769	771	739	635	653	653	653	653	653
8. 生态与农业气象观测试验	Ecological & Agro-Meteorological Observation Stations	68	67	68	69	67	68	68	68	68	68
9. 卫星云图接收	Satellite Cloud Images Receiving Stations	319	435	384	496	621	311	361	363	363	364
10.大气本底站	Atmospheric Background Stations	4	6	7	7	7	7	7	7	7	7
11.闪电定位监测	Lightning Location Monitoring Stations		234	292	354	387	417	425	319	334	334
12.沙尘暴监测	Sand and Dust Storm Monitoring		85	86	31	194	182	29	29	29	29
13.紫外线观测	UV Observation		178	178	174	203	149	164	160	153	157
14.酸雨观测	Acid Rain Observation	82	299	513	334	330	337	342	342	365	365
15.臭氧观测	Ozone Observation	3	14	18	4	20	17	22	36	36	41
16.海洋气象台站	Ocean Meteorological Stations	140	125	100	105	102	102	109	90	95	95
二、气象科学数据共享服务数据量(GB)	**Quantity of Meteorological Data (GB)**		**2089**	**218784**	**112506**	**51985**	**245740**	**358319**	**398134**	**440988**	**505077**
三、装备	**Equipment**										
1. 拥有计算机数(台)	Number of Computers (unit)	27724	50683	57007	63350	72137	79349	90040	98101	108370	113208
#高性能计算机	High-powered Computers		62	53	65	61	72	106	108	143	96
服务器及工作站	Servers and Workstations		768	941	1046	1196	1751	2428	3124	4249	5005
PC服务器	PC Servers		1903	2142	2629	3021	3776	4762	5339	6728	7739
PC机(含PC工作站)	Personal Computers		47950	53871	59610	67859	73750	82744	89530	97250	100368
2. 云图接收机数(台)	Number of Cloud Images Receiving Stations (unit)	354	506	423	438	453	407	421	453	453	542
3. 电视会商系统设备(套)	TV Conference Facilities (set)		729	877	1041	1296	1805	1895	2071	2208	2529
4. 人工影响天气作业	Facilities for Conducting Weather Modification Operations										
设备高炮(门)	Cloud Seeding Guns (unit)		6393	6800	6969	6311	6973	6902	6636	6654	6761
火箭发射系统(部)	Cloud Seeding Rocket Launchers (unit)		4129	4936	5039	4862	6355	7034	7109	7213	7632
四、人员(人)	**Number of Personnel (Person)**										
全国气象部门职工总数	Total Staff and Workers	59113	53214	53137	53321	53265	53180	53606	53665	53956	54426

注：从2006年开始气象科学数据共享服务数据量是全国气象部门利用网络向社会提供气象资料的数据量，2005年及以前是国家气象信息中心气象科学数据共享服务网的数据量。

Note: Data from the year 2006 are provided by national meteorological units using network and data before 2006 are provided by data sharing serrice network of national meteorological information center.

8-3 地震台、网基本情况(2013年)

Statistics of Earthquake Monitoring Stations and Networks (2013)

单位：个 (unit)

地区	Region	国家地震观测台、网 National Seismic Observation Stations, Networks			国家地震遥测台、网 National Seismic Telemetric Stations, Networks		市、县地震台 Municipality/County-level Seismic Stations		
		国家级台 Number of National Stations	省级台 Number of Provincial Stations	强震观测点 Number of Strong Motion Observation Spots	台网 Number of Seismic Networks	子台 Sub-seismic Stations	市、县级台 Municipality/County-level Seismic Stations	企业台 Number of Enterprise Stations	宏观观测点 Macro-Observation Spots
全国	**National Total**	**187**	**211**	**2209**	**135**	**977**	**1033**	**186**	**37518**
北京	Beijing	10	2	243	3	27	86	1	242
天津	Tianjin	5	5	110	1	33			1769
河北	Hebei	8	21	65	4	53	45	12	2755
山西	Shanxi	6	4	40	6	37	64	25	6044
内蒙古	Inner Mongolia	6	17	32	1	39	35		540
辽宁	Liaoning	7	11	70	3	37	28	5	936
吉林	Jilin	5	6	10	2	37	21		386
黑龙江	Heilongjiang	9	2	106	7	35	49	1	4515
上海	Shanghai	2		63	1	33	7		10
江苏	Jiangsu	9	6	85	12	15	78	2	1211
浙江	Zhejiang	5	1	16	4	24	32		24
安徽	Anhui	3	9	13	4	10	15	1	645
福建	Fujian	4	10	40	6	33	28	8	339
江西	Jiangxi	2	4	6	1	24			475
山东	Shandong	6	20	146	16	66	41	7	3436
河南	Henan	3	7	20	12	9	31	4	879
湖北	Hubei	5	8	2	2	13	27		157
湖南	Hunan	4	3	2	1	21	25	2	236
广东	Guangdong	6	7	112	8	51	32	5	148
广西	Guangxi	1	7	21	6	22	34	3	895
海南	Hainan	2	4	14	1	25	14		2715
重庆	Chongqing	1			1	23	24		17
四川	Sichuan	12	13	219	12	60	78	36	2505
贵州	Guizhou								
云南	Yunnan	16	15	315	5	55	110	33	1659
西藏	Tibet	10	1	2	1	19			
陕西	Shaanxi	6	9	30	3	30	34	9	3831
甘肃	Gansu	9	10	166	5	44	44	10	267
青海	Qinghai	5	2	40	3	30	10	20	87
宁夏	Ningxia	4	3	51	1	13	11		266
新疆	Xinjiang	16	4	170	3	59	30	2	529

8-4 海洋观测预报单位机构、人员情况

Institutions and Personnel in Ocean Observation and Forecasting

项 目 Item	中心站 Central Station	观测站点 Observing Station	监测监视中心 Monitoring Center	预报区台 Forecast Station	预报中心 Forecast Center
一、机构数（个） Institutions (unit)					
1994	7	56	4	3	1
1995	9	57	4	3	1
1996	10	56	4	3	1
1997	10	60	4	3	1
1998	10	56	4	3	1
1999	12	60	4	3	1
2000	12	60	4	3	1
2001	12	60	4	3	1
2002	12	63	4	3	1
2003	12	63	4	3	1
2004	12	63	4	3	1
2005	12	63	4	3	1
2006	12	63	4	3	1
2007	12	63	4	3	1
2008	12	67	4	3	1
2009	14	73	4	3	1
2010	14	73	4	3	1
2011	15	73	4	3	1
2012	16	74	4	3	1
2013	16	74	4	3	1
二、人员数（人） Personnel (person)					
1994	267	558	819	292	360
1995	348	580	697	300	358
1996	379	557	690	289	360
1997	531	592	624	574	358
1998	395	525	777	304	313
1999	362	468	809	352	269
2000	362	468	809	352	269
2001	362	468	809	352	269
2002	530	427	739	421	313
2003	530	427	739	421	313
2004	530	427	739	421	313
2005	530	427	739	421	313
2006	696	469	601	342	313
2007	696	469	601	342	315
2008	696	523	601	342	315
2009	948	444	659	299	302
2010	932	446	659	289	298
2011	968	431	655	286	302
2012	978	436	679	285	289
2013	989	435	693	318	299

8-5 海洋监测调查情况(2013年)

Basic Statistics on Ocean Observation (2013)

项 目	Item	合计 Total	船舶监测 Shipping Monitoring	台站监测 Station Observation	浮标监测 Buoy Monitoring
站点数(个)	Stations(unit)	245	95	108	42
观测数据(MB)	Data(MB)	51523.9	3.5	51456.5	63.9

8-6 国家标准、

Basic Statistics on National

项 目	Item	1994	1995	1996	1997	1998	1999	2000
本年度制、修订 标准合计(个)	**Number of Standards on Formulation and Redaction (unit)**	**1304**	**1319**	**1387**	**1162**	**990**	**900**	**1087**
制 定	Formulation	883	899	818	658	587	477	605
修 订	Redaction	421	420	569	504	403	423	482
国标标准采用程度合计(个)	**Number of International Standards used on Diffirent Levels (unit)**	**438**	**505**	**560**	**688**	**600**	**526**	**538**
等 同	Same	59	96	203	281	249	194	230
修 改	Modified	140	185	186	267	235	194	220
非等效	Non-equivalent	239	224	171	140	116	138	88
计量基准、标准建立情况	**Establsihed on Standards and Measurement**							
类 别	Categories	10	10	10	10	10	10	10
项 别	Items	87	86	83	87	88	133	133
种 别	Sorts	147	147	143	141	140	190	191
计量仪器检定按类别分(台、件)	**Measuring Instrument Examined on Diffirent Category (set)**							
合 计	**Total**	**25735737**	**26344211**	**27611905**	**29374465**	**27597670**	**31004284**	**40058507**
长 度	Length	2419281	2441130	2584605	2358173	2086995	2283278	2990725
温 度	Temperature	630550	534085	670683	689446	669758	745406	5019420
力 学	Mechanics	18638860	8845119	19252999	20153072	17955936	18393406	20325728
#衡 器	Weighing Apparatus	10728650	10442331	10229244	9751864	8971949	9470396	8197099
电 磁	Electromagnetism	3373039	3688655	4012280	4997291	5231026	7569615	8565969
光 学	Optics	117165	113448	157343	173046	254095	322881	336359
声 学	Acoustics	11518	15262	19272	24641	25778	32937	46625
化 学	Chemistry	168165	151530	228704	221255	210298	224892	294201
放射性	Radioactivity	12637	18485	32522	28914	40257	43377	49763
无线电	Radio	70586	94819	86536	97672	107467	156113	688232
时间频率	Time Frequency	45841	32525	77136	84747	145744	252201	401238
其 他	Others	248095	409153	489825	546208	870316	980178	1340247

8-7 地方标准、质量

Basic Statistics on Local

项 目	Item	1994	1995	1996	1997	1998	1999
本年末标准累计(个)	Number of Standards (unit)	11473	8553	10216	10793	10965	12156
本年度制、修订标准合 计(个)	Number of Standards for Formulation or Redaction (unit)	1030	985	801	738	678	1151
制 定	Formulation	1017	930	787	637	644	1021
修 订	Redaction	13	55	14	101	34	130
产品质量监督检验企业数(家)	Number of Enterprises Supervised and Checked for Product Quality (unit)	265975	260490	301839	422153	395015	401089
检验批次数(批次)	Inspection Batch-time (batch-time)	439125	435900	476885	633563	508191	501121
批次合格率(%)	Rate of Batch-time Qualified (%)	77.38	77.00	78.00	80.00	79.40	79.92

计量基本情况

Standards and Measurement

2001	2002	2003	2004	2005	2006	2007	2008	2009	2010	2011	2012	2013
1045	**1049**	**1653**	**893**	**1320**	**1909**	**1410**	**6373**	**3158**	**2860**	**1993**	**1986**	**1870**
497	514	734	458	690	1080	745	2714	2102	2123	1559	1375	1161
548	535	919	435	630	829	665	3659	1056	737	434	611	709
492	**608**	**661**	**365**	**711**	**955**	**651**				**622**	**605**	**600**
213	222	361	151	417	518	360				265	301	324
167	269	192	147	220	327	200				263	242	223
112	117	108	67	74	110	91				94	62	53
10	10	10	10	10	10	10	10	10	10	10	10	10
133	133	130	130	130	130	130	130	130	130	130	130	130
190	190	177	177	177	178	178	178	178	179	180	183	183
38935133	**44993208**	**41587596**	**40006798**	**36210234**	**39050639**	**34777777**	**36954296**	**37999532**	**43437070**	**51151024**	**55001642**	**52031328**
3033660	3475520	3476880	2885297	2632844	2700486	3078905	3337733	3572267	3296362	3406829	3857597	3934322
1294382	1881378	1421727	1182162	1385405	1558850	1520869	1674392	1845849	2062803	5366533	5125507	3064670
20623794	23679332	21153580	19729179	18116433	20427899	18600652	19963861	20605492	22257869	26036802	29638182	30381043
8375575	8051990	7937044	6331145	6138724	5916416	5223488	5004744	5449181	5028831	5206448	6241973	5706747
10885992	11827159	11610007	13204391	10797067	10263954	6735195	6964295	6001671	9327164	10296959	9730208	8368795
397073	410101	381681	418509	449592	421163	382068	410157	419131	320365	413121	420977	425794
43058	67133	52472	48714	69376	82233	96329	131987	107800	105781	152308	167696	151884
317330	484879	477352	406095	479283	515981	573885	759964	868235	879199	1038417	1108692	1321679
53111	115578	65886	80627	101392	102664	157063	126900	162839	149528	185267	212194	267123
731195	813242	832157	191300	224285	283346	256213	251293	312823	343661	293743	326525	338771
407959	380299	396674	313220	475873	466726	454633	486494	406320	363550	318013	277787	275605
1156036	1858587	1719179	1547304	1478684	2227337	2921963	2847020	3698772	4330788	3659126	4136277	3917240

监督基本情况

Standards and Measurements

2000	2001	2002	2003	2004	2005	2006	2007	2008	2009	2010	2011	2012	2013
11464	11914	12269	12877	13166	16005	18128	20263	22396	25054	28147	32642	36307	37206
921	722	1388	2109	2134	2679	2377	2805	2809	3110	3192	3718	3728	4204
873	689	1255	1976	1992	2532	2198	2639	2594	2988	2993	3490	3564	3971
48	33	133	133	142	147	179	166	215	122	199	228	164	233
389675	355119	351882	319492	181820	218612	188093	337613	175980	234724	202095	229912	205491	136478
484581	445044	448718	392712	226334	295663	246007	503758	212153	275688	294678	317559	297578	169007
81.00	81.07	83.59	86.07	83.62	84.59	81.74	86.20	86.91	87.64	88.32	91.42	92.46	91.69

8-8 各地区测绘地理信息部门生产完成情况（2013年）
Statistics on Projects Completed by Geographic Information Department of Surveying and Mapping by Region (2013)

地区	Region	大地测量 Geodesy GPS测量（点）Global Positioning System Survey (point)	水准测量（公里）Leveling (kilometer)	地理信息数据生产（幅）Geographic Information Data Production (unit)	地图编制 Cartography 地形图（幅）Topographic Map (unit)	专题地图（种）Thematic Map (category)	地图集（种）Atlas (category)
全　国	**National Total**	**40935**	**151453**	**1319795**	**143900**	**3719**	**502**
北　京	Beijing		1050	8433	4720	30	4
天　津	Tianjin	4216	5290	28304			
河　北	Hebei	5967	2311	82409		2	
山　西	Shanxi	1364	2900	23031	4977	51	8
内蒙古	Inner Mongolia	392	1980	3434	1078	23	1
辽　宁	Liaoning	103	3677	35871	22	44	1
吉　林	Jilin		578	2995		14	1
黑龙江	Heilongjiang	384	16319	48079	15011	95	2
上　海	Shanghai			41423	31438		2
江　苏	Jiangsu	120	1700	36610	5737	2	1
浙　江	Zhejiang	2724	5640	55719	9577	80	6
安　徽	Anhui	2359	2708	36753	968	291	19
福　建	Fujian	266	4077	3660	176	126	2
江　西	Jiangxi	658	327	43020	5	42	
山　东	Shandong	676	2162	48432	1936	162	15
河　南	Henan	10038		41995	2353	9	3
湖　北	Hubei	1100	2800	339591		6	3
湖　南	Hunan	7	458	65104	2270	50	7
广　东	Guangdong	52	2630	37921	10791	19	1
广　西	Guangxi	1601	3086	5282	30	38	1
海　南	Hainan	149	1780	5017	1251	104	18
重　庆	Chongqing	356	1600	2992	31	752	11
四　川	Sichuan	1815	13664	101989	3594	121	39
贵　州	Guizhou	1230	451	32630	358	23	3
云　南	Yunnan	851	3842	12616	3559	22	2
西　藏	Tibet	98	1400	95			
陕　西	Shaanxi	589	15017	32700	396	52	4
甘　肃	Gansu			16148	1	11	1
青　海	Qinghai	2310	457	1554	4094	112	2
宁　夏	Ningxia	30		1743	12		1
新　疆	Xinjiang	241	432	22721	6076	214	
青　岛	Qingdao						
大　连	Dalian	37	1830				
宁　波	Ningbo			993		11	1
深　圳	Shenzhen			2470	2470	1	
厦　门	Xiamen						
重庆测绘院	Chongqing Institute of Surveying and Mapping	596	2979	17748	7194	17	
中国地图出版集团	China Map Publishing Group					634	340
中国测绘科学研究院	Chinese Academy of Surveying and Mapping	54		54648	110		3
国家基础地理信息中心	National Geomatics Center of China	552	48308	23665	23665	561	
卫星测绘应用中心	Satellite Surveying and Mapping Application Center			2000			

8-9 各地区测绘地理信息部门资料提供情况(2013年)
Statistics on Geographic Information Department of Surveying and Mapping Materials by Region (2013)

地　区	Region	地形图合计(张) Topographic Map (piece)	1:10000	1:50000	测绘基准成果(点) Surveying and Mapping Datum Product (point)	航摄成果(GB) Aerial Photograph (GB)	专题地图(张) Thematic Map (piece)	地图集(册) Atlas (volume)
全　国	**National Total**	**302532**	**69353**	**38500**	**257559**	**462180**	**26218**	**4021**
北　京	Beijing	13604	1233		10709			
天　津	Tianjin	36			72			
河　北	Hebei	2832	1991	642	421	3686		
山　西	Shanxi	4678	3830	756	654		1776	
内蒙古	Inner Mongolia	8039	2948	4237	12743	12731	920	
辽　宁	Liaoning	2937	2036	865	2539		779	
吉　林	Jilin	4275	2901	1216	5059	3092	11000	400
黑龙江	Heilongjiang	2378	949	1151	1847			
上　海	Shanghai	149644			7196			
江　苏	Jiangsu	1889	1605	280	8531	1115		156
浙　江	Zhejiang	992	920	72	2096	6297		
安　徽	Anhui	4839	4029	790	6732	26978		
福　建	Fujian	3319	2144	1011	863	4757	15	
江　西	Jiangxi	2955	2440	446	4860			
山　东	Shandong	1779	1340	313	669	667		
河　南	Henan	1039	886	125	2503	3659	4923	1212
湖　北	Hubei	851	450	344	563	349	1	
湖　南	Hunan	4269	3862	339	30056			
广　东	Guangdong	2078	2056	22	14318	3344		
广　西	Guangxi	4558	3924	571	4397	55		
海　南	Hainan	209	143	45	8539	7205	744	15
重　庆	Chongqing	2138	1662	225	647	675	95	493
四　川	Sichuan	3438	805	1608	1331	4836		
贵　州	Guizhou	7178	5611	1483	8802	606		
云　南	Yunnan	5750	4744	822	33405	27387		
西　藏	Tibet	1801	8	1299	748			1208
陕　西	Shaanxi	8225	6966	852	3827	3869	77	
甘　肃	Gansu	9565	5794	3393	16383	315430	535	
青　海	Qinghai	4454	674	2928	4147	152	94	102
宁　夏	Ningxia	1565	1338	132	805	14		
新　疆	Xinjiang	17189	2037	5404	12643	7409	3836	435
青　岛	Qingdao	5507	27		41			
大　连	Dalian	263						
宁　波	Ningbo	8344			247			
深　圳	Shenzhen	573			31		855	
厦　门	Xiamen	1181					568	
国家基础地理信息中心	National Geomatics Center of China	8161		7129	49135	27866		

8-10　软科学基本情况
Basic Statistics on Soft Sciences

项　目	Item	1993-1994	1995-1996	1997-1998	1999-2000	2001-2002	2003-2004	2005-2006	2009-2010
软科学机构数(个)	Number of Institutes (unit)	1076	1241	1224	1323	1634	1079	1333	2408
从事科学活动人员数(人)	S&T Personnel (person)	29529	44300	36230	37347	48589	31214	35276	83768
#科学家工程师	Scientists and Engineers	22404	27898	24308	27548	35840			
#高级职称	Senior Title	9107	10841	12172	14207	19207	14615	16417	34257
中级职称	Middle Title	12452	16107	12070	13314	16514	10417	13079	32806
完成软科学课题(项)	Finished Projects (item)	6047	5761	7672	7147	9213	9133	7601	20708
正在进行的软科学课题(项)	Ongoing Projects (item)	2361	2367	3262	3020	5139	5336	2644	14334
投入软科学研究经费(万元)	Research Funds (10 000 yuan)	23600	48400	62400	58500	88649	125798	56040	417978
投入软科学研究人力(人年)	Research Personnel (man-year)	23500	22400	33700	26011	37647	39058	8169	83326
发表科学论文(篇)	Scientific Papers (piece)	34464	44230	45862	42934	64671	63313	73482	154876
#国外发表	Published abroad	2552	2154	2658	1895	2391	3984	2783	6596
获奖成果(项)	Achievements Awarded (item)	1542	1411	1976	1642	2027	1549	456	4831
开展国际合作项目(项)	International Cooperative Projects (item)	808	592	1222	995	1022	741	136	1782
参加人数(人)	Personnel Participated (person)	5602	2307	3154	3476	4753			9445
出席国际会议或出国考察(项)	Participated Int'l Conference or Field Trip abroad (item)	1242	2714	3338	3616	4370			10347
参加人数(人)	Personnel Participated (person)	3795	5736	7480	7208	10172	5139		19742

注：因未进行调查，故缺少2007-2008年数据。
Note: Due to the absence of investigation, this table lack the data of 2007-2008.

8-11 国际科技合作项目
International Cooperation Exchange for Science and Technology

单位：项 (item)

项 目	Item	1995	2005	2006	2007	2008	2009	2010	2011	2012	2013
按出国项目分	**by Type of Project Going Abroad**										
合 计	**Total**	**18845**	**19132**	**23913**	**27509**	**34408**	**44531**	**40572**	**48965**	**53928**	**56047**
考察访问	Field Trip	6133	6218	6603	7598	6977	8506	8316	8654	11395	9743
国际会议	International Conference	5170	6565	8400	10562	14910	19102	17549	21077	23368	26173
合作研究	Cooperative Research	3052	2341	2799	3677	5270	6346	5575	6854	7753	8522
培 训	Training	2687	1593	1945	2094	1750	1928	2635	2771	2943	3202
展览会	Exhibition	496	577	571	483	411	375	487	610	651	533
其 他	Others	1307	1838	3595	3095	5090	8274	6010	8999	7818	7874
按来华项目分	**by Type of Project Coming to China**										
合 计	**Total**	**8940**	**15829**	**16692**	**17509**	**24897**	**26539**	**26065**	**27414**	**26735**	**26517**
考察访问	Field Trip	5050	6081	7129	7683	8817	11791	10382	11113	11359	11722
国际会议	International Conference	1212	3729	2967	4008	8007	5019	5342	4564	4076	4834
合作研究	Cooperative Research	1522	3470	3293	3786	5044	6592	6655	7842	7547	6865
培 训	Training	363	695	1043	552	988	1174	1425	1069	1154	1252
展览会	Exhibition	149	447	490	127	373	116	116	100	255	261
其 他	Others	644	1407	1770	1353	1668	1847	2145	2726	2344	1583

8-12 国际科技合作项目参加人数
Personnel Participated in International Cooperation Exchange for Science and Technology

单位：人次 (person-time)

项 目	Item	1995	2005	2006	2007	2008	2009	2010	2011	2012	2013
按出国项目分	**by Type of Project Going Abroad**										
合 计	**Total**	**58883**	**54347**	**64238**	**81916**	**69125**	**103744**	**103972**	**124142**	**139701**	**128669**
考察访问	Field Trip	21578	23335	27300	30160	18543	23220	24891	29111	33026	26175
国际会议	International Conference	10937	10476	14562	20639	21848	34730	36047	39578	50561	46972
合作研究	Cooperative Research	6873	4884	6011	8019	8053	12385	10617	12464	16429	14766
培 训	Training	12127	7520	2300	8182	6056	7818	10151	10179	11577	9937
展览会	Exhibition	3729	3086	3754	3342	2330	2701	3080	3467	9932	9108
其 他	Others	3639	5046	10311	11574	12295	22890	19186	29343	18176	21711
按来华项目分	**by Type of Project Coming to China**										
合 计	**Total**	**35098**	**70900**	**85774**	**86354**	**99955**	**130019**	**118747**	**133278**	**117221**	**156907**
考察访问	Field Trip	15587	21192	26697	35891	35201	63086	52259	54247	44129	42326
国际会议	International Conference	9101	28765	29663	31707	29507	36460	35798	43820	39622	41870
合作研究	Cooperative Research	4029	8470	8170	7270	10583	14911	13139	18882	15751	15530
培 训	Training	1376	2506	4219	2920	4865	4097	5857	6560	7306	3201
展览会	Exhibition	3271	6822	10387	5707	14332	5211	3477	1979	2929	44446
其 他	Others	1734	3145	6638	2859	5467	6254	8217	7790	7484	6534

8-13 中国科协系统

Basic Statistics on Scientific and Technological Activities

指　　标	Item	总计 Total
机构和人员	**Associations or Academic Societies and Personnel**	
机构数(个)	Number of Associations or Academic Societies(unit)	3158
从业人员(人)	Number of Persons Engaged(person)	39084
学会数(个)	Number of Academic Societies(unit)	4096
学会个人会员(万人)	Number of Individual Members of Academic Societies(10 000 persons)	
学会从业人员(人)	Number of Persons Engaged of Academic Societies(person)	24430
企业科协(个)	Number of Enterprises Association for Science and Technology(unit)	21281
个人会员(万人)	Number of Individual Members(10 000 persons)	347
高等院校科协(个)	Number of Institutions of Higher Learning for Science and Technology(unit)	584
个人会员(万人)	Number of Individual Members(10 000 persons)	45
农技协(个)	Number of Rural Professional and Technical Associations(unit)	114775
个人会员(万人)	Number of Individual Members(10 000 persons)	1502
学术交流活动	Academic Exchange	
学术交流活动(次)	Number of Academic Exchanges(time)	26693
参加人数(万人次)	Number of Participants(10 000 person-time)	411
#企业科技工作者	Number of Enterprise Technology Workers	85
科学技术普及活动	**S&T Popularization Activities**	
举办科普宣讲活动(次)	Number of S&T Popularization Propaganda activity(time)	315486
宣讲活动受众人数(万人次)	Number of Participants(10 000 person-time)	20252
参加活动科技人员(万人次)	Number of Scientific and Technical Personnel Participating in Activities(10 000 person-time)	333
科技开放与交流	**Openness and Communication Technology**	
参加国外科技活动人数(人次)	Number of Participating Foreign Scientific and Technological Activities (person-time)	14077
接待国外专家学者(人次)	Number of Reception Foreign Experts and Scholars(person-time)	23748
科技服务	**S&T Service**	
提供决策咨询报告(篇)	Number of Provided Policy Decision Consultation Report(piece)	12735
科技评价(项)	Number of Technology Evaluation(item)	5336
开展“讲、比”活动企业数(个)	Number of Carrying out "ideal and contribution" Competition Enterprises (unit)	28030
参与“讲、比”活动的科技人员(万人次)	Number of "ideal and contribution" Competition S&T Staffs(10 000 person-time)	176
为科技工作者服务	**Services for the Scientific and Technological Workers**	
反映科技工作者建议(条)	Number of S&T Workers Proposals(item)	32536
走访看望(慰问)科技工作者(人次)	Number of Visiting (Condolence)S&T Workers(person-time)	65323
表彰奖励科技工作者(人次)	Number of Recognition and Award S&T Workers (person-time)	125721
#女性科技工作者	Number of Recognition and Award Female S&T Workers	37306
科技期刊与科技传播	**Scientific Journals and Science and Technology Communication**	
主办科技期刊(种)	Number of Scientific & Technological Journals(kind)	2679
总印数(万册)	Printed Copies(10 000 copies)	13706
编著科技图书(种)	Number of Scientific & Technological Books(kind)	3189
总印数(万册)	Printed Copies(10 000 copies)	1890
主办科技网站(个)	Number of Science and Technology Sites(unit)	2377
浏览人数(万人次)	Number of Visitors(10 000 person-time)	119621
科普基础设施建设	**S&T Popularization Infrastructure Construction**	
科技馆(个)	Number of Science and Technology Museum(unit)	425
全年参观人数(万人次)	Number of Participants(10 000 person-time)	3200
#少儿参观人数	Number of Participants for Children	1774
科普画廊建筑面积(宣传栏、橱窗)(平方米)	Building Area of Popular Science Galleries(Boards, Showcase)(meters)	2361988
科普画廊展示面积(平方米)	Display Area of Popular Science Galleries(meters)	4428969

科技活动情况(2013年)

of China Associations for Science and Technology (2013)

科协小计 Total Number of Associations	学会小计 Total Number of Academic Societies	全国学会 National Learned Societies	省级学会 Provincial Learned Societies
3158			
39084			
	4096	200	3896
		437	630
	24430	3380	21050
21281			
347			
584			
45			
114775			
1502			
6164	20529	4410	16119
92	319	110	209
27	58	19	39
234379	81107	6481	74626
15059	5193	1638	3555
245	88	20	68
1292	12785	6581	6204
4259	19489	9385	10104
7929	4806	549	4257
1600	3736	917	2819
28030			
176			
24061	8475	354	8121
46063	19260	2947	16313
64848	60873	21430	39443
20120	17186	5448	11738
497	2182	1051	1131
4680	9026	5623	3403
1868	1321	289	1032
1311	579	126	453
1351	1026	323	703
35063	84558	65875	18683
425			
3200			
1774			
2361988			
4428969			

8-14 各地区科学普及
Main Indicators of Science and Technology

地区	Region	科普专职人员 Full Time S&T Popularization Personnel	科普兼职人员 Part Time S&T Popularization Personnel	科技馆数量（个） S&T Museums (unit)	科技馆建筑面积（万平方米） Construction Area (10 000 m²)	科技馆展厅面积（万平方米） Exhibition Area (10 000 m²)
全　国	**National Total**	**231086**	**1726746**	**364**	**2354637**	**1094449**
东部地区	Eastern Region	70200	627286	166	1276906	630639
中部地区	Middle Region	66210	420496	108	438410	173815
西部地区	Western Region	76982	538833	54	447016	213831
东北地区	Northeast Region	17694	140131	36	192305	76164
北　京	Beijing	6728	36172	21	170509	98734
天　津	Tianjin	3748	37354	1	18000	10000
河　北	Hebei	5881	43459	12	73687	37258
山　西	Shanxi	11532	61753	4	19570	4700
内蒙古	Inner Mongolia	7270	42136	10	43076	19980
辽　宁	Liaoning	7397	70372	18	133033	42674
吉　林	Jilin	7661	44662	11	16177	4930
黑龙江	Heilongjiang	2636	25097	7	43095	28560
上　海	Shanghai	6919	37288	25	176654	104694
江　苏	Jiangsu	13321	116848	11	133516	62553
浙　江	Zhejiang	7768	118828	19	136799	58902
安　徽	Anhui	3682	64063	13	69237	40100
福　建	Fujian	3965	97408	17	108875	52235
江　西	Jiangxi	6017	40721	7	46608	20082
山　东	Shandong	9166	66187	24	92957	53450
河　南	Henan	15648	104000	10	60956	24810
湖　北	Hubei	14166	61054	66	190015	53937
湖　南	Hunan	15165	88905	8	52024	30186
广　东	Guangdong	10370	63913	26	314320	121724
广　西	Guangxi	5501	50696	3	47388	19700
海　南	Hainan	2334	9829	10	51589	31089
重　庆	Chongqing	2775	30545	4	51884	24839
四　川	Sichuan	13702	108716	8	76200	50900
贵　州	Guizhou	3941	43209	4	25105	10300
云　南	Yunnan	10713	75144	3	18190	9450
西　藏	Tibet	145	783			
陕　西	Shaanxi	18136	86728	4	33862	15590
甘　肃	Gansu	4917	46984	5	10984	4050
青　海	Qinghai	2249	10212	3	45899	15790
宁　夏	Ningxia	1493	9026	3	31764	17201
新　疆	Xinjiang	6140	34654	7	62664	26031

基本情况(2012年)
Popularization by Region (2012)

科技馆当年参观人数(万人次) Visitors (10 000 person-time)	年度科普经费筹集额(万元) Annual Funding for S&T Popularization (10 000 yuan)	科普图书 Popular Science Books		科技活动周 Science & Technology Week	
		出版种数(种) Types of Publications (kind)	出版总册数(万册) Total Copies (10 000 copies)	科普专题活动次数(次) Number of S&T Week Held (time)	参加人数(万人次) Number of Participants (10 000 person-time)
34224490	**1228827**	**7521**	**65705529**	**1007**	**139085388**
20683746	718386	5245	46857876	442	112571754
5430175	174057	1080	9276891	180	12403366
6690674	284444	1042	7874252	338	13286486
1419895	51940	154	1696510	47	823782
4214353	221402	2864	18882534	81	44517600
412100	25076	100	392600	19	1065700
499900	25651	167	1364400	43	1913100
237000	15474	419	3407200	9	2158800
236546	16337	285	1424600	17	202800
516617	32174	63	632700	20	631400
87278	10834	38	471430	16	101882
816000	8931	53	592380	11	90500
4625553	115751	1021	14235506	102	25253426
1776600	93538	140	4696400	61	10597576
728185	78251	468	4729262	41	6765760
1342320	25219	22	282200	9	67600
1040058	37880	61	281400	31	1036680
308000	21929	126	2761426	41	7000200
3606927	51641	83	280320	27	586500
993660	31777	73	671530	31	1504312
1687195	42494	243	839135	42	587684
862000	37164	114	1035080	21	498270
3013870	62430	164	1367223	43	19341212
1054200	41829	65	671048	26	4289937
766200	6765	260	908551	21	2080700
1210000	26700	113	1640300	44	897130
2563300	44036	115	930548	52	4058200
293470	38475	6	747000	9	44300
59689	42846	110	502565	73	1395859
	1057	25	56700	7	28400
237256	24766	65	366391	35	653100
57350	7809	85	370700	18	66960
744489	8373	85	230600	19	110000
78800	7316	16	173600	4	37000
155574	24900	72	760200	34	1502800

8-15 全国生产力促进中心主要经济指标
Main Economic Indicators of Productivity Promotion Centers(PPCs) in China

年 份	中心总数 (个) Number of Productivity Promotion Centers (unit)	总资产 (亿元) Total Assets (100 million yuan)	服务企业总数 (万个) Total Number of Serviced Enterprises (10 000 units)	中心年总服务收入 (亿元) Total Service Income (100 million yuan)	为企业增加销售额 (亿元) Enterprises Sales Income Increased by PPCs Service (100 million yuan)	增加利税 (亿元) Profits and Taxes Added (100 million yuan)	为社会增加就业 (万人) Employment for Society Added (10 000 persons)
1998	254	13.5	1.9	2.2	177.0	18.0	5.7
1999	491	17.6	4.9	4.5	155.0	26.7	11.3
2000	581	27.8	3.4	8.9	388.0	57.0	28.0
2001	701	31.2	5.0	11.3	407.0	69.0	34.5
2002	865	61.4	7.8	10.3	300.0	45.0	48.1
2003	1070	67.0	6.5	13.6	477.0	66.0	150.2
2004	1218	77.1	9.2	18.7	642.0	88.1	175.3
2005	1270	90.6	9.7	18.4	1078.0	112.0	86.7
2006	1331	109.9	10.3	24.8	752.0	107.0	108.9
2007	1425	116.4	15.5	40.6	1299.0	193.6	110.6
2008	1532	162.5	19.0	30.4	1202.0	175.5	134.1
2009	1808	209.2	24.5	30.8	1796.8	208.2	165.8
2010	2032	157.1	24.5	38.4	1578.6	203.9	165.6
2011	2274	260.8	30.7	62.8	1918.2	284.0	180.0
2012	2281	295.1	38.0	89.0	2535.2	341.7	186.2
2013	2581	351.0	38.7	139.1	5282.8	397.1	193.7

九、国际比较

International Comparison

9-1 研究与试验发展(R&D)经费及占国内生产总值的比重

R&D Expenditure and as a Percentage of GDP

单位：10亿本国货币单位 (billion of national currency)

国家(地区)	Country (Area)	R&D经费 R&D Expenditure									
		1994	1995	1996	1997	1998	1999	2000	2001	2002	2003
中国	China	30.6	34.9	40.4	50.9	55.1	67.9	89.6	104.3	128.8	154.0
美国	USA	169.6	184.1	197.8	212.7	228.1	245.5	267.8	278.2	277.1	289.7
日本	Japan	13596.0	14408.2	14155.1	14794.0	15169.2	15032.7	15304.4	15542.8	15551.5	15683.4
英国	UK	13.7	14.0	14.3	14.7	15.5	16.9	17.7	18.3	19.2	19.9
法国	France	26.8	27.3	27.8	27.8	28.3	29.5	31.0	32.9	34.5	34.6
德国	Germany	38.9	40.5	41.2	42.9	44.6	48.2	50.6	52.0	53.4	54.5
澳大利亚	Australia	7.5		8.8		8.9		10.4		13.2	
加拿大	Canada	13.3	13.8	13.8	14.6	16.1	17.6	20.6	23.2	23.5	24.6
意大利	Italy	9.0	9.2	9.9	10.8	11.4	11.5	12.5	13.6	14.6	14.8
瑞典	Sweden		59.3		66.9		75.8		97.3		97.1
瑞士	Switzerland			10.0				10.7			
土耳其	Turkey	0.0	0.0	0.1	0.1	0.3	0.5	0.8	1.3	1.8	2.2
奥地利	Austria	2.6	2.7	2.9	3.1	3.4	3.8	4.0	4.4	4.7	5.0
比利时	Belgium	3.3	3.5	3.7	4.1	4.3	4.6	5.0	5.4	5.2	5.2
捷克	Czech	13.0	14.0	16.3	19.5	22.9	23.6	26.5	28.3	29.6	32.3
丹麦	Denmark		18.5	19.7	21.7	23.8	26.4		31.9	34.4	36.1
芬兰	Finland	2.0	2.2	2.5	2.9	3.4	3.9	4.4	4.6	4.8	5.0
希腊	Greek		0.4		0.5		0.8		0.9		1.0
冰岛	Iceland	6.0	7.0		9.7	11.8	14.5	18.3	22.8	24.1	23.7
爱尔兰	Ireland	0.6	0.7	0.8	0.9	1.0	1.1	1.2	1.3	1.4	1.6
墨西哥	Mexico	4.2	5.7	7.8	10.9	14.5	19.7	20.5	22.9	27.3	29.9
荷兰	Netherlands	5.7	6.0	6.3	6.8	6.9	7.6	7.6	8.1	8.0	8.4
新西兰	New Zealand		0.9		1.1		1.1		1.4		1.7
挪威	Norway		15.9		18.2		20.3		24.4	25.4	27.3
葡萄牙	Portugal	0.4	0.5	0.5	0.6	0.7	0.8	0.9	1.0	1.0	1.0
西班牙	Spain	3.3	3.6	3.9	4.0	4.7	5.0	5.7	6.2	7.2	8.2
韩国	South Korea	7894.7	9440.6	10878.1	12185.8	11336.6	11921.8	13848.5	16110.5	17325.1	19068.7
中国台北	Taipei		125.0	138.0	156.3	176.5	190.5	197.6	205.0	224.4	242.9
新加坡	Singapore	1.2	1.4	1.8	2.1	2.5	2.7	3.0	3.2	3.4	3.4
匈牙利	Hungary	38.9	41.2	44.9	61.7	68.6	78.2	105.4	140.6	171.5	175.8
波兰	Poland	1.7	2.1	2.8	3.4	4.0	4.6	4.8	4.9	4.5	4.6
俄罗斯联邦	Russian Federation	5.1	12.1	19.4	24.4	25.1	48.1	76.7	105.3	135.0	169.9
巴西	Brazil	3.2	5.6	6.0				10.9	12.2	14.6	16.3
印度	India	66.2	74.8	89.1	106.1	129.0	150.9	176.6	180.3	170.4	180.0

9-1 续表 1 continued

单位：10亿本国货币单位，%　　　　(billion of national currency,%)

国家（地区）	Country (Area)	R&D经费 R&D Expenditure									R&D / GDP			
		2004	2005	2006	2007	2008	2009	2010	2011	2012	1994	1995	1996	1997
中国	China	196.6	245.0	300.3	371.0	461.6	580.2	706.3	868.7	1029.8	0.64	0.57	0.57	0.64
美国	USA	301.0	324.5	343.8	377.6	403.7	401.6	408.7	415.2	453.5	2.42	2.51	2.55	2.58
日本	Japan	15782.7	16672.6	17273.5	17756.2	17377.2	15817.7	15696.5	15945.1	15883.6	2.79	2.92	2.81	2.87
英国	UK	20.3	21.7	23.2	25.0	25.6	25.9	25.8	26.9	27.0	2.00	1.94	1.86	1.80
法国	France	35.7	36.5	37.8	39.3	41.1	42.7	43.6	44.9	46.6	2.32	2.29	2.27	2.19
德国	Germany	55.0	55.7	58.9	61.5	66.5	67.0	69.9	74.8	79.4	2.18	2.19	2.19	2.24
澳大利亚	Australia	16.0		21.0		28.1		30.8			1.53		1.61	
加拿大	Canada	26.5	27.7	28.1	30.0	30.5	29.4	29.3	30.0	30.7	1.73	1.70	1.65	1.66
意大利	Italy	15.3	15.6	16.8	18.2	19.0	19.2	19.5	19.8	19.8	1.02	0.97	0.99	1.03
瑞典	Sweden	95.1	103.8	108.2	106.2	118.4	111.7	113.2	118.1	120.9		3.28		3.47
瑞士	Switzerland	13.1				16.3				18.5			2.65	
土耳其	Turkey	2.9	3.8	4.4	6.1	6.9	8.1	9.3	11.2	13.1	0.36	0.38	0.45	0.49
奥地利	Austria	5.3	5.9	6.3	6.9	7.5	7.5	7.9	8.3	8.7	1.51	1.54	1.59	1.69
比利时	Belgium	5.4	5.6	5.8	6.4	6.8	6.9	7.0	7.6	8.4	1.65	1.67	1.77	1.83
捷克	Czech	35.1	42.2	49.9	54.3	54.1	55.3	59.0	70.7	72.4	1.03	0.95	0.97	1.08
丹麦	Denmark	36.4	38.0	40.4	43.7	50.0	51.1	53.7	55.4	54.5		1.82	1.84	1.92
芬兰	Finland	5.3	5.5	5.8	6.2	6.9	6.8	7.0	7.2	6.8	2.28	2.26	2.52	2.70
希腊	Greek	1.0	1.2	1.2	1.3				1.4	1.3		0.43		0.45
冰岛	Iceland		28.4	35.0	35.1	39.2	46.5		42.4		1.37	1.53		1.83
爱尔兰	Ireland	1.8	2.0	2.3	2.4	2.6	2.8	2.8	2.7	2.7	1.25	1.26	1.30	1.27
墨西哥	Mexico	36.4	42.2	40.1	41.9	49.5	52.1	60.3	61.8		0.29	0.31	0.31	0.34
荷兰	Netherlands	8.8	8.8	9.3	10.3	10.5	10.4	10.9	12.1	12.9	1.95	1.97	1.98	1.99
新西兰	New Zealand		1.8		2.2		2.4		2.6			0.95		1.09
挪威	Norway	27.8	29.6	32.8	36.8	40.5	41.9	42.8	45.5	48.0		1.69		1.63
葡萄牙	Portugal	1.1	1.2	1.6	2.0	2.6	2.8	2.7	2.6	2.5	0.56	0.54	0.57	0.59
西班牙	Spain	8.9	10.2	11.8	13.3	14.7	14.6	14.6	14.2	13.4	0.79	0.79	0.81	0.80
韩国	South Korea	22185.3	24155.4	27345.7	31301.4	34498.1	37928.5	43854.8	49890.4	55450.1	2.32	2.37	2.42	2.48
中国台北	Taipei	263.3	281.0	307.0	331.4	351.4	367.2	395.0	413.3	431.3		1.72	1.74	1.82
新加坡	Singapore	4.1	4.6	5.0	6.3	7.1	6.0	6.5	7.5	7.2	1.09	1.14	1.37	1.48
匈牙利	Hungary	181.5	207.8	238.0	245.7	266.4	299.2	310.2	336.5	363.7	0.87	0.71	0.63	0.70
波兰	Poland	5.2	5.6	5.9	6.7	7.7	9.1	10.4	11.7	14.4	0.70	0.63	0.65	0.65
俄罗斯联邦	Russian Federation	196.0	230.8	288.8	371.1	431.1	485.8	523.4	610.4	699.9	0.84	0.85	0.97	1.04
巴西	Brazil	17.5	20.9	23.6	28.6	32.8	37.8	43.8			0.92	0.87	0.77	
印度	India	197.3	216.4	287.8	315.8	473.5	530.4	620.5	726.2		0.73	0.71	0.72	0.77

9-1 续表 2 continued

单位：% (%)

国 家（地区）	Country (Area)	R&D / GDP														
		1998	1999	2000	2001	2002	2003	2004	2005	2006	2007	2008	2009	2010	2011	2012
中 国	China	0.65	0.76	0.90	0.95	1.07	1.13	1.23	1.32	1.39	1.40	1.47	1.70	1.76	1.84	1.98
美 国	USA	2.62	2.66	2.74	2.76	2.66	2.66	2.59	2.62	2.64	2.70	2.84	2.90	2.83	2.77	2.79
日 本	Japan	3.00	3.02	3.04	3.12	3.17	3.20	3.17	3.32	3.41	3.46	3.47	3.36	3.26	3.39	3.35
英 国	UK	1.79	1.86	1.85	1.82	1.82	1.78	1.71	1.76	1.75	1.78	1.79	1.86	1.76	1.78	1.73
法 国	France	2.14	2.16	2.15	2.20	2.23	2.17	2.15	2.10	2.11	2.08	2.12	2.26	2.25	2.25	2.29
德 国	Germany	2.27	2.40	2.45	2.46	2.49	2.52	2.49	2.48	2.54	2.53	2.69	2.82	2.82	2.88	2.98
澳大利亚	Australia	1.47		1.51		1.69		1.78		1.99		2.24		2.20		
加拿大	Canada	1.76	1.80	1.92	2.09	2.04	2.03	2.05	2.01	2.00	1.96	1.90	1.92	1.81	1.74	1.69
意大利	Italy	1.05	1.02	1.05	1.09	1.13	1.11	1.10	1.09	1.13	1.17	1.21	1.26	1.26	1.25	1.27
瑞 典	Sweden		3.57		4.18		3.85	3.62	3.60	3.68	3.40	3.70	3.60	3.40	3.37	3.41
瑞 士	Switzerland			2.53				2.90				2.99				3.13
土耳其	Turkey	0.50	0.63	0.64	0.72	0.66	0.48	0.52	0.59	0.58	0.72	0.73	0.85	0.84	0.86	0.92
奥地利	Austria	1.77	1.88	1.91	2.03	2.12	2.26	2.26	2.44	2.44	2.51	2.67	2.72	2.76	2.75	2.84
比利时	Belgium	1.86	1.94	1.97	2.08	1.94	1.88	1.87	1.84	1.86	1.89	1.97	2.03	2.10	2.21	2.24
捷 克	Czech	1.15	1.14	1.21	1.20	1.20	1.25	1.25	1.41	1.49	1.48	1.41	1.48	1.56	1.85	1.88
丹 麦	Denmark	2.04	2.18		2.39	2.51	2.58	2.48	2.45	2.48	2.58	2.85	3.06	3.06	3.09	2.98
芬 兰	Finland	2.86	3.16	3.34	3.30	3.36	3.43	3.45	3.48	3.48	3.47	3.70	3.93	3.88	3.78	3.55
希 腊	Greek		0.60		0.58		0.57	0.55	0.58	0.59	0.60				0.67	0.69
冰 岛	Iceland	2.01	2.30	2.68	2.96	2.97	2.82		2.78	2.99	2.68	2.64	3.11		2.61	
爱尔兰	Ireland	1.24	1.18	1.12	1.10	1.10	1.17	1.24	1.26	1.24	1.28	1.45	1.70	1.70	1.70	1.66
墨西哥	Mexico	0.38	0.43	0.37	0.39	0.44	0.40	0.43	0.46	0.39	0.37	0.41	0.44	0.46	0.43	
荷 兰	Netherlands	1.90	1.96	1.82	1.80	1.72	1.76	1.78	1.72	1.88	1.81	1.77	1.82	1.85	2.03	2.16
新西兰	New Zealand		1.00		1.14		1.19		1.16		1.19		1.30		1.30	
挪 威	Norway		1.64		1.59	1.66	1.71	1.59	1.52	1.48	1.59	1.58	1.78	1.69	1.66	1.65
葡萄牙	Portugal	0.65	0.71	0.76	0.80	0.76	0.74	0.77	0.81	0.99	1.17	1.50	1.64	1.59	1.50	1.50
西班牙	Spain	0.87	0.86	0.91	0.91	0.99	1.05	1.06	1.12	1.20	1.27	1.35	1.39	1.39	1.33	1.30
韩 国	South Korea	2.34	2.25	2.39	2.59	2.53	2.63	2.85	2.98	3.01	3.21	3.36	3.56	3.74	4.03	4.36
中国台北	Taipei	1.91	1.98	1.97	2.08	2.18	2.31	2.38	2.45	2.51	2.57	2.78	2.94	2.90	3.02	3.06
新加坡	Singapore	1.81	1.90	1.88	2.11	2.15	2.11	2.20	2.30	2.16	2.37	2.65	2.24	2.09	2.23	2.04
匈牙利	Hungary	0.66	0.67	0.78	0.92	1.00	0.93	0.88	0.94	1.01	0.98	1.00	1.17	1.16	1.21	1.30
波 兰	Poland	0.67	0.69	0.64	0.62	0.56	0.54	0.56	0.57	0.56	0.57	0.60	0.68	0.74	0.77	0.90
俄罗斯联邦	Russian Federation	0.95	1.00	1.05	1.18	1.25	1.28	1.15	1.07	1.07	1.12	1.04	1.25	1.16	1.09	1.12
巴 西	Brazil			0.99	1.02	0.95	0.88	0.83	0.97	1.02	1.07	1.09	1.18	1.16		
印 度	India	0.81	0.82	0.86	0.82	0.82	0.80	0.78	0.61	0.88	0.76	0.89	0.87	0.87	0.88	

9-2 研究与试验发展 International Comparison

项　目	Item	中国 China	澳大利亚 Australia	奥地利 Austria	比利时 Belgium	加拿大 Canada	捷克 Czech Republic
一、R&D人员	R&D personnel						
1.人力资源	Human Resources	2013	2008	2012	2012	2011	2012
从事R&D活动人员(千人)	R&D Personnel(1 000 persons)	5018.2	137.5	63.7	66.0	229.0	60.2
#研究人员	Researchers	2198.9	92.6	38.6	44.1	157.4	33.2
每万人就业人员中从事R&D活动人员(人)	R&D Personnel in 10 000 Labor Forces (person)	65	126	152	145	130	119
#研究人员	Researchers	29	85	92	97	89	65
2.从事R&D活动人员按执行部门分(%)	R&D Personnel by Performing Sectors (%)						
企业部门	Business Enterprise Sector	74.0	39.2	68.8	56.7	61.3	53.5
政府部门	Government Sector	8.2	12.4	4.2	7.0	8.6	18.8
高等教育部门	Higher Education Sector	14.3	44.9	26.3	35.4	29.5	27.1
其他部门	Other Sectors	3.5	3.5	0.7	0.9	0.5	0.5
二、R&D经费	R&D Funds						
1.按经费来源分(%)	By sources of Funds (%)	2013	2008	2012	2011	2012	2012
来源于企业资金	Financed by Industry	74.6	61.9	43.8	60.2	48.4	36.4
来源于政府资金	Financed by Government	21.1	34.6	40.4	23.4	34.5	36.8
来源于其他资金	Financed by Other Sources	4.3	3.5	15.8	16.4	17.1	26.8
2.按执行部门分(%)	By Performing Sector (%)	2013	2010	2012	2012	2012	2012
企业部门	Business Enterprise Sector	76.6	58.4	68.8	67.8	52.3	53.6
政府部门	Government Sector	15.0	12.4	5.1	8.2	9.0	18.4
高等教育部门	Higher Education Sector	7.2	26.6	25.6	23.2	38.3	27.5
其他部门	Other Sectors	1.1	3.0	0.5	0.9	0.4	0.5
3.按研究类型分(%)	By types of Research (%)	2013	2008	2011			2012
基础研究	Basic Research	4.7	20.1	19.4			30.0
应用研究	Applied Research	10.7	38.7	35.8			36.3
试验发展	Experimental Development	84.6	41.2	44.8			33.7

(R&D)活动的国际比较
of R&D Activities

丹麦 Denmark	法国 France	德国 Germany	意大利 Italy	日本 Japan	韩国 Korea	瑞典 Sweden	瑞士 Switzerland	土耳其 Turkey	英国 United Kingdom	美国 United States	俄罗斯联邦 Russian Federation
2012	**2011**	**2012**	**2012**	**2012**	**2012**	**2012**	**2008**	**2012**	**2012**	**2012**	**2012**
55.7	402.3	590.5	233.9	851.1	396.0	81.3	62.1	105.1	358.0		828.4
37.7	249.1	348.4	110.8	646.3	315.6	49.3	25.1	82.1	252.7	1252.9	443.3
201	149	142	95	133	160	176	136	42	113		116
136	92	84	45	101	128	107	55	33	80	88	62
62.4	59.4	61.6	49.5	69.2	70.4	68.7	64.2	48.9	44.7		50.0
2.8	12.3	16.4	15.4	7.2	7.8	4.1	1.3	12.7	4.7		35.4
34.3	26.8	21.9	32.6	22.1	20.3	26.8	34.5	38.4	48.9		14.4
0.5	1.4		2.5	1.4	1.5	0.4			1.6		0.3
2012	**2011**	**2011**	**2011**	**2012**	**2012**	**2011**	**2008**	**2012**	**2012**	**2012**	**2012**
60.1	55.0	65.6	45.1	76.1	74.7	57.3	68.2	46.8	45.6	59.1	27.2
29.0	35.4	29.8	41.9	16.8	23.8	27.7	22.8	28.2	28.9	30.8	67.8
10.9	9.6	4.5	13.0	7.0	1.4	15.0	9.0	25.0	25.4	10.1	4.9
2012	**2012**	**2012**	**2012**	**2012**	**2012**	**2012**	**2008**	**2012**	**2012**	**2012**	**2012**
65.7	64.6	67.8	54.5	76.6	77.9	67.8	73.5	45.1	63.4	69.8	58.3
2.2	13.6	14.3	13.7	8.6	11.3	4.8	0.7	11.0	8.2	12.3	32.2
31.8	20.6	18.0	28.6	13.4	9.5	27.1	24.2	43.9	26.5	13.8	9.3
0.4	1.2		3.1	1.4	1.3	0.3	1.6		1.8	4.0	0.2
2011	**2011**		**2011**	**2011**	**2011**				**2011**	**2012**	**2012**
19.2	25.4		24.0	12.9	18.1				14.9	16.5	16.5
24.2	38.4		49.0	22.0	20.3				48.2	19.2	19.7
56.7	36.2		26.9	65.1	61.7				37.0	64.3	63.7

9-3 按ESI论文数量排序的前20个国家*

The Top 20 Most-cited Countries Sorted by Papers in ESI

国家(地区)	Country (Area)	位 次 Rank	论文数量(篇) Papers (piece)	被引用次数(次) Citations (time)	论文引用率(次/篇) Citations Per Paper (time/piece)
美　国	USA	1	3049662	48862100	16.02
中　国	China	2	836255	5191358	6.21
德　国	Germany	3	784316	10518133	13.41
日　本	Japan	4	771548	8084145	10.48
英　国	UK	5	697763	10508202	15.06
法　国	France	6	557322	7007693	12.57
加拿大	Canada	7	451588	6019195	13.33
意大利	Italy	8	429301	5151675	12.00
西班牙	Spain	9	339164	3588655	10.58
澳大利亚	Australia	10	304160	3681695	12.10
印　度	India	11	293049	1727973	5.90
韩　国	South Korea	12	282328	2024609	7.17
俄罗斯	Russia	13	265721	1282281	4.83
荷　兰	Netherlands	14	252242	3974719	15.76
巴　西	Brazil	15	212243	1360097	6.41
瑞　士	Switzerland	16	181636	3070458	16.90
瑞　典	Sweden	17	179126	2686304	15.00
台　湾	Taiwan	18	177929	1273682	7.16
土耳其	Turkey	19	155276	819071	5.27
波　兰	Poland	20	154016	1036062	6.73

注：数据来源于 Essential Science Indicators (基本科学指标数据库),年限跨度从2001年1月至2011年8月31日。
Source: Essential Science Indicators covering a ten-year plus eight-month period, January 2001-August 31, 2011.

9-4 按ESI论文被引用次数排序的前20个国家*
The Top 20 Most-cited Countries Sorted by Citations in ESI

国家(地区)	Country (Area)	位次 Rank	被引用次数(次) Citations (time)	论文数量(篇) Papers (piece)	论文引用率(次/篇) Citations Per Paper (time/piele)
美国	USA	1	3049662	48862100	16.02
德国	Germany	2	784316	10518133	13.41
英国	UK	3	697763	10508202	15.06
日本	Japan	4	771548	8084145	10.48
法国	France	5	557322	7007693	12.57
加拿大	Canada	6	451588	6019195	13.33
中国	China	7	836255	5191358	6.21
意大利	Italy	8	429301	5151675	12.00
荷兰	Netherlands	9	252242	3974719	15.76
澳大利亚	Australia	10	304160	3681695	12.10
西班牙	Spain	11	339164	3588655	10.58
瑞士	Switzerland	12	181636	3070458	16.90
瑞典	Sweden	13	179126	2686304	15.00
韩国	South Korea	14	282328	2024609	7.17
比利时	Belgium	15	137878	1918993	13.92
印度	India	16	293049	1727973	5.90
苏格兰	Scotland	17	109135	1709814	15.67
丹麦	Denmark	18	98083	1574167	16.05
以色列	Israel	19	110558	1426421	12.90
巴西	Brazil	20	212243	1360097	6.41

注：数据来源于 Essential Science Indicators（基本科学指标数据库），年限跨度从2001年1月至2011年8月31日。

Source: Essential Science Indicators covering a ten-year plus eight-month period, January 2001-August 31, 2011.

指标解释

Explanatory Notes of Indicators

指 标 解 释

研究与试验发展（R&D）：指在科学技术领域，为增加知识总量、以及运用这些知识去创造新的应用而进行的系统的、创造性的活动，包括基础研究、应用研究、试验发展三类活动。

基础研究：指为了获得关于现象和可观察事实的基本原理的新知识（揭示客观事物的本质、运动规律，获得新发展、新学说）而进行的实验性或理论性研究，它不以任何专门或特定的应用或使用为目的。

应用研究：指为获得新知识而进行的创造性研究，主要针对某一特定的目的或目标。应用研究是为了确定基础研究成果可能的用途，或是为达到预定的目标探索应采取的新方法（原理性）或新途径。

试验发展：指利用从基础研究、应用研究和实际经验所获得的现有知识，为产生新的产品、材料和装置，建立新的工艺、系统和服务，以及对已产生和建立的上述各项作实质性的改进而进行的系统性工作。

R&D 人员：指调查单位内部从事基础研究、应用研究和试验发展三类活动的人员。包括直接参加上述三类项目活动的人员以及这三类项目的管理人员和直接服务人员。为研发活动提供直接服务的人员包括直接为研发活动提供资料文献、材料供应、设备维护等服务的人员。

R&D 人员中全时人员：在报告年度实际从事 R&D 活动的时间占制度工作时间 90%及以上的人员。

R&D 人员全时当量：是国际上通用的、用于比较科技人力投入的指标。指 R&D 全时人员（全年从事 R&D 活动累积工作时间占全部工作时间的 90%及以上人员）工作量与非全时人员按实际工作时间折算的工作量之和。例如：有 2 个 R&D 全时人员（工作时间分别为 0.9 年和 1 年）和 3 个 R&D 非全时人员（工作时间分别为 0.2 年、0.3 年和 0.7 年），则 R&D 人员全时当量＝1+1+0.2+0.3+0.7=3.2（人年）。

研究人员：指 R&D 人员中具备中级以上职称或博士学历（学位）的人员。

R&D 经费内部支出：指调查单位在报告年度用于内部开展 R&D 活动的实际支出。包括用于 R&D 项目（课题）活动的直接支出，以及间接用于 R&D 活动的管理费、服务费、与 R&D 有关的基本建设支出以及外协加工费等。不包括生产性活动支出、归还贷款支出以及与外单位合作或委托外单位进行 R&D 活动而转拨给对方的经费支出。

日常性支出：指调查单位在报告年度为开展 R&D 活动而发生的人员劳务费，及其各项管理费用和购买非资产性的材料、物资费用等他日常支出。

资产性支出：指调查单位在报告年度为开展 R&D 活动而进行建造、购置、安装、改建、扩建固定资产，以及进行设备技术改造和大修理等实际支出的费用。

政府资金：指调查单位 R&D 经费内部支出中来自各级政府部门的各类资金，包括财政科学技术拨款、科学基金、教育等部门事业费以及政府部门预算外资金的实际支出。

企业资金：指调查单位 R&D 经费内部支出中来自本企业的自有资金和接受其他企业委托而获得的经费，以及科研院所、高校等事业单位从企业获得的资金的实际支出。

R&D 经费外部支出合计：指报告年度调查单位

委托外单位或与外单位合作进行 R&D 活动而拨给对方的经费。

R&D 项目（课题）：指调查单位在当年立项并开展研究工作、以前年份立项仍继续进行研究的研究开发项目或课题，包括当年完成和年内研究工作已告失败的研发项目或课题。

科技进步贡献率：指广义技术进步对经济增长的贡献份额，它反映在经济增长中投资、劳动和科技三大要素作用的相对关系。其基本含义是扣除了资本和劳动后科技等因素对经济增长的贡献份额。

专业技术人员：指从事专业技术工作和专业技术管理工作的人员，即企事业单位中已经聘任专业技术职务从事专业技术工作和专业技术管理工作的人员，以及未聘任专业技术职务，现在专业技术岗位上的人员。包括工程技术人员，农业技术人员，科学研究人员，卫生技术人员，教学人员，经济人员，会计人员，统计人员，翻译人员，图书资料、档案、文博人员，新闻出版人员，律师、公证人员，广播电视播音人员，工艺美术人员，体育人员，艺术人员及企业政治思想工作人员，共十七个专业技术职务类别。

新产品：指采用新技术原理、新设计构思研制、生产的全新产品，或在结构、材质、工艺等某一方面比原有产品有明显改进，从而显著提高了产品性能或扩大了使用功能的产品。

专利：是专利权的简称，是发明创造经审查合格后，由国务院专利行政部门依据专利法授予申请人对该项发明创造享有的专有权。发明创造是指发明、实用新型和外观设计。

发明专利：指对产品、方法或者其改进所提出的新的技术方案。

实用新型专利：指对产品的形状、构造或者其结合所提出的适于实用的新的技术方案。

外观设计专利：指对产品的形状、图案或者其结合以及色彩与形状、图案的结合所作出的富有美感并适于工业应用的新设计。

职务发明：指执行本单位的任务或者主要是利用本单位的物质条件所完成的发明创造，申请专利的权利属于本单位。

有效发明专利数：指调查单位作为专利权人在报告年度拥有的、经国内外知识产权行政部门授权且在有效期内的发明专利件数。

专利所有权转让及许可数：指报告年度调查单位向外单位转让专利所有权或允许专利技术由被许可单位使用的件数。

专利所有权转让与许可收入：指报告年度调查单位向外单位转让专利所有权或允许专利技术由被许可单位使用而得到的收入。包括当年从被转让方或被许可方得到的一次性付款和分期付款收入，以及利润分成、股息收入等。

集成电路布图设计登记数：指报告年度调查单位向知识产权行政部门提出登记申请并被受理登记的集成电路布图设计的件数。

形成国家或行业标准数：指报告年度调查单位在自主研发或自主知识产权基础上形成的国家或行业标准。形成国家或行业标准须经有关部门批准。

发表科技论文：指在学术刊物上以书面形式发表的最初的科学研究成果。应具备以下三个条件：（1）首次发表的研究成果；（2）作者的结论和试验能被同行重复并验证；（3）发表后科技界能引用。

出版科技著作：指经过正式出版部门编印出版的论述科学技术问题的理论性论文集或专著以及大专院校教科书、科普著作。但不包括翻译国外的著作。由多人合著的科技著作，由第一作者所在单位统计。

《SCI》：美国《科学引文索引》（Science Citation Index），是由美国科学情报研究所于 1961 年创立，报道生命科学、医学、生物、物理、化学、农业、工程技术领域内的科技文献。是目前国际上最具权威性的用于基础研究和应用研究科研成果的评价体系。

《EI》： 美国《工程索引》（The Engineering Index），创刊于 1884 年，由美国工程信息公司编辑出版。作为世界著名的工程技术领域的文献检索系统，其收录文献的内容包括以下工程技术领域：生物工程、土木、地质、环境、矿业、石油、冶金、机械、燃料工程、核能、汽车、宇航工程、电气、电子、控制工程、化工、食品、农业、工业管理、数学、物理、仪表等。

《CPCI-S》：（Conference Proceedings Citation Index - Science），原名 ISTP。ISTP 是美国科学情报研究所出版的科学技术会议录索引。该索引收录生命科学、物理与化学科学、农业、生物和环境科学、工程技术和应用科学等学科的会议文献，包括一般性会议、座谈会、研究会、讨论会、发表会等。

东部地区：包括北京，天津，河北，上海，江苏，浙江，福建，山东，广东和海南 10 个省市。

中部地区：包括山西，安徽，江西，河南，湖北和湖南 6 个省市。

西部地区：包括内蒙古，广西，重庆，四川，贵州，云南，西藏，陕西，甘肃，青海，宁夏和新疆 12 个省区市。

东北地区：包括辽宁，吉林和黑龙江 3 个省。